系统与进化植物学国家重点实验室资助出版

国兰及其品种全书

Manual of Chinese Cymbidiums and Their Cultivars

陈心启　主编

中国林业出版社

图书在版编目(CIP)数据

国兰及其品种全书/陈心启主编.—北京:中国林业出版社,2011.1

ISBN 978-7-5038-6031-7

Ⅰ.①国… Ⅱ.①陈… Ⅲ.①兰科-花卉-简介-中国 Ⅳ.①S682.31

中国版本图书馆CIP数据核字(2010)第247248号

出版 中国林业出版社(100009 北京市西城区德内大街刘海胡同7号)

Email:13901070021@139.com

电话 (010) 83283569

印刷 北京顺诚彩色印刷有限公司

发行 新华书店北京发行所

印次 2011年3月第1版1次

开本 787mm×1092mm 1/16

印张 20.5

字数 600千字

定价 168.00元

《国兰及其品种全书》作者名单

主　编　陈心启

副主编　刘仲健　潘光华　刘清涌　何清正　傅华龙
　　　　卢思聪　周　荣

编著者（按姓氏笔画顺序）
　　　　卢思聪　田亦平　石　雷　刘仲健　刘清涌
　　　　邬秉左　何清正　李　琳　杨际信　陈心启
　　　　陈利君　陈岱开　周　荣　钟小红　凌　华
　　　　黄　毅　傅华龙　潘光华

编著分工表
　　　　国兰总论（陈心启　刘仲健　陈利君）
　　　　建　兰（周　荣）
　　　　墨　兰（周　荣）
　　　　寒　兰（杨际信）
　　　　春　兰（凌　华）
　　　　豆瓣兰（李　琳）
　　　　莲瓣兰（潘光华）
　　　　春　剑（傅华龙　陈岱开　黄　毅）
　　　　蕙　兰（邬秉左）
　　　　国兰叶艺观赏——叶艺兰（刘清涌）
　　　　国兰的栽培与繁殖（卢思聪　田亦平　石　雷）

序

“国兰”是一个颇具特色的名称。“国”当然是指中国，但“国兰”却不是用来指“中国的兰花”，而是指“中国人传统玩赏的特定兰花”。简言之，就是兰属（*Cymbidium*）植物中自古至今被国人广泛栽培、玩赏的地生种类，即春兰、蕙兰、建兰（四季兰）、墨兰（报岁兰）、寒兰、春剑、莲瓣（兰）和豆瓣兰等八大类。当然，八大类也只是大致的界定和归类，有些种类，如独占春、送春、峨眉春蕙等，虽不属于八大类，但也应该列入国兰类，因为它们也是兰属植物的地生种类，也是被国人广泛栽培，以供特殊玩赏的兰花。

国兰类植物的特点是：叶片飘逸、花姿高雅、色泽素淡、香气清幽。它们受到国人的喜爱是有历史和文化根源的。中国人喜欢素淡、雅致、清幽、洁净的风格，推崇忠贞、廉洁、质朴、坚韧的情操，而国兰正好是这种风格和情操的体现。因此，自古至今国人对国兰情有独钟，养兰玩兰成为一种时尚，甚至风靡一时。自古以来，文人墨客来去匆匆，为我们留下了大量的咏兰、颂兰、写兰、画兰的诗词、墨宝和画卷。据统计，目前保藏在全世界博物馆中的国兰画卷，至少有明代 11 位画家的 33 幅和清代 32 位画家的 101 幅，合计达 134 幅之多，这在世界花卉绘画史中是独一无二的。

国人喜爱和玩赏国兰的历史十分悠久。早在南宋后期就出版了两部世界上最早的国兰专著：赵时庚的《金漳兰谱》（公元 1233 年）和王贵学的《兰谱》（公元 1247 年）。其中记载了不少的国兰，特别是建兰的品种。自古至今，由于民间长期的发掘、收藏和栽培，国兰拥有的品种异常丰富。就目前所知，除数以百计传统的品种外，改革开放以来新登录的品种就已超过 350 多个，而实际上民间收藏的品种则大大超过此数。虽然其中大多数已在各种地方性的书刊中予以披露和介绍，但由于零星、分散，人们很难窥其全豹，而且品种的名称，也存在种种问题，有必要加以规范化和科学化。有鉴于此，搜集和出版一部全面涵盖国兰品种的专著是十分必要的。本专著是在多位国兰界知名人士共同努力下编纂完成的。书中全部品种均附有拉丁和英文名称，大多数品种有彩色图片，代表性品种还附有简要评介，对于国兰品种的鉴定、收藏、栽培、繁殖、杂交育种和产业发展有重要参考价值。但由于国兰的品种不仅数量繁多，而且新品不断涌现，要收全收齐其难度是很大的，虽尽力而为，遗漏在所难免。而且由于本书是由多位作者通力协作编纂而成的，作者们的观点不尽相同，而风格亦必各异，这或许正是本书的一个突出的特点。我们恳切地希望读者们不吝赐教，给予批评指正，以期在再版时补充和改正。

在本书出版之际，我们要衷心地感谢中国科学院植物研究所副所长、系统与进化植物学国家重点实验室主任葛颂和研究所系统中心主任汪小全。本书的编纂和出版是在实验室领导的关怀和基金支持下得以实现的。其次，也要感谢国家兰科植物种质资源保护中心的全力支持和帮助，以及中国林业出版社刘开运先生的宝贵建议和支持。本书在编纂过程中，蒙钟小红女士细心打印、校对、参加部分的编排工作、学名校订和编制索引，画兰名家陈荫夫先生提供三幅水墨画，还蒙下列有关单位和朋友提供彩色图片：远东国兰有限公司、广东富华兰园、广东家家活兰园、广东民生兰园、陈波、陈可强、陈少敏、陈文俊、陈尧祥、陈耀明、单家欣、董永强、顾树桊、郭敏新、韩敬标、贺忠、胡元华、黄灿洪、黄小金、金仁才、雷尊巍、黎家活、李权生、李映龙、刘海明、刘庆松、刘为东、刘小鋆、卢秀福、陆明祥、陆松贤、罗磊、罗维生、莫裕强、潘颂和、潘新仁、潘友仁、彭平、钱长生、饶春荣、施和跃、施正满、孙智勇、寿维奎、谈岳明、谭福台、唐勤、陶建鑫、王德仁、王胤先、吴佳能、吴兴家、谢志勇、徐仁良、许晋初、杨长明、杨和平、杨先金、杨永华、杨源源、叶军然、叶人杰、殷继山、虞灿银、袁贝韵、袁初仁、袁建武、张慧民、张文锐、赵银泉、周灿银、周菊英、周庆杰、周仁林、朱根发、诸建华、诸水亭等。对此，我们谨表诚挚的谢意。

陈心启

庚寅年冬月

目　录

第一章　国兰总论

一、国兰栽培史和国兰文化

国兰是国人对中国传统兰花的称呼。所谓传统兰花，主要指兰科植物中兰属(*Cymbidium*)的地生种类，亦即春兰、蕙兰、建兰（四季兰）、墨兰（报岁兰）、春剑、莲瓣（兰）和豆瓣兰等八大类。但兰属中的其他种类，如独占春、珍珠矮、送春等也被广为种植。因此广义的国兰应是泛指兰属植物中的地生种类。

在数以千计的兰花品种中，中国人偏爱兰属植物，显然有其历史和文化根源。此类植物的叶片飘逸、纤细，花色高雅、素淡，常有清香沁人脾肺，和中国人传统的风格、情趣浑然相融。因此，自古以来，兰花就跻身于名花系列，而且身居高位。在1247年出版的王贵学的《兰谱》中，曾把兰花与“岁寒三友”松、竹、梅作了对比，得出了高于它们的结论：“竹有节而啬花，梅有花而啬叶，松有叶而啬香，然兰独并而有之”。

虽然兰科植物中的“鹝”（即今绶草）在公元前1000～公元前600年成书的《诗经》中早有记载，但有关国兰的栽培历史，可能晚至唐代才开始。有人争辨说，孔子（公元前551～479)、越王勾践（？～公元前465）与屈原（约为公元前340～公元前278）都曾经提到过兰花，而实际上，他们所谓的“蘭”只是一种或几种花叶皆香的香草，而不是今天的兰花或国兰。例如，脍炙人口的“王者香”之说出自《琴操，猗兰操》中的一段记载：“孔子自卫返鲁，隐谷之中见香兰独茂。喟然叹曰：夫兰当为王者香草”。据考证，《琴操》为东汉蔡邕（132~192）所撰，距孔子时代已有600余年。即使这段记载可靠，也只能证明孔子所说的“蘭”并非今天的兰花。春秋战国时代的卫国位于今天河南省北部滑县一带，而鲁国则在山东。河南滑县在伏牛山以北，属温带地区，即使2000多年以前气候略为暖和，但在河南北部至山东一带，真正的兰花“独茂”的情景是不可能出现的。

与此同时代的越王勾践种兰之说更是牵强附会。《越绝书》中的“勾践种兰渚山”或“勾践种兰渚田”，其意是指勾践从事农业耕种于“兰渚”之山或“兰渚”之田，而非种兰于“渚山”或“渚田”。《越绝书》以后1600年成书的《会稽志》和《续会稽志》也有类似的记载，也同样是不可靠的。勾践是一位有作为的君主，在卧薪尝胆之年是不可能去养花消遣的，如果种花是为了以“玩物丧志”迷惑吴王，那么历史上是会大书特书的，决不会只用一笔轻轻带过。笔者曾专程到浙江绍兴考察过，当地确有兰渚山，而无“渚山”、“渚田”之类的地名。而且兰渚山土壤黏度高，石砾少，排水不畅，并不产兰花。

屈原在《离骚》中的一段话：“余既滋兰之九畹兮，又树蕙之百亩。畦留夷与揭车兮，杂杜衡与芳芷。冀枝叶之峻茂兮，愿俟时乎吾将刈。虽萎绝其亦何伤兮，哀众芳之芜秽”。曾被许多人

视为屈原种兰之根据。其实这是一段意义十分清晰的记载。说的是当时的兰蕙是数以百亩成片种植的，其种植的方法是把留夷与揭车种在畦上，其间杂以杜衡与芳芷。而留夷、揭车、杜衡、芳芷都是花叶皆香的香草，也就是当时的“蘭、蕙”。种植的目的是希望枝叶都繁茂，到时候要割下来。枯萎并没有关系，只是看到群香凋谢，心里难过而已。屈原的用意是十分明显的，他把兰蕙比作人才，悉心培养，寄以很大的希望，但最终人才凋零，希望落空，故用以慨叹人世沧桑、人情冷暖。以写实寓真意正是中国古代文人的传统。屈原的诗作绝非凭空杜撰，而是从实物中得到启示而吟咏的。应该说，屈原的《离骚》是对当时“蘭、蕙”的绝好注解：成片大面积栽培，枝叶繁茂，可收割利用，枯萎也无妨。这显然是指枝叶皆香的香草，而绝非今天的兰花。

这里应该加以特别说明的是王羲之的《兰亭集序》。兰亭座落在浙江绍兴兰渚山之麓。晋朝著名书法家王羲之曾于公元 353 年农历三月三日邀请 42 位名流文士在此吟诗饮酒，行“修禊”之事。“修禊”是古代的一种习俗，在春末到水边嬉游，以消除不祥。据史书记载，此次聚会共写作了37 首诗文：“十一人各成四言、五言诗一首”、“十五人成一篇”、“十六人诗不成罚酒三巨觥”。为了阅读这 37 首诗文，作者曾专程赴浙江宁波《天一阁》藏书楼，仔细查看、阅读了全部诗文。但遗憾的是全部诗文中只找到两个“兰”字。其一是徐丰之的“俯挥素波，抑掇芳兰。尚想嘉客，希风永叹”；其二是袁峤之的“人亦有言，得意则欢。嘉宾既臻，相与游盘。微音叠詠，馥然若兰。苟齐一致，遐想揭竿”。前者似乎是描写乘船戏水，随手向岸边摘取兰草的情景，而后者仅指香气而已。在蕙兰盛开的季节，以盛产蕙兰并以“兰”命名的地方，邀请文人墨客吟诗作赋，竟然不写兰花，这无可辩驳地说明了当时真正的兰花尚未被民间栽培供观赏用。不论 800 年前的勾践时代，还是 800 年后的王羲之时代，在浙江都未能找到栽培真正兰花的确切证据。

在盛唐中期，有许多诗词涉及“兰”，如李白（701~762）笔下的“兰生不当户，别是闲庭草”和白居易（772~846）的“扫径避兰芽”、“闲从蕙草侵绿阶”等，显然都不是指今天的兰蕙。只有史学家吴厚炎引《汗漫录》中的“王维以黄磁斗贮兰蕙，养以绮石，累年弥盛”，有可能指的是今天的兰蕙。王维（701~761）与李白同属于唐代中期人，此时或许已有兰花的栽培，但未必普遍。

迄今为止最可靠的记载，应是唐朝末年唐彦谦的两首《咏兰》诗：

其一：清风摇翠环，凉露滴苍玉。
谢庭漫芳草，楚畹多绿莎。

其二：美人胡不纫，幽香蔼空谷。
于焉忽相见，岁晏将如何？

诗中的翠环、苍玉、幽香、绿莎等，显然指的是今天的兰蕙。在为数众多的香草中，叶片细长如莎草，能弯成半圆形的，又有绿白色、带幽香花朵的，恐怕只有兰属植物。唐彦谦是唐代后期文人，曾在陕西汉中和四川做官，此诗可能写于 860~880 年间。

唐末另一处比较可靠的记载是杨夔的《植兰说》：

或种兰荃，鄙不遄茂。
乃法圃师，汲秽以溉。
而兰净荃洁，非类乎众莽。
苗既骤悴，根亦旋腐。

此处所总结的种兰经验，与今天的科学栽培方法是一致的，显然指的是真正的兰花。杨夔的生卒年月不可考，但他曾是田頵的幕僚，推测《植兰说》写作的年月是在田颙发达之时，可能在公元 880~890 年间。

此两处的诗文相距较近，也比较可靠。这表明唐代末期在上层人士中国兰类的栽培已较为普遍了。而在此之前的唐代中期，亦即王维、李白时代，很可能已有零星栽培或只见于局部地区。从零星到比较普遍经历了近 100 余年的时间，应当说是合乎常理的。

到了北宋，对于兰蕙的记载就更为确切了。如黄庭坚（1045~1105）在《幽芳亭》中对兰花的描述："兰蕙出莳以沙石则茂，沃以汤茗则芳，是所同也。至其发华，一干一华而香有余者兰，一干五七华而香不足者蕙"。显然，这里所说的兰是指春兰，而蕙则指蕙兰。此时在宫廷中还出现了蕙兰水彩工笔纨扇画（图 1）。

南宋后期出版的两部植兰专著：赵时庚的《金漳兰谱》（1233）和王贵学的《兰谱》（1247）是我国，也是世界上最早的国兰科学论著。书中详细地论述了国兰的品种、栽培、移植、分株、施肥、灌溉等方面的经验。这表明，国兰的种植在当时已经在民间扩展开来。南宋末年著名画家赵孟坚（1199~1264）的春兰水墨画（图 2）至今仍保藏在北京故宫博物院。另一位名画家郑思肖（1241~1318）的春兰水墨画（图 3）则保藏在日本大阪市立博物馆。这两位宋末画家，以忠于南宋，不食元禄为后人所称颂。他们在南宋灭亡后，均隐居山野，画兰明志，这使得兰花也逐渐成为洁净、忠贞、高尚的象征，受到民众的普遍喜爱。到了元朝，这种喜爱有增无减。有一位著名的和尚画兰名家叫释普明，号雪窗（1312~1368），他画的蕙兰（图 4）在江浙一带风靡一时，有"户户雪窗兰"的说法。此后有许多书法家、画家都喜欢写兰、画兰，如明代的文徵明（1470~1559）（图 5），清代的石涛（1642~1718）（图 6）、郑燮（1693~1765）（图 7），清末至民国初年的吴昌硕（1844~1927）等名家以及现代知名画家（图 8~图 10）也常常如此。

自古以来，养花、吟花、画花、写花的文人墨客来去匆匆，为我们留下了大量的遗墨，而其中兰花却占有很特殊的位置。以国兰论著为例，明、清两代至民国初年有十数部之多[①]。国兰画卷也同样琳琅满目，今天保留在全世界各国博物馆的珍品，至少有明代 11 位画家的 33 幅画和清代 32 位画家的 101 幅画。这在世界绘画史上是独一无二的。这显然和中国的传统文化是分不开的。中国人喜欢素淡、雅致、清幽、洁净的风格，推崇廉洁、忠贞、质朴、坚韧的情操，而国兰正是这种风格和情操的化身。显然，国人对国兰的欣赏已远远超出兰花本身，而与传统的文学、艺术、道德、情操融合在一起，成为中华民族文化的一个组成部分，这就是兰文化。

今天，人们将兰文化追溯到孔子的时代，也正是基于这个原因。我们一方面从科学上澄清中国古代兰文化的史实，但也赞成不受这个史实的束缚，将它与唐代以前的兰（香草）文化融为一体，汇成源远流长的中国兰文化，让人们尽情地吟咏、写意和寄情吧！

注①　重要的有明代高濂的《遵生八笺》（1591）、张应文的《罗篱斋兰谱》（1596）、周履靖的《兰谱奥法》（1597）、明末鹿亭翁的《兰易》和覃溪子的《兰易十二翼》、《兰史》等；清代冒襄的《兰言》（1695~1709）、朱克柔的《第一香笔记》（1796）、吴传沄的《兴兰谱略》（1816）、杨复明的《兰言四种》（1861）、杨世俊的《兰言述略》（1876）、岳梁的《养兰说》（1890）、清末区金策的《岭海兰言》；以及民国初年吴恩元的《兰蕙小史》（1923）、于照的《都门兰艺记》（1923）和夏诒彬的《种兰法》（1930）等。

图 1 北宋（960~1127）蕙兰水彩工笔纨扇画

图 2 南宋 赵孟坚（1199~1264）春兰水墨画

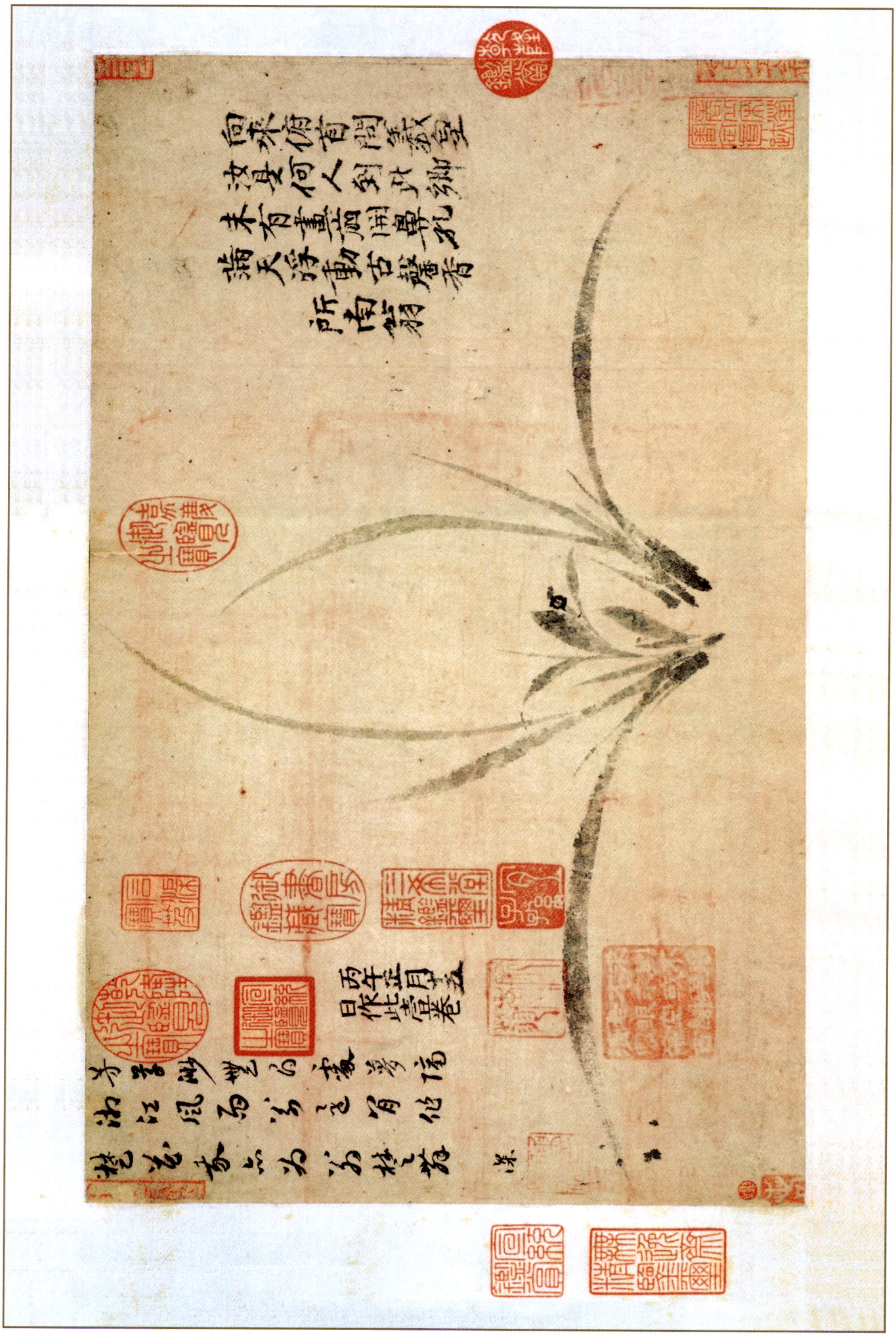

图 3 宋末元初 郑思肖 (1241~1318) 春兰水墨画

图 4 元 释普明 (雪窗) (1312~1368) 蕙兰水墨画

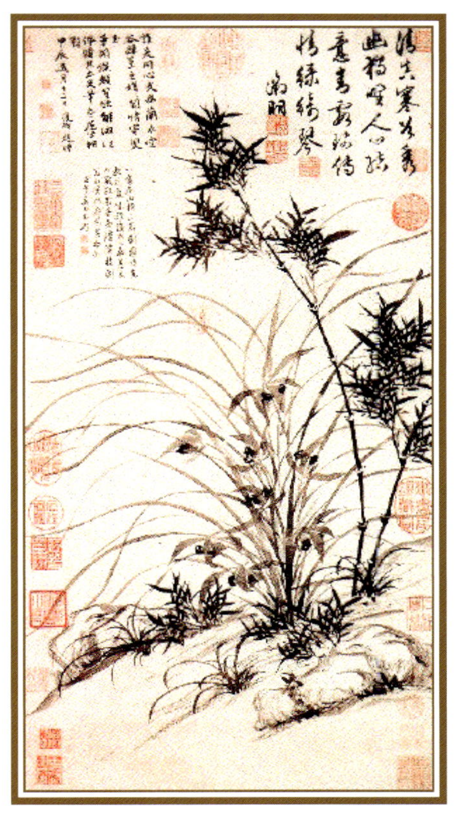

图 5 明 文徵明 (1470~1559) 兰竹水墨画

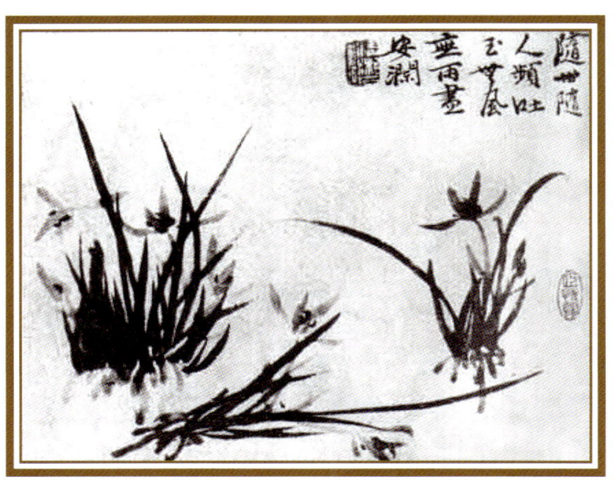

图 6 清初 石涛 (1642~1718) 春兰水墨画

图 7 清 郑燮 (1693~1765) 春兰水墨画

图 8　画兰名家陈荫夫（1957~）兰花水墨画

图 9　画兰名家陈荫夫（1957~）兰花水墨画

图 10　画兰名家陈荫夫（1957~）兰花水墨画

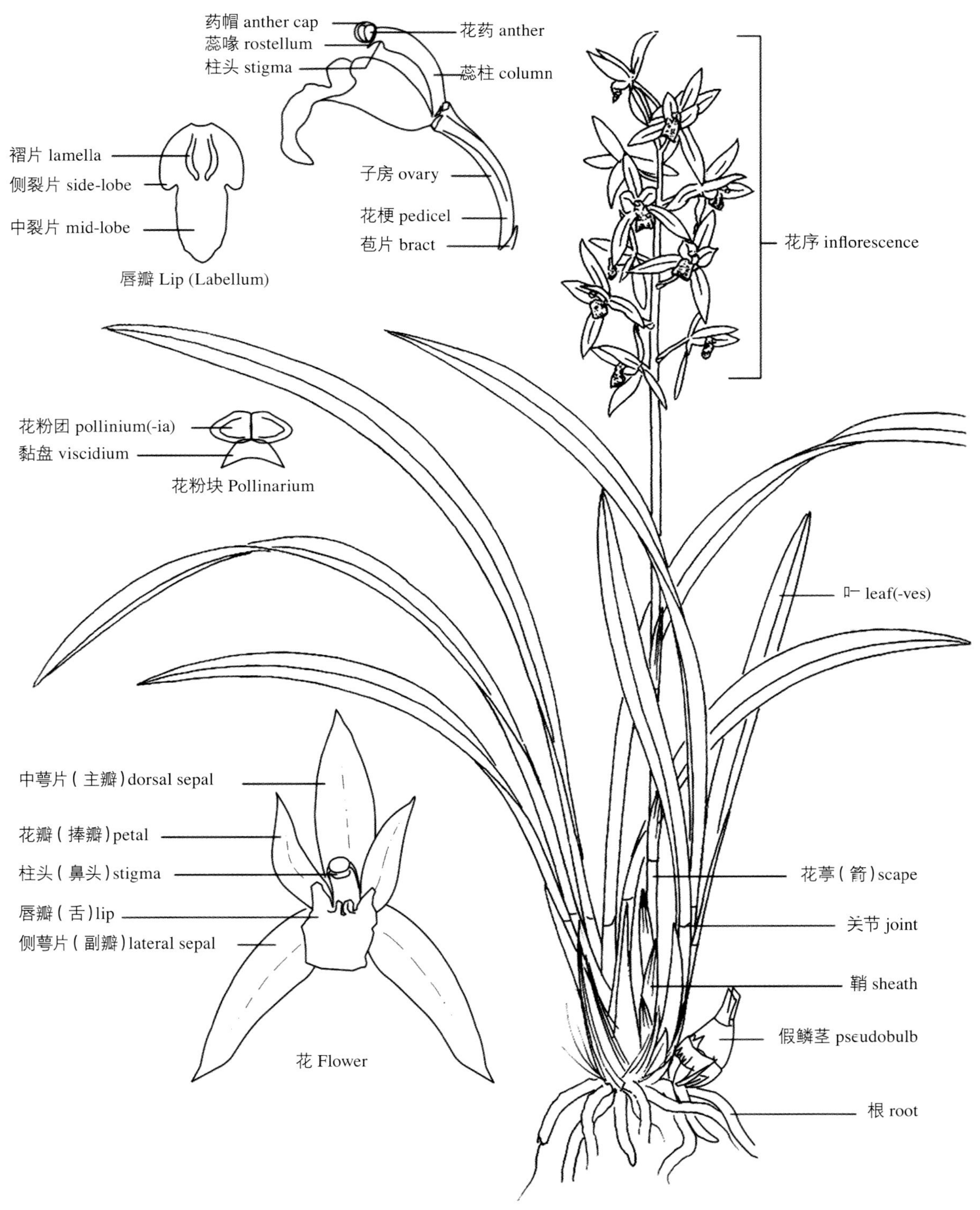

兰属植物的形态 Morphology of *Cymbidium*

二、兰属植物的形态特征

兰属植物一般有较肥厚的根和膨大成卵球形的茎，后者称假鳞茎；只有少数种类的假鳞茎不明显（如蕙兰）或者变成圆筒状（如兔耳兰）。叶大多数呈长带形，少有例外（如兔耳兰和斑舌兰），在近基部上方通常具1个关节，只有少数地生种类无关节（如豆瓣兰、莲瓣兰和春剑等），偶见具半透明的叶脉（如蕙兰和多花兰），只有个别完全靠菌根营养的种类无绿叶（如大根兰和多根兰）。

花葶（古称花箭或花莛）大多数发自植株基部，较少生于叶腋（如独占春、大雪兰、昌宁兰和莎叶兰），直立、外弯或下垂；花序一般有数花或多花，少有减退为单花（如春兰和豆瓣兰），通常在花梗的基部有1枚苞片（古称“箨”或“小包衣”）。

花通常完全开放，较少不开放而呈下垂的钟状（如垂花兰和莎草兰），色泽素淡者常有香气；花的下部为子房与花梗；子房1室，扭转，内有多数胚珠，受精后发育成数千个或更多的种子；子房之上方，有1枚中萼片（古称“主瓣”）、2枚侧萼片（古称“副瓣”）、2枚花瓣（古称“捧心”）和1枚唇瓣（古称“舌”）；唇瓣由于子房的扭转而处于下方，在昆虫传粉中起着降落台的作用，通常3裂；唇盘上有2条纵褶片延伸至中裂片基部，少有近于不裂且不具纵褶片的（如福兰和奇瓣红春素）。

在花的中央有1个近直立或向前弓曲的柱状器官称蕊柱（古称“鼻头”），是雌雄器官的融合体，其顶端凹陷而呈皿状称药床；药床上方有1个俯倾的帽状物，称药帽；药帽内藏1个2室的花药，即雄性器官；药室内含花粉团；蕊柱的前上方有1个黏性的凹穴，称柱头，即雌性用以接受雄性花粉团的地方；柱头上方有1个稍伸出的舌状物称蕊喙；有些种类（如虎头兰和红柱兰等）的蕊柱基部边缘与唇瓣基部的边缘合生成管状，合生部分的长度一般为2~5mm，最长可达8~10mm（如五裂红柱兰）。

两个药室中的花粉团或4个成2对，或2个而各具深浅不同的裂隙，常为球形至梨形，几乎直接附着于黏盘上；黏盘原是蕊喙的一部分，通常三角形至月牙形，在黏盘与花粉团之间可以找到非常细小的弹性花粉团柄；花粉团、花粉团柄、黏盘合在一起总称花粉块。附生种类的花粉块具2个花粉团，而地生种类大多具4个花粉团。

兰属植物的果实均为蒴果，一般长5~10cm，宽1~2cm，少数长可达13~14cm，宽4~5cm（如虎头兰）。种子细如粉尘，两端有狭翅，呈狭梭形，一般需要较长的成熟期。

三、国产兰属植物的分类

兰属 Cymbidium Sw.

附生或地生草本，罕为完全靠菌根营养的无叶草本。假鳞茎通常存在，多为卵圆形至椭圆形，较少呈圆柱状或几乎不存在，常多少包藏于叶基之内。叶数枚至多枚，二列，通常带形，罕有狭椭圆形至狭椭圆状倒披针形，近基部有关节或较少不具关节。花葶从假鳞茎基部或叶腋中抽出，直立、外弯或下垂；总状花序具数花或多花，罕有减退为单花；萼片与花瓣离生，近似；唇瓣通常 3 裂，无距，基部有时与蕊柱基部边缘合生成管状，合生部分长可达 2~5 (10) mm；侧裂片一般直立，围抱蕊柱；中裂片通常下弯；唇盘上有 2 条纵褶片，延伸到中裂片基部，罕有例外；蕊柱较长，常稍向前弧曲；花粉团蜡质，或 4 个成 2 对，或 2 个而各具裂隙；花粉团柄很小或不甚明显；黏盘 1 个，宽阔。

全世界约 70 种，分布于亚洲热带至亚热带地区，向南可达澳大利亚。中国产 50 种，主要分布于秦岭以南地区，只有蕙兰见于秦岭北面和山西南部的个别地区。

分种检索表

1. 植物在花期不具绿叶。
  2. 植物在花期以后出现绿叶；花葶 (花序轴与花序柄) 绿色 …………48. **二叶兰 *C. rhizomatosum***
  2. 植物不具绿叶；花葶 (花序轴与花序柄) 浅绿褐色或绿黄色，罕有绿色。
    3. 根 1~2 条或不存在；花完全开放；萼片与花瓣有 1 条紫红色中脉 ……………………49. **大根兰 *C. macrorhizon***
    3. 根多于 3 条；花不完全开放；萼片与花瓣不具上述色泽的中脉 ……………………50. **多根兰 *C. multiradicatum***
1. 植物在花期具绿叶。
  4. 假鳞茎圆筒状，常多少压扁，大多裸露，长度为宽度的 2~3 倍或过之。
    5. 叶柄长 3~18cm；花序具 2~8 花；唇瓣侧裂片白色，有紫斑 ……………………46. **兔耳兰 *C. lancifolium***
    5. 叶柄长 1~2.5cm；花序具单花；唇瓣侧裂片紫色 ……………47. **长茎兔耳兰 *C. recurvatum***
  4. 假鳞茎卵形至近球形，有时很小或不明显，长度不到宽度的 1 倍，若为圆筒状则完全包藏于二列套叠的叶基内。
    6. 假鳞茎几乎完全裸露；叶数枚，生于假鳞茎顶端，或偶见其中 1 枚生于侧面 ……………………29. **斑舌兰 *C. tigrinum***
    6. 假鳞茎多少包藏于叶基内；叶数枚至多枚，生于假鳞茎侧面。
      7. 唇瓣基部与蕊柱基部边缘合生，合生长度达 2~10mm。
        8. 花序下垂，具 15~40 花。
          9. 花不下垂或略下垂，开放，非钟形 ……………………24. **丽花兰 *C. concinnum***
          9. 花下垂，不开放，钟形。
            10. 叶宽 1~1.7(~2)cm；花乳黄色至浅黄绿色 ……………………27. **莎草兰 *C. elegans***
            10. 叶宽 0.8~1(~1.2)cm；花茶褐色 ……………………28. **垂花兰 *C. cochleare***
        8. 花序直立或外弯，具 1~10 (~14) 花。
          11. 花葶自叶腋发出；叶通常 10~18 枚，先端 2 裂。
            12. 假鳞茎茎状，不断延长，长 10~30cm……………………23. **大雪兰 *C. mastersii***
            12. 假鳞茎非茎状，一般短于 10cm。
              13. 唇瓣中裂片上具 1 个“V”形的紫红色斑块 ……………………22. **昌宁兰 *C. changningense***

13. 唇瓣中裂片上不具上述的"V"形斑块。
14. 花序具 1 花，罕有 2（~3）花；花瓣长 5.5~7cm，宽 1.3~1.8cm……………………………………………………………………**20. 独占春 *C. eburneum***
14. 花序具 2~3(4) 花；花瓣长 4.6~5.2cm，宽 0.8~1.2cm……………………………………………………………………**21. 象牙白 *C. maguanense***
11. 花葶从假鳞茎基部发出；叶通常 3~9 枚，先端不裂。
15. 萼片与花瓣白色，有时有淡红棕色或乳黄色晕。
16. 花葶长于或近等长于叶；侧萼片近平展；花瓣不围抱蕊柱……………………………………………………………………**19. 美花兰 *C. insigne***
16. 花葶短于叶；侧萼片下垂或下弯；花瓣多少围抱蕊柱。
17. 唇瓣 3 裂，基部与蕊柱基部边缘合生约 3~4mm……………………………………………………………………**25. 文山红柱兰 *C. wenshanense***
17. 唇瓣 5 裂，基部与蕊柱基部边缘合生达 8~10mm……………………………………………………………………**26. 五裂红柱兰 *C. quinquelobum***
15. 萼片与花瓣绿色或其他色泽，绝非白色，亦无红棕色晕。
18. 唇瓣中裂片上具 1 个红色至浅栗色的、密被天鹅绒般毛的"V"形斑块……………………………………………………………………**17. 碧玉兰 *C. lowianum***
18. 唇瓣中裂片上具或不具斑块，但绝非上述情况。
19. 唇瓣中裂片上有 2~3 行长毛下延到唇盘上的褶片顶端。
20. 唇盘上两褶片之间不具 1 行长毛……………………**11. 黄蝉兰 *C. iridioides***
20. 唇盘上两褶片之间具 1 行长毛。
21. 花直径 13~14cm，具暗红棕色脉纹与斑点；中裂片上的毛长 5~6mm……………………………………………………………………**9. 西藏虎头兰 *C. tracyanum***
21. 花直径 7~8cm，不具或具模糊的浅红棕色脉纹；中裂片上的毛长 1~3mm……………………………………………………**10. 金蝉兰 *C. gaoligongense***
19. 唇瓣中裂片上不具 2~3 行长毛。
22. 花瓣纯黄色或纯黄绿色；唇瓣无明显斑纹……………………………………………………………………**14. 黄花长叶兰 *C. flavum***
22. 花瓣浅绿色或浅绿黄色而有深色的晕、条纹或斑点；唇瓣有明显的深色斑纹。
23. 蕊柱背面浅紫红色；唇瓣中裂片上具多条由紫红色小点组成的条纹……………………………………………………………………**12. 川西兰 *C. sichuanicum***
23. 蕊柱背面非浅紫红色；唇瓣中裂片上不具上述条纹。
24. 萼片与花瓣有明显的浅红棕色条纹与斑点……………………………………………………………………**13. 长叶兰 *C. erythraeum***
24. 萼片与花瓣不具或具不明显的浅红棕色条纹。
25. 叶倒披针形，基部骤然收狭为叶柄……………………………………………………………………**30. 保山兰 *C. baoshanense***
25. 叶带形，基部逐渐收狭为叶柄。
26. 唇瓣中裂片上具 1 个紫红色的"V"形大斑块，斑块并非由斑点与小斑块组成的……………………………………………………………………**18. 薛氏兰 *C. schroederi***

26. 唇瓣中裂片上不具或具“V”形斑块，后者是由斑点和小斑块组成的。

27. 萼片与花瓣绿色，不具浅红棕色纵脉；唇瓣中裂片先端边缘的栗色环由疏松的斑块与斑点组成……………………………………………**15. 虎头兰 *C. hookerianum***

27. 萼片与花瓣浅黄绿色,具少数不甚明显的红棕色纵脉；唇瓣中裂片先端边缘的栗色“V”形斑由密集的斑块与斑点组成…………………**16. 滇南虎头兰 *C. wilsonii***

7. 唇瓣基部不与蕊柱基部边缘合生。

28. 叶矩圆状倒披针形，基部明显具柄；唇瓣不裂或稍3裂，中央具2枚胼胝体……………………………………………………………………………………**8. 福兰 *C. devonianum***

28. 叶带形，基部不具明显的柄；唇瓣明显3裂或罕有近不裂，上面不具2枚胼胝体，通常有2条纵褶片。

29. 花序密生15~40花，花序的长度为宽度的3~4（~5）倍。

30. 叶宽0.8~1.8cm，具半透明叶脉；花葶短于叶；蕊柱基部无耳……………………………………………………………………………………………………**6. 多花兰 *C. floribundum***

30. 叶宽2~5cm，不具半透明叶脉；花葶长于叶；蕊柱基部具耳……………………………………………………………………………………………………**7. 果香兰 *C. suavissimum***

29. 花序通常疏生数朵花，若多于15朵，则花序长度为宽度的10倍以上。

31. 附生植物；花序下垂或外弯；花粉团2个，有裂隙。

32. 叶2~4枚；萼片与花瓣暗紫红色或黑紫色，有宽约0.8mm的黄色边缘；花期10~11月……………………………………**3. 少叶硬叶兰 *C. paucifolium***

32. 叶4~6枚；萼片与花瓣非上述色泽；花期3~8月。

33. 叶厚革质，极坚挺，先端明显为不等的2裂；唇瓣上的2条褶片常在中部断开……………………………………………………**1. 纹瓣兰 *C. aloifolium***

33. 叶革质或纸质，先端不裂或不明显2裂；唇瓣上的2条褶片在中部不断开。

34. 中萼片长3.7~4.8cm，浅褐色而有多条深色纵脉……………………………………………………………………………**5. 夏凤兰 *C. aestivum***

34. 中萼片长1.4~2.7cm，非上述色泽。

35. 叶革质；花序具10~20花；中萼片长1.4~2cm……………………………………………………………………………**2. 硬叶兰 *C. mannii***

35. 叶纸质；花序具5~9花；中萼片长2.2~2.7cm……………………………………………………………………………**4. 冬凤兰 *C. dayanum***

31. 地生植物；花序直立或近直立；花粉团4个。

36. 叶近基部不具关节。

37. 植物在地下具1个多节的、近圆筒状的根状茎；根状茎粗约1cm，常有短分枝；蕊柱长6~7mm…………………………**44. 珍珠矮 *C. nanulum***

37. 植物在地下不具上述根状茎；蕊柱长约1cm以上。

38. 唇瓣不裂或不明显3裂，上面不具褶片或纵脊……………………………………………………**45. 奇瓣红春素 *C. teretipetiolatum***

38. 唇瓣明显3裂，上面具褶片或纵脊。

39. 假鳞茎不明显；叶脉半透明；苞片短于带梗子房……………………………………43. **蕙兰 *C. faberi***

39. 假鳞茎明显；叶脉不为半透明；苞片长于带梗子房。

40. 叶长一般为 23~38cm；花序通常具单花；花质地厚；萼片宽 1.1~1.3cm……………………41. **豆瓣兰 *C. serratum***

40. 叶长一般为 40~65cm；花序具 2~7 花；花质地薄；萼片宽 7~8mm……………………42. **莲瓣兰 *C. tortisepalum***

36. 叶近基部具关节。

41. 花小，直径 2~3cm；萼片与花瓣短于 2cm；唇瓣不明显 3 裂……………………………………36. **细花兰 *C. micranthum***

41. 花大，直径 4~7cm；萼片与花瓣长于 2cm；唇瓣明显 3 裂。

42. 叶 9~13 枚或更多，基部强烈的二列套叠并具宽达 1~3mm 的膜质边缘；花葶从叶腋发出……………………31. **莎叶兰 *C. cyperifolium***

42. 叶 2~7(~10) 枚，基部不具上述特征；花葶发自假鳞茎基部。

43. 花序具 1（~2）花；苞片明显长于带梗子房……………………………………40. **春兰 *C. goeringii***

43. 花序具 3 至多花；苞片短于或近等长于带梗子房。

44. 叶近基部的关节不十分清晰；苞片近等长于带梗子房；植株每年常开花 2 次……………………39. **峨眉春蕙 *C. omeiense***

44. 叶近基部的关节十分清晰；苞片短于带梗子房；植株每年开花 1 次。

45. 假鳞茎只有顶端的 1 个或 2 个具叶；叶在冬季脱落……………………………………35. **落叶兰 *C. defoliatum***

45. 假鳞茎通常多个均具叶；叶冬季不脱落。

46. 花序中部的苞片长度为带梗子房的一半或过之。

47. 叶基部不具近圆柱状的长柄，叶柄不带紫色……………………………………37. **寒兰 *C. kanran***

47. 叶基部收狭而成近圆柱状的长柄，叶柄常带紫色……………………38. **邱北冬蕙兰 *C. qiubeiense***

46. 花序中部的苞片长度不到带梗子房的一半。

48. 叶暗绿色，宽 (1.5~)2~3cm，关节位于距基部 3.5~7cm 处；花序具 10~20 花……………………………………33. **墨兰 *C. sinense***

48. 叶绿色，宽 1~1.5(~2.5)cm，关节位于距基部 2~4cm 处；花序具 3~9(~13) 花。

49. 叶长 30~60cm，通常明显长于花序，先端边缘有时有细齿……………32. **建兰 *C. ensifolium***

49. 叶长（50~）100~200cm，通常与花序近等长，边缘通常不具细齿……………………………………34. **秋墨兰 *C. haematodes***

1. 纹瓣兰 *Cymbidium aloifolium* (L.) Sw.

附生兰。假鳞茎长 6~9cm, 直径 2.5~4cm, 包藏于叶基内。叶 4~6 枚 , 带形 , 厚革质 , 长 40~100cm, 宽 2~3.5cm, 先端不等的 2 裂 , 近基部有黑色膜质边缘 , 下部具关节。花葶下垂 , 长 20~80cm; 花序具 20~48 花 ; 苞片长 2~5mm; 花梗和子房长 1.2~2cm; 花无香气 , 浅黄色至乳白色；萼片与花瓣上有 1 条宽阔的栗褐色纵脉；唇瓣侧裂片与中裂片上具栗色脉纹 ; 萼片长 1.5~2.4cm, 宽 5~7mm; 花瓣略短于萼片 ; 唇瓣长 1.5~2cm, 3 裂 ; 唇盘上具 2 条略呈“S”形的纵褶片 , 褶片常在中部断开并在两端膨大 ; 蕊柱长 1~1.2cm; 花粉团 2 个 , 有裂隙。蒴果长 3.5~6.5cm, 直径2~3cm。花期4~5月; 果期翌年 5~6 月。

生于树上或岩壁上 ; 海拔 100~1100m。产于广东、广西、贵州、香港、云南 ; 广布于自尼泊尔至印度尼西亚和斯里兰卡。

2. 硬叶兰 *Cymbidium mannii* Rchb. f. (*C. bicolor* Lindl. subsp. *obtusum* Du Puy et P. J. Cribb)

附生兰。假鳞茎长 2.5~5cm，直径 2~3cm，包藏于叶基内。叶 4~6 枚，带形，革质，长 40~90cm，宽 1.5~3cm，先端稍 2 裂或近于不裂，近基部有黑色膜质边缘，下部具关节。花葶下垂或外弯，长 17~28cm；花序具 10~20 花；苞片长 1.5~4.5mm；花梗与子房长 1~1.5cm；花直径 3~4cm，底色为浅黄色至近白色，萼片与花瓣中央有 1 条浅紫红色或栗棕色的宽带，唇瓣密布紫红色或紫褐色斑点与条纹；萼片长 1.4~2cm，宽 3~5mm；花瓣略小于萼片；唇瓣长 1.2~1.4cm，3 裂，基部略呈囊状；唇盘上有 2 条纵褶片；蕊柱长 8~12mm；花粉团 2 个，有裂隙。蒴果长 3.5~5cm，直径 2.5~3cm。花期 3~4 月；果期翌年 4~5 月。

生于林中树上，多见于阳光充足处；海拔 100~1600m。产于广东、广西、贵州、海南、云南；广布于自尼泊尔至缅甸和泰国。

3．少叶硬叶兰 *Cymbidium paucifolium* Z. J. Liu et S. C. Chen

附生兰。假鳞茎长 7~8cm, 直径 4~5cm, 幼嫩时包藏于叶基内。叶 2~4 枚，带形，厚革质，长 33~64cm, 宽 3~4.7cm, 先端不等的 2 裂或近于不裂，下部具关节。花葶下弯或下垂，长 25~40cm; 花序具 6~17 花；苞片长约 3mm; 花梗和子房长 2.2~2.5cm; 花直径约 4cm, 稍有香气，暗紫红色或黑紫色；萼片、花瓣和唇瓣中裂片有黄色边缘；唇瓣基部与侧裂片上有黄白色斑点；萼片长 2~2.3cm, 宽 5.5~6.5mm; 花瓣略小于萼片；唇瓣长 1.7~2cm, 3 裂，基部稍呈囊状；唇盘上具 2 条纵褶片；蕊柱长约 1.2cm; 花粉团 2 个，有裂隙。花期 10~11 月。

生于树上；海拔不详。产于云南南部（西双版纳）。

4．冬凤兰 *Cymbidium dayanum* Rchb. f.

附生兰。假鳞茎长 2~5cm, 直径 1.5~2.5cm, 包藏于叶基内。叶 4~9 枚，带形，长 32~60(~110)cm, 宽 0.7~1.3cm, 先端渐尖，下部具关节。花葶长 18~35cm, 外弯或近下垂；花序疏生 5~9 花；苞片长 4~5mm; 花梗与子房长

1~2cm; 花直径 4~5cm; 萼片与花瓣白色至乳黄色，中央有 1 条栗色纵带；唇瓣栗色，中央有白色斑；萼片长 2.2~2.7cm, 宽 5~7mm; 花瓣略小于萼片；唇瓣长 1.7~2.3cm, 3 裂；唇盘上有 2 条密被腺毛的纵褶片，褶片顶端有 2 行腺毛延伸至中裂片中部；蕊柱长 9~10mm; 花粉团 2 个，有裂隙。蒴果长 4~5cm, 直径 2~2.8cm。花期 8~10 月；果期翌年 10~11 月。

生于林中树上或溪谷岩壁上；海拔 300~1600m。产于福建、广东、广西、海南、台湾、云南；广布于东南亚和印度。

5. 夏凤兰 *Cymbidium aestivum* Z. J. Liu et S. C. Chen

附生兰。假鳞茎长 1.5~2.5cm，直径1.5~2cm，包藏于叶基内。叶4~8枚，带形，长 32~36cm，宽 0.8~1.6cm，先端渐尖，下部具关节。花葶通常平展或外弯，长 33~42cm；花序疏生 10~13 花；苞片长 1~1.5cm；花梗和子房长 2.5~3.5cm；花直径 4~6cm；萼片与花瓣浅褐色，但侧萼片与花瓣上有白色纵带；唇瓣暗紫色，中央有黄绿色斑块；萼片长 3.7~4.8cm，宽 8~9mm；花瓣明显短于萼片；唇瓣长 2.7~3cm，中部下方 3 裂；中裂片长 1.6~1.8cm；唇盘上有 2 条纵褶片；蕊柱长 1.3~1.4cm；花粉团 2 个，有裂隙。蒴果长 5~6cm，直径 1.4~1.6cm。花期 6~8 月；果期翌年 7~9 月。

生于山谷林下岩石上；海拔 1500~1600m。产于云南南部（勐腊）。

6. 多花兰 *Cymbidium floribundum* Lindl.

附生兰。假鳞茎长 2.5~3.5cm，直径 2~3cm，包藏于叶基内。叶通常 5~6 枚，带形，长 22~50cm，宽 0.8~1.8cm，具半透明叶脉，下部有关节。花葶稍外弯，长 16~28(~35)cm；花序密生 15~40 花；苞片长 2~10mm；花梗和子房长 1.5~3cm；花直径 3~4cm，常略有香气；萼片与花瓣浅红褐色或偶见浅绿黄色；唇瓣白色，有浅紫红色斑；萼片长 1.6~1.8cm，宽 4~7mm；花瓣略短于萼片；唇瓣长 1.6~1.8cm，3 裂；唇盘上有 2 条纵褶片；蕊柱长 1.1~1.4cm；花粉团 2 个，有裂隙。蒴果长 3~4cm，宽 1.2~2cm。花期 4~8 月；果期翌年 7~9 月。

生于林中或林缘树上或岩石上，溪谷岩壁上或极罕生于多石地上；海拔 100~3300m。产于重庆、福建、广东、广西、贵州、湖北、湖南、江西、四川、台湾、云南、浙江。

7. 果香兰 *Cymbidium suavissimum* Sander ex C. Curtis

地生兰或石上附生兰。假鳞茎长5~6cm，直径2~3cm，包藏于叶基内。叶5~7枚，带形，长40~70cm，宽2~5cm，下部具关节。花葶近直立，长40~50cm；花序密生20~50花；苞片很小；花梗和子房长2.5~4cm；花直径3~4cm，有甜苹果香味；萼片与花瓣通常浅浊黄色，有浅红褐色晕；唇瓣白色，有紫红色斑；萼片长2~2.5cm，宽6~8mm；花瓣略小于萼片；唇瓣长1.6~1.7cm，3裂；唇盘上具2条纵褶片；蕊柱长约1.4cm，基部有2个小耳状物；花粉团2个，有裂隙。花期7~8月。

生于疏林下地上；海拔700~1100m。产于贵州、云南；缅甸、越南也有。

8. 福兰 *Cymbidium devonianum* Paxton

附生兰。假鳞茎长1.5~2.5cm，直径约1cm，包藏于叶基内。叶2~4枚，矩圆状倒披针形，革质，长22~27cm，宽3.5~4.7cm，基部明显收狭，具纤细的叶柄，下部有关节。花葶下垂或外弯，长36~50cm；花序具20~40花；苞片长4~5mm；花梗和子房长1.5~2cm；花直径3~3.5cm，浅褐色；萼片与花瓣有浅紫色脉和细斑点；唇瓣有浅紫色晕，中部两侧有2个深紫色斑块；萼片长2~2.2cm，宽6~7mm；花瓣略小于萼片；唇瓣长1.3~1.5cm，近于不裂，近中部有2枚胼胝体；蕊柱长1~1.2cm，有短的蕊柱足；花粉团2个，有裂隙。花期3~4月。

生于疏林下岩石上；海拔约1500m。产于云南东南部；印度、尼泊尔、泰国、越南也有。

9. 西藏虎头兰 *Cymbidium tracyanum* L. Castle

附生兰。假鳞茎长 5~11cm，直径 2~5cm，大部分包藏于叶基内。叶 5~8 枚或更多，带形，长 55~80cm，宽 1.5~3.4cm，先端急尖，下部具关节。花葶外弯或近直立，长 65~100cm；花序通常具 10 余花；苞片长 3~5mm；花梗与子房长 3~5.5cm；花直径 13~14cm，有香气，浅黄绿色至乳白色，有暗红棕色条纹与不规则斑点，受精后整花变为紫红色或暗红色；萼片长 4.5~7cm，宽 1.7~2cm；花瓣镰刀形，长 4.5~6.5cm，

宽 0.7~1.2cm；唇瓣长 4.5~6cm，3 裂，基部与蕊柱基部边缘合生达 4~5mm；中裂片上有 3 行长毛向下延伸，与唇盘上的 2 条纵褶片以及两褶片间的 1 行长毛相连接；蕊柱长 3.5~4.3cm；花粉团 2 个，有裂隙。蒴果长 8~9cm，直径 4.5~5cm。花期 9~12 月；果期翌年 10~12 月。

生于林中树上或溪谷旁岩石上；海拔 1200~1800m。产于贵州、西藏、云南；缅甸、泰国也有。

10. 金蝉兰 *Cymbidium gaoligongense* Z. J. Liu et J. Y. Zhang

附生兰。假鳞茎长 5~10cm，直径 2~3cm，包藏于叶基内。叶 6~11 枚，带形，基部明显二列，长 70~90cm，宽 2~3cm，先端渐尖，下部具关节。花葶近直立或外弯，长 65~100cm；花序具 8~10 花；苞片长 3~5mm；花梗和子房长 1.5~3.8cm；花直径 7~8cm，绿黄色或橄榄绿色，但唇瓣色淡或近乳白色，均有不明显的深色条纹或斑点；萼片长 3.4~6cm，宽 1.2~1.6cm；花瓣镰刀状，长 3.7~5.6cm，宽 0.6~0.9cm；唇瓣长 3~3.2cm，3 裂；侧裂片边缘有金黄色缘毛；中裂片上有 3 行长毛向下延伸，与唇盘上的 2 条纵褶片以及两褶片中间的 1 条长毛相连接；蕊柱 3~3.8cm；花粉团 2 个，有裂隙。花期 9~12 月。

生于林中树上；海拔约 1500m。产于云南西部（保山、高黎贡山）。

11. 黄蝉兰 *Cymbidium iridioides* D. Don

附生兰。假鳞茎长4~11cm，直径2~5cm，多少包藏于叶基内。叶6~10枚，带形，长45~90cm，宽1.6~4cm，先端急尖，下部有关节。花葶近直立或平展，长40~70cm；花序具3~17花；苞片长2~3mm；花梗和子房长4~4.5cm；花直径9~10cm，有香气；萼片与花瓣浅绿黄色，有7~9条红棕色纵条纹；唇瓣浅黄色，有红棕色条纹和斑；萼片长3.7~4.5cm，宽1.2~1.5cm；花瓣与萼片近等长，宽0.7~0.9cm；唇瓣长3.2~4.2cm，3裂，基部与蕊柱基部边缘合生达4~5mm；中裂片上有2~3行柔毛向下延伸，与唇盘上的2条纵褶片的顶端相连接；蕊柱长2.5~2.9cm；花粉团2个，有裂隙。蒴果长6~11cm，直径3~4.5cm。花期8~12月；果期翌年10~12月。

生于林中树上、岩石上或荫蔽岩壁上；海拔900~2800m。产于贵州、四川、西藏、云南；尼泊尔、不丹至印度、缅甸也有。

12. 川西兰 *Cymbidium sichuanicum* Z. J. Liu et S. C. Chen

附生兰。假鳞茎长6~10cm，直径2.8~3.3cm，包藏于叶基内。叶5~8枚，带形，长60~110cm，宽2~2.5cm，先端近渐尖，下部具关节。花葶近直立，长50~70cm；花序具10~15花；苞片长6~20mm；花梗和子房长4~5.5cm；花直径6~7cm，略有香气；萼片与花瓣黄绿色，有9~11条紫红色条纹和不规则晕；唇瓣浅黄色，有紫红色条纹和斑点；蕊柱上部紫红色，下部变为小斑点；萼片长5.5~5.9cm，宽1.8~2cm；花瓣长5.2~5.5cm，宽1.7~1.9cm；唇瓣长4.3~4.6cm，3裂，基部与蕊柱基部边缘合生达3~4mm；唇盘上具2条被白毛的纵褶片延伸至近中裂片基部；蕊柱长3.6~3.9cm；花粉团2个，有裂隙。花期2~3月。

生于林中树上或林缘岩石上；海拔1200~1600m。产于四川西部（茂县、汶川）。

13. 长叶兰 *Cymbidium erythraeum* Lindl.

附生兰。假鳞茎长 2~5cm，直径 1.5~3cm，包藏于叶基内。叶 5~11 枚，二列，带形，长 60~100cm，宽 0.7~1.5cm，先端渐尖，下部具关节。花葶近直立或外弯，长 40~75cm；花序具 3~7 花或更多花；苞片长 2~4mm；花梗和子房长 2.5~4.3cm；花直径 7~8cm，有香气；萼片与花瓣绿色，有红棕色纵条纹和斑点；唇瓣侧裂片浅黄色，有红棕色条纹，中裂片白色，有少数短条纹和斑点；萼片长 3.4~5.2cm，宽 0.7~1.4cm；花瓣镰刀状，长 3.5~5.3cm，宽 0.4~0.7cm；唇瓣长 3~4.3cm，3 裂，基部与蕊柱基部边缘合生达 2~3mm；唇盘上具 2 条被毛的纵褶片延伸至中裂片基部；蕊柱长 2.3~3.2cm；花粉团 2 个，有裂隙。蒴果长 4~5cm，直径 2~3cm。花期 10 月至翌年 1 月；果期翌年 11~12 月。

生于林缘或林中树上或岩石上；海拔 1400~2800m。产于贵州、四川、西藏、云南；尼泊尔、不丹至印度、缅甸也有。

14. 黄花长叶兰 *Cymbidium flavum* Z. J. Liu et J. Y. Zhang

附生兰。假鳞茎长 5.5~6cm，直径 2.5~3cm，包藏于叶基内。叶 5~12 枚，二列，带形，长 30~80cm，宽 1~2.1cm，先端渐尖，下部具关节。花葶近直立，长 48~130cm；花序具 4~22 花；苞片长 3~5mm；花梗和子房长 2.8~5cm；花直径 5~6.5cm；萼片绿黄色；花瓣黄色；唇瓣白色，侧裂片上有黄色条纹，中裂片散生黄色斑点；中萼片长 3.9~4.1cm，宽约 1cm；侧萼片明显短于中萼片；花瓣镰刀状，长 3.3~4cm，宽 0.6~0.9cm；唇瓣长 2.4~3.5cm，3 裂，基部与蕊柱基部边缘合生约 2mm；唇盘上具 2 条纵褶片，褶片上有微柔毛；蕊柱长 2.4~2.8cm；花粉团 2 个，有裂隙。花期 10~12 月。

生于疏林中或林缘岩石上；海拔 1600~1800m。产于云南东南部至西南部（文山、腾冲）。

15. 虎头兰 *Cymbidium hookerianum* Rchb. f.

附生兰。假鳞茎长 3~8cm，直径 1.5~3cm，多少包藏于叶基内。叶 4~8 枚，带形，长 30~80cm，宽 1.4~2.3cm，先端急尖，下部有关节。花葶外弯或近直立，长 45~70cm；花序具 7~14 花；苞片长 3~4mm；花梗和子房长 3~5cm；花直径 11~12cm，稍有香气；萼片与花瓣苹果绿色或浅黄绿色；唇瓣白色或乳黄色，侧裂片上有栗色条纹与斑点，中裂片沿先端边缘具由栗色斑点与斑块组成的环和 1 条中线，受粉后整个唇瓣变为浅紫红色；萼片长 5~5.5cm，宽 1.5~1.7cm；花瓣略狭于萼片；唇瓣长 4.5~5cm，3 裂，基部与蕊柱基部边缘合生达 4~4.5mm；唇盘上具 2 条纵褶片延伸至中裂片基部；蕊柱长 3.3~4cm；花粉团 2 个，有裂隙。蒴果长 9~11cm，直径约 4cm。花期 1~4 月；果期翌年 2~5 月。

生于林中树上或沿山谷岩石上；海拔 1100~2700m。产于广西、贵州、西藏、云南；尼泊尔至印度也有。

16. 滇南虎头兰 *Cymbidium wilsonii* (Rolfe ex Cook) Rolfe

附生兰。假鳞茎长 4~6cm，宽 2.5~3.5cm，多少包藏于叶基内。叶 7~10 枚，带形，长 70~100cm，宽 1.3~3.2cm，先端急尖，下部具关节。花葶近直立或外弯，长 25~70cm；花序具 5~15 花；苞片很小；花梗和子房长 2.2~4.3cm；花直径 9~10cm，稍有香气；萼片与花瓣绿色或浅黄绿色，有不甚明显的浅红棕色纵脉，脉上有细斑点；唇瓣乳黄色，侧裂片上有栗色条纹，中裂片先端边缘具 1 个由栗色斑块组成的环和 1 条中线，受粉后整个唇瓣变为紫红色；萼片长 4.4~5.7cm，宽 1.2~1.9cm；花瓣略狭于萼片；唇瓣长 4.5~5cm，3 裂，基部与蕊柱基部边缘合生达 3.5~5mm；唇盘上有 2 条纵褶片延伸至中裂片基部；蕊柱长 2.7~3.2cm；花粉团 2 个，有裂隙。花期 2~4 月。

生于林中树上；海拔约 2000m。产于云南南部（蒙自）。

17. 碧玉兰 *Cymbidium lowianum* (Rchb. f.) Rchb. f.

附生兰。假鳞茎长 6~13cm，直径 2~5cm，包藏于叶基内。叶 5~7 枚，带形，长 65~80cm，宽 2~3.6cm，先端不裂，下部有关节。花葶直立或外弯，长 60~80cm；花序通常具 10~20 花；苞片长约 3mm；花梗和子房长 3~4cm；花直径 7~9cm，无香气；萼片与花瓣苹果绿色或浅黄绿色，具浅红棕色纵脉；唇瓣浅黄色，中裂片先端具 1 个红色至浅栗色的"V"形斑块和 1 条中线；萼片长 4~5cm，宽 1.4~1.6cm；花瓣明显狭于萼片；唇瓣长 3.5~4cm，3 裂，基部与蕊柱基部边缘合生达 3~4mm；中裂片"V"形斑块上密被天鹅绒似的毛；唇盘上具 2 条短褶片；蕊柱长 2.7~3cm；花粉团 2 个，有裂隙。花期 3~4 月。

生于林中树上或沿溪谷岩壁上；海拔 1300~1900m。产于云南东南部至西南部；缅甸、泰国也有。

17a. 浅斑碧玉兰（变种）*Cymbidium lowianum* var. *iansonii* (Rolfe) P. J. Cribb et Du Puy

与碧玉兰不同在于"V"形斑块色泽明显较淡，呈浅棕色。花期 2~6 月。

生于林中树上；海拔约 1700m。产于云南西南部（保山）；缅甸也有。

18. 薛氏兰 *Cymbidium schroederi* Rolfe

附生兰。假鳞茎长 13~16cm，直径 4~5cm，多少包藏于叶基内。叶 6~8 枚，带形，长 55~70cm，宽 2.5~3cm，先端急尖，下部具关节。花葶近直立或外弯，长 45~70cm；花序具 15~25 花；苞片长 1~3mm；花梗和子房长 2.5~4.8cm；花直径 7~9.5cm，无香气；萼片与花瓣浅绿色或浅黄绿色，稍有浅棕色脉纹与斑点；唇瓣浅黄色至近白色，侧裂片上有红棕色条纹，中裂片上有 1 个红棕色“V”形斑块和 1 条中线；蕊柱腹面有红棕色条纹；萼片长 4.5~5cm，宽 1.3~1.6cm；花瓣长 4.2~4.6cm，宽 0.9~1.2cm；唇瓣长 2.5~2.8cm，3 裂，基部与蕊柱基部边缘合生约 2~3mm；中裂片上的“V”形斑块内密生短毛；唇盘上有 2 条纵褶片，褶片向基部渐狭并消失；蕊柱长 2.8~3cm；花粉团 2 个，有裂隙。花期 3~6 月。

生于林中树上；海拔不详。产于云南东南部；越南也有。

19. 美花兰 *Cymbidium insigne* Rolfe

地生兰或石上附生兰。假鳞茎长 5~9cm，直径 2.5~4cm，包藏于叶基内。叶 6~9 枚，带形，长 60~90cm，宽 0.7~1.2cm，先端渐尖，下部具关节。花葶近直立或外弯，长 28~90cm；花序通常具 4~12 花；苞片长 3~5mm；花梗和子房长 3~4cm；花直径 6~7cm，无香气；萼片与花瓣白色至稍呈粉红色；唇瓣白色，常有浅紫红色斑点与条纹；萼片长 3~3.5cm，宽 1~1.4cm；花瓣长 2.8~3cm，宽 1~1.2cm；唇瓣稍短于花瓣，3 裂，基部与蕊柱基部边缘合生约 2~3mm；中裂片从基部至中部有密毛区；唇盘上有 2 条被密毛的纵褶片延伸至中裂片基部，有时在两褶片之间还有 1 条短褶片；蕊柱长 2.4~2.8cm；花粉团 2 个，有裂隙。花期 11~12 月。

生于疏林中多石与杂草丛生之地或岩壁上；海拔 1700~1900m。产于海南东部；泰国、越南也有。

20. 独占春 *Cymbidium eburneum* Lindl.

附生兰。假鳞茎长 4~8cm，直径 2.5~3.5cm，包藏于叶基内，每 2~3 年才长出新假鳞茎。叶 6~17 枚，带形，长 40~65cm，宽 1.4~2.1cm，先端 2 裂，裂口中常有 1 个细尖头，基部二列套叠并有棕色膜质边缘，具关节。花葶发自叶腋，近直立，长 25~40cm；花序具 1 花或罕有 2(~3) 花；苞片长 6~7mm；花梗和子房长 2.5~3.5cm；花大，稍有香气，白色，仅唇瓣中央有 1 个黄色斑块；萼片与花瓣长 5.5~7cm，宽 1.3~2cm；唇瓣略短于花瓣，3 裂，基部与蕊柱基部边缘合生达 3~5mm；唇盘上具 2 条多少合生的褶片延伸至中裂片基部；蕊柱长 3.5~4.5cm；花粉团 2 个，有裂隙。蒴果长 5~7(~10)cm，直径 3~4cm。花期 2~5 月；果期翌年 3~6 月。

生于山谷旁岩石上；海拔 300~2000m。产于广西、海南、云南；尼泊尔至印度、缅甸也有。

20a. 龙州兰（变种）*Cymbidium eburneum* var. *longzhouense* Z. J. Liu et S. C. Chen

与独占春的区别在于本变种唇瓣侧裂片前部与中裂片上有紫红色斑；蕊柱腹面有浅紫色细斑点或短条纹。花期 4 月。

生于疏林中岩石上；海拔约 800m。产于广西西南部（龙州）。

21. 象牙白 *Cymbidium maguanense* F. Y. Liu

附生兰。假鳞茎长 4~10cm，直径 2~2.5cm，包藏于叶基内。叶 8~19 枚，二列，带形，长 37~76cm，宽 1.2~2.4cm，先端渐尖并有不等的 2 裂，基部有狭的膜质边缘，具关节。花葶 1~2 个，从叶腋发出，近直立，长 20~45cm；花序具 2~4(~5) 花；苞片长 5~6mm；花梗和子房长 2~3cm；花白色或淡粉红色，有香气；萼片与花瓣背面有时稍有浅紫色晕；唇瓣中央有黄色斑块；蕊柱浅紫红色至粉红色；萼片长 4.8~6cm，宽 1.5~2cm；花瓣长 4.6~5.2cm，宽 0.8~1.2cm；唇瓣长 4.5~5.2cm，3 裂，基部与蕊柱基部边缘合生约 5mm；中裂片黄色斑块上密生短毛；唇盘上的 2 条纵褶片顶端增厚并汇合成三角形的胼胝体；蕊柱长 3.6~4cm；花粉团 2 个，有裂隙。花期 10~12 月。

生于林中树上，海拔 1000~1800m。产于云南东南部(马关、麻栗坡)。

22. 昌宁兰 *Cymbidium changningense* (X. M. Xu) Z. J. Liu et S. C. Chen

附生兰。假鳞茎长 6~8cm，直径 3~4cm，包藏于叶基内。叶 10~13 枚，二列，带形，长 52~75cm，宽 1.2~1.7cm，先端不等的 2 裂，下部具关节。花葶发自叶腋，外弯，长 35~41cm；花序具 3~7 花；苞片长 4~6mm；花梗和子房长 4.5~5.5cm；花直径 10~11cm，有香气；萼片和花瓣浅绿黄色，有不甚明显的淡紫红色脉纹；唇瓣淡黄白色，侧裂片先端有 1 个紫红色斑块，中裂片上有 1 个“V”形紫红色斑块和 1 条中线；蕊柱腹面有不规则的紫红色斑；萼片长 6.5~7.1cm，宽 1.8~2cm；花瓣长 6.3~6.5cm，宽 0.9~1cm；唇瓣长 5~5.5cm，3 裂，基部与蕊柱基部边缘合生达 6mm；中裂片上的“V”形斑块上布满乳突；唇盘上具 2 条密生白毛的纵褶片；蕊柱长约 4cm；花粉团 2 个，有裂隙。花期 2~3 月。

生于林缘树上或荫蔽岩石上；海拔约 1700m。产于云南西部(昌宁)。

23. 大雪兰 *Cymbidium mastersii* Griff. ex Lindl.

附生兰。假鳞茎茎状，长 10~30cm 或更长，会不断延长，完全包藏于叶基内。叶 15~17 枚或更多，二列，带形，长 55~75cm，宽 1~1.8(~2.5)cm，先端不等的 2 裂，裂口中具 1 个细尖头，下部有关节。总状花序 1~2 个，生于叶腋，近直立或外弯，长 25~45cm，具 2~10 花；苞片长 2~5mm；花梗和子房长 4~5cm；花直径 6~6.5cm，不完全开放，白色，有杏的气味；萼片与花瓣背面常带粉红色；唇瓣侧裂片与中裂片上具浅紫红色斑，中央有黄色斑块；萼片长 4.5~6cm，宽 1~2cm；花瓣长 4.2~5cm，宽 0.7~1cm；唇瓣长 4~4.5cm，3 裂，基部与蕊柱基部边缘合生达 3~4mm；唇盘上有 2 条纵褶片，其顶部汇合；蕊柱长 3.3~3.6cm；花粉团 2 个，有裂隙。蒴果长 3~4cm，直径约 2.5cm。花期 10~12 月；果期翌年 11~12 月。

生于林中树上或岩石上；海拔 1600~1800m。产于云南西部至南部；缅甸和泰国也有。

24. 丽花兰 *Cymbidium concinnum* Z. J. Liu et S. C. Chen

附生兰。假鳞茎长 4~8cm，直径 2.5~3.6cm，包藏于叶基内。叶 13~18 枚，带形，长 30~75cm，宽 0.9~1.4cm，先端不裂，下部具关节。花葶从叶腋发出，外弯，长 40~60cm；花序疏生 18~22 花；苞片长 2~3mm；花梗和子房长 2.2~2.7cm；花直径 5~6cm，有香气；萼片与花瓣浅褐色，有黄白色晕和深色脉纹；唇瓣黄白色，侧裂片上有浅紫红色条纹，中裂片上有 1 个“V”形的紫红色斑块和中线；萼片长 4.3~4.6cm，宽约 1cm；花瓣略呈镰刀状，长 4.2~4.4cm，宽 0.7~0.9cm；唇瓣长 3.5~3.8cm，3 裂，基部与蕊柱基部边缘合生达 2~3mm；唇盘上有 2 条纵褶片延伸至中裂片基部，其顶端汇合或近合生；蕊柱长 3~3.2cm；花粉团 2 个，有裂隙。花期 10~11 月。

生于林中树上；海拔约 2300m。产于云南西部（泸水）。

25. 文山红柱兰 *Cymbidium wenshanense* Y. S. Wu et F. Y. Liu

附生兰。假鳞茎长3~4cm，直径1.5~2.5cm，包藏于叶基内。叶6~9枚，带形，长50~80cm，宽1~1.3(~1.7)cm，先端不裂，下部具关节。花葶外弯，长24~39cm；花序具3~7花；苞片长3~5mm；花梗和子房长4.5~6cm；花稍有香气，白色；萼片和花瓣背面常有浅紫红色晕；唇瓣上有浅紫色条纹、斑点及黄色晕；萼片和花瓣长5.8~7.5cm，宽1.8~2.4cm；侧萼片下弯或下垂；花瓣围抱蕊柱；唇瓣长5.8~6.5cm，3裂，基部与蕊柱基部边缘合生达3~4mm；唇盘上具2条纵褶片延伸至中裂片基部，其顶端明显膨大，两褶片间具3条粗脉；蕊柱长4.2~4.5cm；花粉团2个，有裂隙。花期2~3月。

生于林中树上；海拔约1200m。产于云南东南部；越南也有。

26. 五裂红柱兰 *Cymbidium quinquelobum* Z. J. Liu et S. C. Chen

附生兰。假鳞茎长4~6cm，直径1.5~3cm，包藏于叶基内。叶4~8枚，二列，带形，长45~96cm，宽1.4~2.1cm，先端渐尖，下部具关节。花葶外弯或略下垂，长28~35cm；花序具7~12花；苞片长7~16mm；花梗和子房长4~6cm；花大，有香气；萼片与花瓣白色，偶见浅紫红色晕或细斑点；唇瓣浅黄色，有紫褐色条纹与斑点；蕊柱中部以上紫红色；萼片长6~8cm，宽2.3~3cm，侧萼片下垂或下弯；花瓣长6~6.5cm，宽3.1~3.3cm，围抱蕊柱；唇瓣长6~6.5cm，5裂，基部与蕊柱基部边缘合生成长达8~10mm的管；唇盘上具2条纵褶片延伸至中裂片基部，其顶端膨大并汇合成3裂的胼胝体，两褶片之间具3条纵脊；蕊柱长4.2~4.8cm；花粉团2个，有裂隙。花期2~3月。

生于林中树上；海拔约1500m。产于云南东南部（马关）。

27. 莎草兰 *Cymbidium elegans* Lindl.

附生兰。假鳞茎长4~9cm，直径2~3cm，包藏于叶基内。叶6~13枚，二列，带形，长45~80cm，宽1~2cm，先端常稍2裂，下部具关节。花葶外弯，长40~50cm；花序下垂或点头状，密生20~35花；花自花序顶端向基部顺序开放；苞片长2~3mm；花梗和子房长1.2~2.1cm；花下垂，不完全开放，狭钟形，稍有香气，乳黄色或浅黄绿色，有时唇瓣上稍有浅粉红色晕或斑点；萼片长3.4~4.3cm，宽0.7~0.9cm；花瓣略狭于萼片；唇瓣长3~4cm，3裂，基部与蕊柱基部边缘合生约2~3mm；中裂片小，长6~10mm；唇盘上具2条纵褶片延伸至中裂片基部，其顶端膨大并汇合，唇盘基部两褶片间有宽阔的凹穴；蕊柱长2.8~3.2cm；花粉团2个，有裂隙。花期10~12月。

生于林中树上或岩壁上；海拔1700~2800m。产于四川、西藏、云南；尼泊尔、不丹至印度、缅甸也有。

27a. 泸水兰（变种）

Cymbidium elegans var. ***lushuiense*** (Z. J. Liu, S. C. Chen et X. C. Shi) Z. J. Liu et S. C. Chen

与莎草兰的区别在于花序的花自基部向顶端顺序开放，2条纵褶片下部的外侧各具1枚长2~4mm的狭披针形附属物。花期12月至翌年1月。

生于岩壁上；海拔不详。产于云南西南部（泸水）。

28. 垂花兰 *Cymbidium cochleare* Lindl.

附生兰。假鳞茎长3~5cm,直径1~1.5cm,包藏于叶基内。叶9~18枚,二列,带形,长40~60(~100)cm,宽0.8~1.2cm,先端渐尖,下部具关节。花莛下垂,长50~60cm;花序具13~22花;花从花序顶端向基部顺序开放;苞片长约3mm;花梗和子房长1~1.8cm;花下垂,不完全开放,钟形;萼片与花瓣茶褐色;唇瓣黄绿色,密生紫红色细斑点;萼片与花瓣长4~4.2cm,宽5~7mm;唇瓣长约4.3cm,3裂,基部与蕊柱基部边缘合生约2~3mm;中裂片长7~8mm;唇盘上具2条纵褶片,褶片顶端肥厚并具白毛;蕊柱长约3.5cm;花粉团2个,有裂隙。花期11月至翌年1月。

生于林中树上;海拔300~1800m。产于台湾、云南;印度、缅甸也有。

29. 斑舌兰 *Cymbidium tigrinum* Parish ex Hook.

附生兰。假鳞茎长3~5cm,直径2~3cm,裸露。叶通常4枚,生于假鳞茎顶端或罕有其中1枚侧生,狭椭圆形,长15~21cm,宽1.8~3.1cm,基部收狭成柄,有关节。花莛外弯,长10~20cm;花序具2~5花;苞片长4~9mm;花梗和子房长2~4.5cm;花稍有香气;萼片和花瓣黄绿色,有浅红棕色晕;唇瓣白色,受粉后变为粉红色,侧裂片上有浅紫褐色晕,中裂片上有红棕色斑点和条纹;萼片长3.5~4.5cm,宽0.8~1.2cm;花瓣长3.4~3.8cm,宽0.6~1cm;唇瓣长约3.5cm,3裂,基部与蕊柱基部边缘合生约2~3mm;唇盘上具2条无毛的纵褶片;蕊柱长2.5~3cm;花粉团2个,有裂隙。花期3~6月。

生于荫蔽岩石上;海拔1000~1500m。产于云南西部;印度、缅甸也有。

30. 保山兰 *Cymbidium baoshanense* F. Y. Liu et H. Perner

附生兰。假鳞茎长 3.5~4.5cm，直径 2.5~3cm，多少包藏于叶基内。叶 3~7 枚，二列，倒披针形，长 20~40cm，宽 2.5~3.2cm，先端渐尖并具细尖，基部收狭成柄，有关节。花葶近直立或外弯，长 29~40cm；花序具 6~9 花；苞片长约 5mm；花梗和子房长 4.5~5.5cm；花直径 5~8cm，有香气；萼片与花瓣浅绿黄色至浅褐黄色；唇瓣白色，中裂片先端边缘有 1 个"V"形的紫红色斑块和中线；蕊柱黄色，腹面有少数红色斑点；萼片长 4.5~5.8cm，宽 1.2~1.5cm；花瓣长约 5cm，宽 0.8cm；唇瓣长约 3.3cm，3 裂，基部与蕊柱基部边缘合生约 2~3mm；唇盘上具 2 条无毛的纵褶片延伸至中裂片基部；蕊柱长 2.9~3.4cm；花粉团 2 个，有裂隙。花期 3 月。

生于林中树上或岩石上；海拔 1600~1700m。产于云南西南部（龙陵）。

31. 莎叶兰 *Cymbidium cyperifolium* Wall. ex Lindl.

地生兰。假鳞茎长 1~3cm，直径约 1cm，包藏于叶基内，每 2 年长出新假鳞茎。叶通常 9~20 枚，长 30~120cm，宽 0.6~1.3cm，基部强烈二列套叠并有膜质边缘，具关节。花葶生于叶腋，直立，长 20~50cm；花序具 3~7 花；苞片长 1.4~4.1cm；花梗和子房长 1.2~2.5cm；花有柠檬香味，浅黄绿色至苹果绿色；萼片与花瓣上有 5~7 条红棕色或紫色条纹；唇瓣侧裂片上有紫色条纹，中裂片上有紫色斑点与斑块；萼片长 2~3.7cm，宽 0.4~0.8cm，花瓣长 1.6~2.9cm，宽 0.5~0.9cm；唇瓣长 1.4~2.2cm，3 裂；唇盘上有 2 条纵褶片延伸至中裂片基部；蕊柱长 1.1~1.6cm；花粉团 4 个，成 2 对。花期 10~11 月。

生于林下多石之地或石缝中；海拔 700~1800m。产于广东、广西、贵州、海南、四川、云南；分布于自喜马拉雅山地至东南亚区域。

31a. 送春（变种）

Cymbidium cyperifolium var. *szechuanicum* (Y. S. Wu et S. C. Chen) S. C. Chen et Z. J. Liu

与莎叶兰的区别在于叶基部仅稍二列套叠，具较狭窄的膜质边缘。花期 1~4 月。

生于林下灌木草丛中；海拔约 2300m。产于贵州、四川、云南。

32. 建兰 *Cymbidium ensifolium* (L.) Sw.

地生兰。假鳞茎长 1.5~2.5cm，宽 1~1.5cm，包藏于叶基内。叶 2~4 (~6) 枚，带形，长 30~60cm，宽 1~1.5(~2.5)cm，先端边缘有时具细齿，下部有关节。花葶直立，长 20~35cm，通常明显短于叶；花序具 3~9 花；苞片除基部 1 枚外，长 5~8mm；花梗和子房长 2~3cm；花常有香气，色泽变化大，通常为浅黄绿色而有紫色斑；萼片长 2.3~2.8cm，宽 5~8mm；花瓣长 1.5~2.4cm，宽 5~8mm；唇瓣长 1.5~2.3cm，3 裂；

唇盘上具 2 条纵褶片延伸至中裂片基部，其上部常内弯并靠合成短管；蕊柱长 1~1.4cm；花粉团 4 个，成 2 对。蒴果长 5~6cm，直径约 2cm。花期通常为 6~10 月；果期翌年 7~11 月。

生于疏林中、灌木林下以及沿山谷草地上；海拔 600~1800m。产于安徽、福建、广东、广西、贵州、海南、香港、湖北、湖南、江西、四川、台湾、西藏、云南、浙江；广布于亚洲热带地区，向东南到达新几内亚岛。

33. 墨兰 *Cymbidium sinense* (Jackson ex Andr.) Willd.

地生兰。假鳞茎长 2.5~6cm，直径 1.5~2.5cm，包藏于叶基内。叶 3~5 (~8) 枚，带形，长 45~80 (~110)cm，宽 (1.5~) 2~3cm，下部具关节。花葶直立，长 40~90cm，通常稍长于叶；花序具 10~20 或更多花；苞片除基部 1 枚外，均长 4~8mm；花梗和子房长 2~2.5cm；花常有浓香，通常为暗紫色或浅紫褐色，具较浅色泽的唇瓣；萼片长 2.2~3.5cm，宽 5~7mm；花瓣长 2~2.7cm，宽 0.6~1cm；唇瓣长 1.7~3cm，3 裂；唇盘上具 2 条纵褶片延伸至中裂片基部，其上部内弯并靠合成短管；蕊柱长 1.2~1.5cm；花粉团 4 个，成 2 对。蒴果长 6~7cm，直径 1.5~2cm。花期 10 月至翌年 3 月；果期约 1 年以后。

生于林中或溪谷旁灌木林下阴湿而排水良好处；海拔 300~2000m。产于安徽、福建、广东、广西、贵州、海南、香港、江西、四川(峨眉山)、台湾、云南；印度、缅甸、日本(琉球群岛)、泰国、越南也有。

34. 秋墨兰（又称秋榜）*Cymbidium haematodes* Lindl.

地生兰。假鳞茎长 3~4cm，直径 1.5~2cm，包藏于叶基内；根粗大，直径可达 1cm。叶 2~4 (~5) 枚，带形，长 (50~)100~200cm, 宽 2~2.5cm，通常边缘无细齿，下部具关节。花葶直立，与叶近等长；花序通常具 9~10 花；苞片除基部 1 枚较长外，其余长度均在 1cm 以下；花有香气，直径 3.5~4cm，草黄色至浅黄褐色；萼片与花瓣有紫红色或红褐色条纹；唇瓣较萼片短但略宽；唇瓣长 2~2.5cm，3 裂；唇盘上具 2 条纵褶片延伸至中裂片基部；蕊柱长 1.3~1.8cm；花粉团 4 个，成 2 对。花期一般为 9~10 月，有时为 2~3 月。

生于林下；海拔 500~1900m。产于海南、云南；广泛分布于亚洲热带地区，向东南可到达新几内亚岛。

35. 落叶兰 *Cymbidium defoliatum* Y. S. Wu et S. C. Chen

地生兰。假鳞茎小，常数个排成一列，在生长季节仅末端 1 个或罕有 2 个具叶。叶 2~4 枚，带形，长 25~40cm，宽 0.5~1cm，下部有关节，冬季脱落 (在温室内不完全脱落)。花葶直立，长 10~20cm；花序具 3~4 花；苞片除基部 1 枚外长 5~6mm；花梗和子房长 1.3~1.7cm；花直径 2~3cm，有香气，色泽多

变，从绿白色至浅紫色；萼片长 1.2~2cm，宽 3~6mm；花瓣长 1~1.6cm，宽 2.5~5mm；唇瓣长 1~1.2cm，稍 3 裂；唇盘上具 2 条长约 3mm 的纵褶片；蕊柱长 7~8mm；花粉团 4 个，成 2 对。花期 6~8 月。

生于疏林下裸露土壤上，常见于火烧迹地上；海拔约 1500m。产于贵州、四川、云南。

36. 细花兰 *Cymbidium micranthum* Z. J. Liu et S. C. Chen

地生兰。假鳞茎长1~1.5cm，直径6~8mm，包藏于叶基内。叶1~4枚，带形，长7~22cm，宽5~8mm，下部具关节。花葶近直立，纤细，长8~10cm；花序轴稍左右曲折，具2~3花；苞片长4~5mm；花梗和子房长1~1.5cm；花直径2~3cm；萼片紫褐色，有深色脉；花瓣浅黄绿色，有紫红色脉；唇瓣黄白色，有紫红色斑；萼片长1.5~1.7cm，宽3~4mm；花瓣长1.3~1.5cm，宽6~7mm；唇瓣长1.3~1.5cm，略3裂；唇盘上具2条长约6mm的纵褶片；蕊柱长1~1.2cm；花粉团4个，成2对。花期12月。

生于有灌木与多石的山坡上，常形成密丛；海拔约1500m。产于云南东南部（马关）。

37. 寒兰 *Cymbidium kanran* Makino

地生兰。假鳞茎长2~4cm，直径1~1.5（~2.5）cm，包藏于叶基内。叶3~6（~8）枚，带形，长40~70cm，宽0.9~1.7cm，边缘常有细齿，下部具关节。花葶直立，长25~60（~100）cm；花序疏生5~12花；苞片除基部1枚外长1.5~2.6cm；花梗和子房长2~3cm；花通常有浓香；萼片与花瓣多为浅黄绿色，有紫红色条纹；唇瓣浅黄色，有浅紫红色斑；萼片长3~5cm，宽3.5~5（~7）mm；花瓣长2~3cm，宽0.5~1cm；唇瓣长2~3cm，略3裂；唇盘上具2条纵褶片延伸至中裂片基部，褶片上部内弯并靠合成短管；蕊柱长1~1.7cm；花粉团4个，成2对。蒴果长约4.5cm，直径约1.8cm。花期6~10（~12）月；果期翌年8~12月。

生于林下、溪边荫蔽地或潮湿、多石山坡上；海拔400~2400m。产于安徽、重庆、福建、广东、广西、贵州、海南、湖北、湖南、江西、四川、台湾、西藏、云南、浙江；日本与朝鲜半岛也有。

38. 邱北冬蕙兰 *Cymbidium qiubeiense* K. M. Feng et H. Li

地生兰。假鳞茎长1~1.5cm，直径6~9mm，包藏于浅紫色叶基内。叶通常2~3枚，着生于假鳞茎顶端，带形，长30~80cm，宽0.5~1cm，常多少带紫色，基部收狭为长柄；柄长10~20cm，常呈黑紫色，坚硬，貌似铁线，具关节。花葶直立，长25~30cm；花序疏生5~6花；苞片长2~2.5cm；

花梗与子房长2.5~3.5cm；花有香气；萼片与花瓣绿色；唇瓣白色，有紫色斑；萼片长约2.5cm，宽约0.6cm；花瓣长约2.2cm，宽约0.7cm；唇瓣长约2cm，3裂；唇盘上具2条纵褶片延伸至中裂片基部；蕊柱长约1.3cm;花粉团4个,成2对。花期10~12月。

生于林下；海拔700~1800m。产于贵州西南部与云南东南部。

39. 峨眉春蕙 *Cymbidium omeiense* Y. S. Wu et S. C. Chen

地生兰。假鳞茎小。叶4~5枚，带形，长15~35cm，宽0.6~1cm，先端渐尖，下部具不甚明显的关节。花葶直立，长15~18cm；花序具3~4花；苞片长1.5~2.5cm；花梗和子房长1.5~2.5cm；花通常每年开放2次，直径约5cm，有香气；萼片与花瓣浅黄绿色，有时具浅紫红色中脉、晕或斑点；唇瓣白色，有浅紫红色斑块；蕊柱浅黄色，腹面有浅紫红色条纹；萼片长2.5~3cm，宽3~5mm；花瓣长1.7~1.9cm，宽4~5mm；唇瓣长约2cm，3裂；唇盘上具2条无毛的纵褶片；蕊柱长约1.1cm；花粉团4个，成2对。花期3~4月和9~10月。

生于林中多石、排水良好之地；海拔不详。产于广西、湖北、四川（峨眉山）、云南。

40. 春兰 *Cymbidium goeringii* (Rchb. f.) Rchb. f.

地生兰。假鳞茎长1~2.5cm，直径1~1.5cm，包藏于叶基内。叶4~7枚，带形，长20~40(~60)cm，宽5~9mm，下部具关节。花葶直立，通常长2~5cm，明显短于叶；花序具单花，极罕2花；苞片长4~5cm，宽7~10mm，通常围抱子房；长梗与子房长2~4cm；花质地较薄，通常浅黄绿色并具浅紫褐色脉，但色泽变化甚大；萼片长2.5~4cm，宽0.8~1.2cm；花瓣长1.7~3cm，宽0.8~1.2cm；唇瓣长1.4~1.8cm，3裂；唇盘上具2条纵褶片延伸至中裂片基部，褶片上部内弯并汇合成短管；蕊柱长1.2~1.8cm；花粉团4个，成2对。花期1~3月。

生于多石山坡、林缘、林中空地；海拔300~2200m。产于安徽、重庆、福建、甘肃、广东、广西、贵州、河南、湖北、湖南、江苏、江西、陕西、四川、台湾、云南、浙江；印度、日本、朝鲜半岛也有。

---

41. 豆瓣兰 *Cymbidium serratum* Schltr.

地生兰。假鳞茎长0.8~1.2cm，直径0.7~1cm，包藏于叶基内，基部生有粗根。叶3~5枚，带形，长23~38(~70)cm，宽5~7mm，边缘常有锯齿，叶脉半透明，无关节。花葶直立，通常长20~30cm；花序具1花，极罕2花；苞片长4~5cm，常包围子房；花梗和子房长3~3.5cm；花质地厚，无香气；萼片与花瓣一般为绿色，常具紫红色中脉与细侧脉；唇瓣白色，具紫红色斑；萼片长3.6~3.8cm，宽1.1~1.3cm；花瓣长2~2.8cm，宽0.9~1.3cm；唇瓣长2~2.3cm，3裂；唇盘上有2条纵褶片延伸至中裂片基部，褶片上部内弯并汇合成短管；蕊柱长1.4~1.7cm；花粉团4个，成2对。花期2~3月。

生于多石之地、疏林中或排水良好之草坡；海拔1000~3000m。产于贵州、湖北、四川、台湾、云南。

42. 莲瓣兰 *Cymbidium tortisepalum* Fukuyama

地生兰。假鳞茎长 1~2cm，直径 0.5~1cm，包藏于叶基内，基部生有粗厚的根（直径 5~10mm）。叶 5~7(~10) 枚，带形，柔软，下弯，长 30~65cm，宽 0.4~1.2cm，边缘有细锯齿，无关节。花葶直立，长 20~30cm；花序具 2~7 花；苞片长 2.5~3.5cm；花梗和子房长 2.4~3.2cm；花通常有香气，一般为浅绿黄色或稍带白色，唇瓣上大多有紫红色斑；萼片长 3~3.8cm，宽 7~8mm；花瓣长 2.5~3cm，宽 8~9mm；唇瓣长 1.8~2cm，3 裂；唇盘上具 2 条纵褶片延伸至中裂片基部；蕊柱长 1.4~1.5cm；花粉团 4 个，成 2 对。花期 12 月至翌年 3 月。

生于草坡、疏林中或林缘；海拔 1500~2500m。产于四川、台湾、云南。

42a. 春剑（变种）

Cymbidium tortisepalum var. *longibracteatum* (Y. S. Wu et S. C. Chen) S. C. Chen et Z. J. Liu

与莲瓣兰的区别点在于：叶坚挺，近直立，宽 1.3~1.8cm。花期 1~3 月。

生于多石与灌木丛生的山坡；海拔 1000~2000m。产于广西、贵州、湖北、湖南、四川、云南。

43. 蕙兰 *Cymbidium faberi* Rolfe

地生兰。假鳞茎不明显。叶4~8枚，带形，长25~80cm，宽0.7~1.2cm，具半透明叶脉，边缘有锐锯齿，无关节。花葶近直立或稍弯曲，长35~50(~80)cm；花序具5~11或更多花；苞片通常长1~2cm；花梗和子房长2~2.6cm；花常有浓香，一般为浅黄绿色，唇瓣上有浅紫红色斑；萼片长2.5~3.5cm，宽6~8mm；花瓣长2.2~3cm，宽7~9mm；唇瓣长2~2.5cm，3裂；中裂片强烈下弯；唇盘上具2条纵褶片延伸至中裂片基部，褶片上部内弯并汇合成短管；蕊柱长1.2~1.6cm；花粉团4个，成2对。蒴果长5~5.5cm，直径约2cm。花期3~5月;果期翌年4~6月。

生于潮湿但排水良好的坡地或灌木疏生之地；海拔900~3000m。产于安徽、重庆、福建、甘肃、广东、广西、贵州、河南、湖北、湖南、江西、陕西、山西、四川、台湾、西藏、云南、浙江。

44. 珍珠矮 *Cymbidium nanulum* Y. S. Wu et S. C. Chen

地生兰。植株常单生，地下有肉质的根状茎，无明显的假鳞茎;根状茎长5~8cm，直径约1cm，具多节，有时有短分枝，后期逐渐腐烂。叶2~3枚，带形，常直立，长10~20(~30)cm，宽1~1.2cm，边缘有细齿，无关节。花葶直立，长10~20cm；花序疏生3~4花；苞片长4~9mm；花梗和子房长1.6~2cm；花直径2.5~3.2cm，有香气，通常浅黄绿色；萼片与花瓣上有5条浅紫红色纵条纹；唇瓣侧裂片上有浅紫红色条纹，中裂片上有浅紫红色斑；萼片长1.3~1.6cm，宽6~7mm；花瓣长1.1~1.4cm，宽6~7mm；唇瓣长8~10mm，3裂；唇盘上有2条纵褶片，褶片上部内弯并靠合；蕊柱长6~7mm；花粉团4个，成2对。蒴果长5~5.5cm，直径1.1~1.5cm。花期6~8月；果期翌年7~9月。

生于疏林中多石之地；海拔800~1200m。产于贵州、海南、云南。

45. 奇瓣红春素 *Cymbidium teretipetiolatum* Z. J. Liu et S. C. Chen

地生兰。植株在地下常具 1 条根状茎；根状茎长 4~5cm，粗 5~10mm，有时有分枝而呈珊瑚状。假鳞茎长 1~1.4cm，直径 7~10mm，具 2~3 节。叶 3~5 枚，带形，长 40~50cm，宽 6~9mm，基部的柄常套叠而成假茎，无关节。花葶直立，长 19~21cm；花序具 2~4 花；苞片长 2.5~3cm；花梗和子房长 3~3.5cm；花直径 6~7cm，无香气；萼片与花瓣白绿色，有浅棕色或粉红色晕，具绿色脉；唇瓣白色而有粉红色晕；萼片与

花瓣长 3~4cm，宽 6~7mm，有时花瓣略短；唇瓣长 1.9~2.1cm，不裂或稍 3 裂；唇盘上不具褶片；蕊柱长约 1.3cm；花粉团 4 个，成 2 对。蒴果长 7~3cm，直径 1.2~1.5cm。花期 1~2 月；果期翌年 2~3 月。

生于疏林中；海拔约 1000m。产于云南西南部至东南部。

46. 兔耳兰 *Cymbidium lancifolium* Hook.

地生兰或石上附生兰。假鳞茎近圆筒形，稍两侧压扁，长 5~10(~15)cm，直径 0.5~1(~1.5)cm，多少裸露，具节，近顶端具 3~6 枚叶。叶倒披针状矩圆形至狭椭圆形，长 6~17(~25)cm，宽 1.9~4(~6)cm，基部收狭成长 3~18cm 的柄，具关节。花序侧生，直立，长 8~35cm，具 2~8 花；苞片长 1~1.5cm；花梗和子房长 2~2.5cm；花通常白色至浅绿色，有时萼片与花瓣上有浅紫褐色中脉，唇瓣上有浅紫褐色斑；萼片长 2.2~3cm，宽 5~7mm；花瓣长 1.5~2.3cm，宽 5~7mm；唇瓣长 1.5~2cm，3 裂；唇盘上具 2 条纵褶片延伸至中裂片基部，褶片上部靠合成短管；蕊柱长约 1.5cm；花粉团 4 个，成 2 对。蒴果长约 5cm，直径约 1.5cm。花期 5~8 月；果期翌年 6~9 月。

生于林下、林缘或腐殖质丰富的岩石上；海拔 300~2000m。产于福建、广东、广西、贵州、海南、香港、湖南、四川、台湾、西藏、云南、浙江；广布于自喜马拉雅地区至东南亚，向东南到达新几内亚岛。

47. 长茎兔耳兰 *Cymbidium recurvatum* Z. J. Liu, S. C. Chen et P. J. Cribb

地生兰。假鳞茎茎状，长 18~23cm，直径 0.5~0.7cm，具 6~8 节，多少包藏于叶鞘内。叶 2~4 枚，生于近茎顶端处，椭圆状矩圆形至倒卵状矩圆形，长 6~9cm，宽 1.2~2.4cm，基部具长 1~2.5cm 的叶柄，有关节。花序侧生，直立，长 9~11cm，通常具单花；苞片长 9~11mm；花梗和子房长 2~2.4cm；萼片淡黄绿色，下半部具紫色中脉；花瓣白色，具紫色中脉和斑点；唇瓣侧裂片紫色，中裂片白色并有 2~3 个紫色斑块；中萼片长 2.3~2.6cm，宽 3~5mm；侧萼片略狭于中萼片；花瓣长 2.1~2.3cm，宽 6~7mm；唇瓣长 1.7~2cm，3 裂；唇盘上具 2 条纵褶片延伸至中裂片基部，褶片末端靠合；蕊柱长 1~1.2cm；花粉团 4 个，成 2 对。花期 8~9 月。

生于灌木林下排水良好的坡地上；海拔约 1700m。产于云南西南部（保山）。

48. 二叶兰 *Cymbidium rhizomatosum* Z. J. Liu et S. C. Chen

地生兰。植株在地下具 1 个近于直生的根状茎和若干肉质的根，无假鳞茎；根状茎圆筒形，白黄色，长 7~10cm，直径 0.6~1.5cm，有分枝，具节，表面有小疣状突起。叶 2 枚，基生，在花期以后出现，狭椭圆形至椭圆形，长 6~8cm，宽 1.8~2.5cm，基部有叶柄与关节；叶柄对褶，长约 2cm。花葶生于根状茎最上部的节上，直立，长 15~20cm；花序具（1~）2~3 花；苞片长 9~15mm；花梗和子房长 1.5~2.5cm；花浅绿色或近白色；花瓣基部有浅紫红色中线；唇瓣与蕊柱上有浅紫红色斑；萼片长约 2.7cm，宽约 5mm；花瓣长 1.8~2cm，宽约 6mm；唇瓣长约 1.4cm，略 3 裂；唇盘上具 2 条纵褶片延伸至中裂片基部，褶片顶端多少汇合；蕊柱长 1.1~1.3cm；花粉团 4 个，成 2 对。蒴果长约 3.5cm，直径约 1cm。花期 4~9 月；果期翌年 5~10 月。

生于疏林中腐殖质丰富处；海拔约 1500m。产于云南东南部（麻栗坡、广南）。

49. 大根兰 *Cymbidium macrorhizon* Lindl.

地生兰，无绿叶，亦无假鳞茎。植株在地下具 1 条近直生的根状茎和 1~2 条很短的根；根状茎白色，长 5~10cm，直径 3~7mm，通常具分枝，有节，表面多少具小疣状突起。花葶发自根状茎，直立，长 10~18cm，绿黄色，具浅紫色晕，有数枚鞘；花序具 2~5 花；花白色至浅黄绿色；萼片与花瓣上有浅紫红色的中线；唇瓣上有浅紫红色斑；萼片长 2~2.2cm，宽 4~5mm；花瓣长 1.5~1.8cm，宽 5~6mm；唇瓣长 1.3~1.6cm，3 裂；唇盘上具 2 条纵褶片延伸至中裂片基部，褶片上部内弯并多少汇合成短管；蕊柱长约 1cm；花粉团 4 个，成 2 对。蒴果长 5.2~5.5cm，直径 1~1.2cm。花期 6~8 月；果期翌年 7~9 月。

生于林中、林缘或草坡上荫蔽处；海拔 700~1500m。产于重庆、贵州、四川、云南；印度、日本、老挝、尼泊尔、巴基斯坦、泰国、越南也有。

50. 多根兰 *Cymbidium multiradicatum* Z. J. Liu et S. C. Chen

地生兰，无绿叶，亦无假鳞茎。植株在地下有 1 条近于直生的根状茎和多条根；根被毛，长 8~12cm；根状茎肉质，黄白色，长 9~12cm，直径 6~12mm，有时有分枝，具节，表面多少有小疣状突起。花葶发自根状茎，近直立，长 40~45cm，通常浅紫褐色；花序具 3~10 花；苞片长 1.2~1.5cm；花梗和子房长 1.5~1.7cm；花浅紫红色或浅黄色；萼片背面有紫色斑；萼片长 1.7~1.9cm，宽 3~5mm；花瓣长 1.1~1.3cm，宽 4~5mm；唇瓣长 1.3~1.4cm，3 裂；唇盘上具 2 条纵褶片；花粉团 4 个，成 2 对。蒴果长 5~5.5cm，直径 1.2~1.5cm。花期 6~7 月；果期翌年 7~8 月。

生于密林中腐殖质丰富处；海拔约 1500m。产于云南东南部（麻栗坡）。

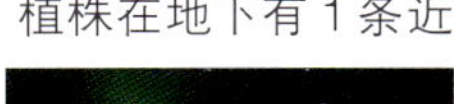

第二章　建 兰

Cymbidium ensifolium (L.) Sw.

建兰因较早在福建被栽培、观赏故名。建兰生存力甚强，根粗，假鳞茎大，可贮存较多的水分及养分，即使在悬崖峭壁上亦能生存，冬季靠部分落叶及腐殖土一般能避过少量霜雪之害。建兰大多数在秋天开花，有的地方也称其为秋兰，少数品种也有在初夏开花的，俗称夏兰。国兰的绝大多数种和品种都是每年只开一次花，而有的建兰品种如建兰大青之类，每年可开花 2~4 次，从初夏开至初冬，故有人也称其为四季兰（并不是一年四季都有花开，只谓其开花季节多，次数多）。建兰除了也通称四季兰外，尚有剑蕙、雄兰、骏河兰等称谓，皆为同物异名。

一、形态特征与地理分布

（一）形态特征

建兰为地生兰，有发达的根系。根呈圆柱形，少有屈曲或分叉，生长旺盛者可长达 40~50cm。假鳞茎椭圆形、圆形或略呈扁圆形，比墨兰小，比春兰、蕙兰大，与寒兰差不多（寒兰假鳞茎多为长椭圆形）。叶 2~6 片，长 25~50cm，宽 1.2~1.8cm，有光泽，叶缘通常稍有锯齿，叶脉不甚明显。花葶直立，常低于叶面，偶有明显高出叶面者为良种；花 5~9 朵，也有多至 13 朵的，多为浅黄绿色或白色，直径 4~6cm，常有甜香或清香的香气；苞片短小；唇瓣可以分为：纯一色的素心和有红色、紫红色斑点的彩心两大类。花期：6~12 月，多数每年只开 1 次花，较少开 2 次乃至 4 次。

（二）地理分布

建兰在我国的分布纬度多在北纬 28° 以南，比墨兰分布纬度高而比春兰、蕙兰低，与寒兰的分布大致相同。主产于我国的福建、广东、广西、海南、四川、贵州、云南、重庆、浙江、湖南、江西、台湾、安徽等地；此外，东南亚、日本及印度地区也有分布。一般生于海拔 300~1000m 的山地林缘、灌木丛、草丛中，也见于潮湿山谷或山溪峭岸边，常生于空气湿度大、土壤腐殖质丰富、半阴半阳、有水而又排水良好的坡地。其资源较为丰富。

二、观赏特性

我国最早的植兰专著《金漳兰谱》(南宋，赵时庚，1233年)中对兰花的鉴赏已有初步描写，例如：花形“露敛花干、团圆四向”、“齐整疏密得宜，疏不见干，密亦不为簇枝，呈绰约窈窕之姿态”,“花头大、色映入目，翔鸾翥凤”,“头尽开、干高而实瘦”等。这表明了人们的鉴赏标准：花瓣要圆，花序要疏密得宜，花干要细且长。对叶的要求为“绿叶剑背、尾棱软薄”,“叶劲而实柔”。这与今所谓的叶脚要收、叶身要挺、叶尾要垂的道理是相通的。花色方面，著者最推崇‘鱼魫兰’:“花片澄彻，宛如鱼魫(鱼脑),采之浸如水中，不见沉影”。作为传统的素心兰，它至今仍为中外爱兰人士奉为圭臬。

日本昔日文化多受我国影响，赏兰亦只赏花，直到德川幕府时代(1785年)建兰‘加冶屋’出现后，始将兰蕙欣赏范围扩展至线艺类，并且发展出灿烂的线艺兰文化，迄今仍历久不衰。我国台湾从20世纪70年代陆续发现‘七仙女’、‘宝岛仙女’、‘复兴奇蝶’、‘桃琳’之后，建兰的奇形花、奇色花才开始为兰界所重视。1989年台湾四季兰协会成立，更把四季兰奇花类推向最高点，每苗交易额也突破台币30万元以上，明显地促进了内地的四季兰业发展。至此，玩赏范围也逐渐扩大，涉及了线艺、瓣形、奇花、水晶等诸多方面。

建兰的品赏可分为花艺、叶艺和株艺。就花朵而言一定要有香气，其次，色泽、质感和形状都要好。《金漳兰谱》所录的建兰多为白色花(其中多为素花、素心花)。至今建兰的素心花名品仍甚多，如‘鱼魫兰’、‘龙岩十八开’、‘十三太保’、‘荷花素’、‘凤尾素’、‘铁骨素’、‘永福素’等等。近几十年来，建兰新品种大量开发，除品赏素心花外，还赏其他色花，如红花系列、复色花系列、蝶花系列，诸如多瓣多舌的奇花蝶花，梅型、荷型、水仙型的瓣型花，乃至黄花、黑花、赤花等，凡花色鲜艳、瓣形美观者，均甚受欢迎。至于花葶之赏，以花枝细小、各花朵间的布局美观者为上品；花枝粗大、各花朵之间的布局局促、疏密不合理者为次品；花枝肉质、色泽鲜亮者为上品；花枝竹木质、色泽黝暗者为次品。建兰虽属细叶兰，但其叶片常有较宽者，故其叶艺也颇为美丽、多样。如覆轮、爪、鹤、锦、中缟、中透、中斑、虎斑，白艺、黄艺等均可在建兰中找到典型的品种，水晶、琥珀等在建兰中也常有表现优异者。至于株艺，建兰中的矮种、行龙种也不少，高档的花叶多艺品种也时有发现。可以说，建兰是国兰中资源丰富、容易栽培、价格不甚高、赏点较多的一类兰花。

三、建兰品种分类

(一)荷瓣

根据国兰标准，荷瓣必须外三瓣宽阔，瓣质厚实，形似荷花，八分长、四分宽，蚌壳捧或短圆捧，唇瓣圆正、丰满、舒展者，才合乎荷瓣标准。实际上，四季兰中合乎荷瓣标准者，目前为数甚少，有的也只能称荷形罢了。(图1~图5)

(二)梅瓣水仙瓣

梅瓣水仙瓣的最大特征为捧心多少起兜，但四季兰诸品系当中捧心有兜者寥寥可数，况且要求紧边，收根、平肩、圆唇。由于建兰中

梅瓣、水仙瓣之间有许多过渡情况，因此暂将两者共列一项。(图6~图12)

（三）奇花

正常瓣形由外三瓣、内二瓣、一舌一鼻头合组而成，若异于此者，即可称之为奇形花。奇形花可分为菊瓣蝴蝶形、三心蕊蝶形、凤尾蝴蝶形等3种。(图13~图27)

1. 菊瓣蝴蝶形　即花有多瓣多舌或多鼻头，如‘宝岛金龙’、‘四季玉狮’、‘富山’等。

2. 三心蕊蝶形　即捧心全舌化或半舌化，如‘宝岛仙女’、‘复兴奇蝶’等。

3. 凤尾蝴蝶形　即副瓣内半侧舌化，如‘四季华光’。

再者，若4、5朵花聚簇一团，或使用植物生长素促成暂时性的多瓣多舌者，皆不能入奇形花之列。

（四）素心花

自古以来，在国兰中凡舌面无红点者皆称素心。建兰即以素心闻名，其品位通常依瓣形、瓣色来衡量。瓣幅要宽阔，瓣色要淡绿甚至雪白，如‘青山玉泉’、‘玉雪天香’，可与古称‘鱼魫兰’的相比拟。这些都是很有代表性的品种。

素心通常以绿芽、绿茎居多，也有赤芽、赤壳或瓣有红筋者。台湾古称大青，今称白鸟者，为一种刺毛素；至于舌瓣全红之朱砂素者，尚未见之。由于素心流传年代久远，变化颇多，有奇花类（‘七仙女’、‘仙山金燕’）、线艺类（‘白帘’、‘凤’）、水晶类（‘天香水晶’），也有矮种线艺类（‘白马王子’），几乎可以自成完整的系列。(图28~图45)

（五）色花

凡以种种色泽取胜，而非素心之花者皆属之。上品的色花，其花色必须白者雪白，红者艳红，远远望去有鹤立鸡群、卓然出众之感。瓣色黄、红、白、绿须分明，不可有模糊地带。例如过去曾名噪一时之‘孔子秋香’，即典型四季普通花，不明了者把它纳入奇色花之中，成为兰界笑柄。此外，花梗的颜色也很重要，浓妆艳抹也需好衣裳相配，万点星光总不如火树银花。奇色花系列目前可分为水红花系、桃红花系、复色花系三大系列(图46~图54)。至于白花系、青花系已列入素心类，褐色花不鲜艳，只能算普通花。

（六）叶艺（含株艺）

叶艺指观赏叶面的种种色泽和斑纹。依线艺变化，可分为白爪系、绀爪系和图斑艺三类。白爪系按爪艺深浅，可分为白爪（‘玉华’）、深白爪（‘虹’）、深白爪覆轮（‘日进’）、白爪斑缟（‘晃辉’）、白爪垂线（‘日之出’）、鹤艺（‘锦旗’）、转覆鹤艺（‘朝阳’）等。绀爪系分斑缟艺（‘琼和’）、中斑艺（‘涛’）、中斑缟艺（‘福隆’）、中透艺（‘鹫’）、绀爪黄地绀中缟艺（‘白帘’）。图斑艺可分为虎斑艺（‘蓬莱之花’）、流虎斑艺（‘宝轮’）、青苔斑艺（‘萨摩锦’）和锦纱斑艺（‘西海锦’）。但线艺常有变化，如白爪系与绀爪系有互换的现象，也有始终不变或退化变淡或消失者。其品味高低则依其变化的程度，色彩的对比，叶质厚薄、宽窄、立垂等来评判。白爪系以转覆鹤艺最美，绀爪系以绀爪黄地绀中缟最特殊，图斑艺以流虎斑艺最令人遐思。

叶姿以中垂叶为最佳，中立叶次之，立叶与垂叶再次之。叶质若厚实，叶形又卷曲或扭转者称为“龙”。叶姿有了龙形，则神气活现，动感十足，静中带动，刚中带柔，如性状稳定，则为上品；水晶艺起源于四川峨眉四季兰，扬名于报岁兰。其特征为叶尾有白头，如捧心起兜一般，并呈杓子形。它不属于线艺类，亦不属于奇叶类，但常与这两大类“共生”，其品级仰赖其水晶大小和美观程度、叶形变化、线艺深浅以及花形、花色等来决定。(图55~图82)

四、代表品种介绍

（一）荷瓣

1. 君荷（图 1）*Cymb. ensifolium* 'Jun He'

产自四川，为陈泽君选出，故名，为建兰荷瓣花之佼佼者。整花各瓣均开得甚有法度，主瓣为盖瓣，捧瓣谦恭有内涵，舌瓣色彩艳丽，甚为美观。

图 1

3. 玉荷（图 3）*Cymb. ensifolium* 'Yu He'

1988 年由台中沙鹿怡园选出。叶小，颇似春兰。花小，梗粗，主瓣和捧心相连合抱鼻头，有如头盔；小刘海舌，桃红色。开花率不佳，盛夏花形反不如晚秋佳，有时会开普通花，易被认为品种有误。早期栽植不良，损坏多，目前数量不多。

图 3

2. 金荷（图 2）*Cymb. ensifolium* 'Jin He'

1990 年在台湾基隆被发现，同年初次开花后，始发现为标准荷瓣花。此花叶片特别宽厚，叶色深绿，有如墨兰。花形特圆，有如含笑，亦即三瓣短圆、紧边、收根、蚌壳捧、大圆舌。含苞时色微红，全开后转黄，出架，一茎 5~9 花，最多可开 13 花。金荷花有 3 圆：花圆、瓣圆、舌圆；叶有 2 极：极宽、极厚。在建兰荷瓣中少见，被誉为建兰高贵名品。

图 2

4. 四季皱皮（图 4）*Cymb. ensifolium* 'Si Ji Zhou Pi'

为建兰矮种荷瓣和皱皮交配种。叶幅中矮，质厚皮皱；花为荷形水仙瓣（此品与金皱虹荷类同）。

图 4

5. 荷王（图 5）*Cymb. ensifolium* 'He Wang'

产自四川，为典型的建兰荷瓣花。其瓣片厚糯洁润，主副瓣收根放角，捧瓣合抱浑圆，均甚美观。

图 5

（二）梅瓣水仙瓣

1. 一品梅（图 6） *Cymb. ensifolium* 'Yi Pin Mei'

为建兰梅瓣花之典型代表，属名贵品种。整花端丽严整，各瓣为中规中矩之梅瓣，开得甚有法度。

图 6

2. 绿梅（图 7） *Cymb. ensifolium* 'Lu Mei'

1975 年台湾南投水里乡发现。别名'七彩飞龙'，因花形与不结籽之木瓜花相拟，原产地兰友均以木瓜花相称。叶细长，质似寒兰。花葶高，出架，一茎常开 6 朵花，一年可开 3 次以上。主副瓣圆头，紧边，皱角，色绿；蚕蛾兜捧心；执圭舌。称得上台湾建兰梅瓣珍稀名品。

图 7

3. 中山梅（图 8） *Cymb. ensifolium* 'Zhong Shan Mei'

1995 年广东中山选出，故名。叶质厚，中阔，半垂，色深绿。主副瓣短圆，紧边，收根，瓣尾有尖峰内勾，色翠绿，边微红；硬壳捧，色桃红，一字肩；小刘海舌。

图 8

4. 高出架花（图 9） *Cymb. ensifolium* 'Gao Chu Jia Hua'

本品虽为一般建兰彩心花，但花葶高出叶面 10~20cm，且株形高挺俊美，甚有观赏价值，建兰中极少有如此高大、健壮的佳品。

图 9

5. 绿岛胭脂（图 10） *Cymb. ensifolium* 'Lu Dao Yan Zhi'

1977 年在台湾宜兰山区被发现，花色鲜红。曾误传为台东绿岛所产，故取名'绿岛胭脂'。叶宽厚，新芽微红，叶鞘向外斜张如羊角。一茎 6~12 花；花瓣细狭如寒兰。

图 10

6. 天蚊星（图 11） *Cymb. ensifolium* 'Tian Wen Xing'

1980 年在台中谷关被发现。疑似寒兰与四季兰天然交配种。叶似寒兰、赤芽，成株转绿。花葶出架；五瓣细长外张，有如长脚蚊，色雪白，瓣基桃红；小刘海舌。

图 11

7. 荷晶奇蝶（图 12） *Cymb. ensifolium* 'He Jing Qi Die'

1998 年在高雄被发现，苏武雄选育。花为荷形水仙瓣，捧心半舌化，大圆舌微反卷，与'荷花仙女'大同小异，可能同为人工交配种之姐妹品。

图 12

（三）奇花

1. 峨眉梅蝶（图 13）*Cymb. ensifolium* 'E Mei Mei Die'

梅瓣蝶花，产四川峨眉山。花朵较大，五瓣刚劲厚实，质感好，有甜香味，花期较长。为珍稀新品种。

图 13

2. 捧舌同型花（图 14）*Cymb. ensifolium* 'Peng She Tong Xing Hua'

舌瓣和捧瓣（内三瓣）同一形状、色彩和脉纹。有人把此品种归入蝶花的三星蝶，但不是真正的蝶花。

图 14

3. 宝岛仙女（图 15）*Cymb. ensifolium* 'Bao Dao Xian Nu'

1975 年于台湾省桃园被发现。叶 2~3 片，似春兰。不耐强光，成株叶背易起细黑点。一茎 3~6 花，出架；主副瓣嫩绿，瓣基微红；捧心硕大、舌化，红点鲜明，与细叶相衬，显得格外鲜明艳丽，为建兰蕊蝶名品中最具代表性者。本品种成名甚早，在 1989 年台湾四季兰协会成立时，更是红透半边天。

图 15

4. 东方明珠（图 16）*Cymb. ensifolium* 'Dong Fang Ming Zhu'

为多瓣多彩奇花，整朵花各瓣有聚有散，潇洒俏丽。

图 16

5. 天府牡丹（图 17）*Cymb. ensifolium* 'Tian Fu Mu Dan'

建兰的典型树型花，在主花序侧又长出分枝；并开出多瓣奇花；各朵花中的主副瓣、捧心既有轮生，也有对生、互生，一如天女散花般开得纷纷扬扬，奇而美。

图 17

6. 仙山牡丹（图 18）*Cymb. ensifolium* 'Xian Shan Mu Dan'

树形奇花，具多分枝，分枝上生数花；花为多瓣奇花。

图 18

7. 翠玉牡丹（图 19）*Cymb. ensifolium* 'Cui Yu Mu Dan'

树形多瓣奇花，以花朵颜色如翠玉般温润、玲珑而得名。

图 19

8. 绿云仙女（图 20）*Cymb. ensifolium* 'Lu Yun Xian Nu'

主副瓣、捧心和舌瓣形状、色泽均相似的素花奇花。

图 20

9. 花上花（图 21）*Cymb. ensifolium* 'Hua Shang Hua'

产自四川。奇花中又长出小花，但花的布局不甚和谐，为近年奇花中之另类。

图 21

10. 宝岛金龙（图 22）*Cymb. ensifolium* 'Bao Dao Jin Long'

1988 年出自台中，原取名牡丹，四季兰协会成立以后，始登录为'宝岛金龙'。俗称'四季大屯'或'四季国香'，因为它的花形与报岁兰'大屯麒麟'或'国香牡丹'相似，故名。叶 3~4 枚。花序分枝，分枝顶端着生 2~4 个小花，绽放后为不规则的多瓣丛生，鼻头不完整。花期长达两个月，花谢之后仍不掉落。其花形之大，花期之长，在建兰中是十分罕见的。

图 22

11. 千手观音（图 23）*Cymb. ensifolium* 'Qian Shou Guan Yin'

1989 年出自台南。本品种与'宝岛金龙'极为相似，实为同物异名。

图 23

12. 富山奇蝶（图 24）*Cymb. ensifolium* 'Fu Shan Qi Die'

1985 年在台湾省桃园选出，1989 年台湾四季兰首届兰展在台中丰原举办时首次展出。叶通常 2 枚，内 1 枚不具关节为其最大特征。花朝天，像报岁兰'宝岛奇'，开花中花；瓣分双层，下层 3~7 片，偶有舌化，上层 5~10 片，全舌化或半舌化；舌化之捧心上端，可看到花粉团。此品种颇为奇特，与'宝岛金龙'、'四季玉狮'并称建兰三大奇花。

图 24

13. 玉山奇蝶（图 25）*Cymb. ensifolium* 'Yu Shan Qi Die'

1998 年高雄苏武雄选植，原名‘苏氏奇蝶’。为彰显台湾最高峰，后易名为‘玉山奇蝶’。叶宽厚有光泽，叶面起伏浪状。花形像‘富山奇蝶’，为多瓣蝶花，有时有花中花，属四季兰三大奇花中另一类型。

图 25

14. 岭南奇蝶（图 26）*Cymb. ensifolium*'Ling Nan Qi Die'

岭南奇蝶是多舌、多瓣、多鼻头的正格奇型花。1996 年初发现于粤东山区。此品种新芽紫红色，花序有 5~6 花，花梗长 5~6cm。下山当年九月就开花，此后年年复花，花形稳定。

图 26

15. 春秋三杰（图 27）*Cymb. ensifolium*'Chun Qiu San Jie'

墨兰‘十八学士’和春兰‘宋梅’杂交后，再和建兰‘宝岛仙女’杂交而成，花似‘宝岛仙女’，色稍绿；花葶似墨兰，高而直立。

图 27

（四）素心花

1. 企剑鱼鱿大贡素（图 28）*Cymb. ensifolium* 'Qi Jian Yu Shen Da Gong Su'

传统建兰名花。整株雄健壮实；花朵大，每枝可开至 7 朵以上，玉洁素心，清雅脱俗。

图 28

2. 企剑荷花素（图 29）*Cymb. ensifolium*'Qi Jian He Hua Su'

传统建兰名花。花株健旺，花朵较一般建兰素心花大，各瓣也较宽，俗称荷花素，但非正格荷花瓣。

图 29

3. 龙岩素（图 30）*Cymb. ensifolium* 'Long Yan Su'

传统建兰名花，产福建龙岩，故名。株型略矮。一般每枝仅开 5 朵花。

图 30

4. 银边大贡素（图 31）*Cymb. ensifolium* 'Yin Bian Da Gong Su'

传统建兰的覆轮（边）素心名花。叶片修长、半垂，甚文雅。花朵较少，但灵巧俏丽。

图 31

5. 古蛟素（图 32）*Cymb. ensifolium* 'Gu Jiao Su'

产自福建上杭，为建兰素心花普通品。

图 32

6. 出架奶白花（图 33）*Cymb. ensifolium* 'Chu Jia Nai Bai Hua'

花序、花朵均甚美，为近年下山新品种。花朵色泽很独特，呈奶白色的亮丽、雅洁情调；花葶纤细，也呈奶白色，且明显高出叶面（大出架），甚美。

图 33

7. 铁骨水晶花（图 34）*Cymb. ensifolium* 'Tie Gu Shui Jing Hua'

'铁骨素'品种的变异品，白芽，开奶白泛绿色的半透明水晶花，玉洁冰清。

图 34

8. 矮种素心花（图 35）*Cymb. ensifolium* 'Ai Zhong Su Xin Hua'

建兰花叶双艺品，即素心加行龙叶、矮种，有多个赏点。

图 35

9. 龙岩十八开（图 36）*Cymb. ensifolium* 'Long Yan Shi Ba Kai'

产福建龙岩，为著名的传统建兰素心花。株形健旺，花序可开至8~10朵花。

图 36

10. 十三太保（图 37）*Cymb. ensifolium* 'Shi San Tai Bao'

建兰著名的传统素心花，又名'如意素'。叶有指纹印。花序有5~9朵花。

图 37

11. 铁骨黄芽（图 38）*Cymb. ensifolium* 'Tie Gu Huang Ya'

为'铁骨素'之变异品种。叶芽初发时为黄色；花枝优雅洁丽；花为奶白色带绿帽。

图 38

12. 七仙女（图 39）*Cymb. ensifolium* 'Qi Xian Nu'

1960 年出自台北。由于花序常开七朵花，花姿朝天，有如少女裙摆，故取名'七仙女'。叶3~5枚，质厚，有光泽。花大，色翠，开花性良好；花舌与捧心同形，分头合背，呈莲花形，淡翠绿色，非常耀眼夺目，为目前建兰素心品种中少见之奇形花。

图 39

13. 玉雪天香（图 40）*Cymb. ensifolium* 'Yu Xue Tian Xiang'

1980年出自台中。叶中矮，叶尾尖且卷垂，绿芽；新芽叶尾略出艺，成株后退去。此品种最大特征为新芽特别尖细，极易辨认。花葶出架，雪白，节嫩绿；内外瓣细狭如柳叶，色雪白且呈半透明状；鼻头尖，色米黄。花色为建兰当中最雪白者，且自始至终均不变色。

图 40

14. 青山玉泉（图 41）*Cymb. ensifolium* 'Qing

1992 年出自香港，始终未获青睐，直到 1999 年台湾流行素心白花，林盈竹购回推广始大放异彩。内外瓣雪白，瓣尾镶浅绀爪，微落肩，极似'金丝马尾'；白舌黄苔。花色可与'玉雪天香'媲美，瓣形有过之而无不及。

图 41

15. 观音素心（图 42）*Cymb. ensifolium* 'Guan Yin Su Xin'

台湾最古老素心品种之一，按《淡水厅志》云，产于纱帽山八里坌（今台北县八里乡）的观音山中，故名观音素心。传说清朝时期常以此为贡品进献。叶宽阔，曲线优美。花葶出架，开 5~10 花；花瓣肥阔，色净绿。此品种开花性良好，繁殖容易，颇受大众喜爱。

图 42

16. 观音锦（图 43）*Cymb. ensifolium* 'Guan Yin Jin'

1990 年出自台中。一说为来自'观音素心'的缟线艺，另一说为'白帘'退化艺。事实上三者叶形、叶质和花形均相似。通常为乳白色棒缟艺或缟线艺，最高艺为绀爪中透艺，栽培不良时亦会退化成青叶品，而且一去不回头。

图 43

17. 白帘（图 44）*Cymb. ensifolium* 'Bai Lian'

日本育出的鱼魫素心最高线艺品，似为观音素心与'金丝马尾'之中间型，属于绀爪黄地绀中缟艺。其艺色之美，有如鹤艺顶端再加一层绀爪，在建兰中无出其右者，居四季兰素心四大天王之首。

图 44

18. 金丝马尾（图 45）*Cymb. ensifolium* 'Jin Si Ma Wei'

一说为日本育出，另一说为广东育出的鱼魫素心线艺品之一。叶形与'福建龙岩素'相同，宽厚，叶尾微卷，黄中缟（三光缟）艺。《岭海兰言》谓：叶之两边及中骨旁骨，共有金丝五缕，贯彻首尾。花葶出架；花 5~7 朵；竹叶瓣，微落肩，淡翠绿色，花色比观音素心浅。

图 45

（五）色花

1. 红粉佳人（图 46）*Cymb. ensifolium* 'Hong Fen Jia Ren'

为建兰红花之代表品种。属于粉红底色的复色花，色调丰富、娇艳。

图 46

2. 黑花（图 47）*Cymb. ensifolium* 'Hei Hua'

全花暗紫黑色，为建兰中少有者。天气越冷开的花越黑，天气暖和在阳光照射下黑色中带紫红色。

图 47

3. 桃琳（图 48）*Cymb. ensifolium* 'Tao Lin'

1970 年出自台北。新芽蛋黄色，成株后始转黄绿色；芽色晶莹剔透，非常可爱，极易辨认。叶鞘赤红；花葶从出土至绽放均呈桃红色；外三瓣及苞衣鲜红，至凋谢亦不褪色；捧心雪白，脉桃红；反卷舌，红点鲜明。本品种以花色娇艳著称，素有四季花后之美誉，与‘宝岛仙女’、‘七仙女’齐名。桃琳虽属幽灵芽，但光照仍需充足，温度要够，否则老株易焦尾，花色亦较淡。

图 48

4. 市长红（图 49）*Cymb. ensifolium* 'Shi Zhang Hong'

1970 年台湾省基隆市长选育。市长爱兰成痴，提倡以兰花代替祭祀供品，基隆市每年中普度均沿袭这项传统，取名为‘市长红’。叶为垂叶性，新叶芽乳黄色带朱红色线纹，成株后始由叶尾逐渐转绿。花葶出架；三瓣及苞片桃红；捧心白底，具赤红脉；反卷舌。

图 49

5. 红娘（图 50）*Cymb. ensifolium* 'Hong Niang'

1978 年出自高雄。红娘意指花色如红妆新娘般美丽。新芽血红，成株后变为黄色斑纹。花的底色为玉白色，有深粉红色或浅血红色斑和线条。

图 50

6. 四季玉妃（图 51）*Cymb. ensifolium* 'Si Ji Yu Fei'

1980 年出自台东山区，俗称‘水红花’，因花色酷似报岁玉妃，故也称‘四季玉妃’。叶颇似‘宝岛仙女’。花葶出架；花 3~5 朵；花形娇小、艳美；外三瓣白底透红；捧心中脉赤红。

图 51

7. 白娘子（图 52）*Cymb. ensifolium* 'Bai Niang Zi'

1990 年在台湾四季兰第二届兰展首次展出。展出后即销声匿迹，迄今市面上未曾再出现过，有如白蛇传中白娘子般的神秘，故名。叶质厚，色深绿。花葶出架；花昂首矗立，白底，基部有红斑或线条，风姿绰约，颇有女中豪杰之概。

图 52

8. 宝岛胭脂（图 53）*Cymb. ensifolium* 'Bao Dao Yan Zhi'

1975 年出自台东，因瓣色桃红而得名。叶具扫尾艺为其最大特征。新芽桃红；花葶细长、出架；主副瓣狭细，色桃红；捧心仅基部与中脉赤红。

图 53

9. 绿鸟嘴（图 54）*Cymb. ensifolium* 'Lu Niao Zui'

彩虹变化品之一。因瓣色尾镶绿爪，俗称‘绿鸟嘴’，未正式定名。叶质厚，坚挺有力。新芽呈深绀帽中透艺，艺色非常艳丽，成株后逐渐褪去。花葶出架；三瓣深桃红，瓣尾镶绀爪；捧心白底绀帽红筋，基部深红。为台湾四季兰复色花代表品。

图 54

（六）叶艺（含株艺）

1. 高艺鱼魫（图 55）*Cymb. ensifolium* 'Gao Yi Yu Shen'

建兰传统名品鱼魫素出中透叶艺和中缟叶艺。叶秀丽雅致，开素花心，为花叶双艺品。

图 55

2. 铁骨水晶（图 56）*Cymb. ensifolium* 'Tie Gu Shui Jing'

‘铁骨素心’变化品之一。由天香发展而来的，则称‘天香水晶’。水晶嘴一旦形成后则代代相传，与出线艺的情况是相同的。

图 56

3. 日月宝（图 57）*Cymb. ensifolium* 'Ri Yue Bao'

1996 年出自苗栗，属建兰矮种素心线艺品。叶特宽厚，有如报岁矮种，出黄绿斑缟艺。主副瓣翠绿色；捧心和舌瓣雪白。

图 57

4. 绿鸟嘴（艺）（图 58）*Cymb. ensifolium* 'Lu Niao Zui'

彩虹变化品之一。因花叶均有绀爪，故取名‘绿鸟嘴’。新芽期呈深绀爪白中透艺，叶鞘赤红，在成长过程只青苔斑逐渐浮现，最后仅剩绀爪。

图 58

5. 彩虹（图 59）*Cymb. ensifolium* 'Cai Hong'

原名'虹河'，是早期我国台湾输往日本的四季线艺品种之一，发现年代不可考。叶质厚，坚挺，白爪白缟艺。老株易焦尾，气温过低或日照过强时叶背易生锈斑，开普通花。

图 59

6. 福隆（图 60）*Cymb. ensifolium* 'Fu Long'

1977 年出自台湾新竹。叶宽厚，曲线优美，出深绀覆轮白、黄中斑缟艺，叶背"银"明显，连代性良好。为台湾建兰中斑艺之代表。

图 60

7. 大满贯（图 61）*Cymb. ensifolium* 'Da Man Guan'

1998 年出自台湾彰化地区。本品种传说是春兰'军旗'与'铁骨素心'杂交种，目前尚无法查证。叶质厚，雪白中斑艺，叶背"银"饱满，艺色醒目。

图 61

8. 娇鹤（图 62）*Cymb. ensifolium* 'Jiao He'

1970 年出自台湾中部。因叶尾出雪白大扫尾艺，有如鹤艺般，故名'娇鹤'。叶质薄，宽幅，新芽芽尖呈大扫尾艺，成株后缩小；发芽率高，易焦尾，开深红花。

图 62

9. 马耳兰（图 63）*Cymb. ensifolium* 'Ma Er Lan'

福建出产最古老品种之一，俗称'福建金边'或'马耳'。叶幅修长，赤芽，叶尾镶金黄爪。开深紫红花。

图 63

10. 白马王子（图 64）*Cymb. ensifolium* 'Bai Ma Wang Zi'

1988 年被发现，林金镇育出，黄品亭选育。被认为艺向极高，为艺兰明日之星，故取名'白马王子'。

图 64

11. 天司晃（图 65） *Cymb. ensifolium* 'Tian Si Huang'

由'司晃'变化而来，出后明性绀爪黄缟艺。新芽呈深绀爪，翠绿斑缟，成株后转黄绿斑缟。

图 65

12. 日之出（图 66） *Cymb. ensifolium* 'Ri Zhi Chu'

与'天司晃'系出同门，由'司晃'变化而来，艺向则相反，出后明性黄大覆轮艺。两者均属百年以上古老品种，抗病力不佳，在台湾少有大量繁殖者。

图 66

13. 加冶谷（图 67） *Cymb. ensifolium* 'Jia Ye Gu'

由线艺兰始祖'加冶屋'变化而来之白缟艺建兰。

图 67

14. 鹫（图 68） *Cymb. ensifolium* 'Jiu'

由建兰'加冶谷'变化而来之绀覆轮黄中透艺。为日本育出建兰线艺的高贵品种。

图 68

15. 小桃红（图 69） *Cymb. ensifolium* 'Xiao Tao Hong'

别名'玉花（华）'，为300年前福建出产之建兰，今称'小桃红'。200年前输往日本，在日本育出的线艺变化品。叶幅宽阔，有光泽，叶尾镶白爪。花序有5~9花；夏秋两季开花，开花率高，一年可开4次花，含苞时色桃红，故称'小桃红'。韩国每年大量从台湾进口，供夏季礼品市场。

图 69

16. 锦旗（图 70） *Cymb. ensifolium* 'Jin Qi'

'玉花'（'小桃红'）线艺变化品之一。新芽桃红色，芽尖嫩黄绿，随着植株生长，叶尾逐渐转为乳白，叶身由淡翠绿变为深绿色，形成完整转覆艺过程。较之其他建兰品种，本品更耐强光。

图 70

17. 西海锦（图 71）*Cymb. ensifolium* 'Xi Hai Jin'

图 71

日本育出的台湾四季兰线艺名品。中矮品种，幽灵芽。成株后始浮现白金纱斑，叶片两侧有明显白边，似艺非艺，双面具“银”，容易辨识。花序具 3~7 花；花色美丽，雪白，仅基部微红，可惜不易开花。

18. 萨摩锦（图 72）*Cymb. ensifolium* 'Sa Mo Jin'

图 72

日本萨摩地区育出之台湾建兰线艺名品。新芽呈小绀爪中透艺，成株后青苔斑由叶基往上浮现，老株叶色仍泛黄。花色桃红。

19. 蓬莱之花（图 73）*Cymb. ensifolium* 'Peng Lai Zhi Hua'

图 73

1931 年出自台湾。本品种系分批发现，叶艺有白虎斑与黄虎斑之分。虎斑艺一般属后明性艺向，不耐高温及强光，易晒焦。日照不足，过于阴暗，则艺色不明显。因此夏季光照要微弱，冬季则需要强光，艺色才会明显。

20. 唐伯虎（图 74）*Cymb. ensifolium* 'Tang Bo Hu'

图 74

产于四川，为近年发现的新品种，叶宽，质厚，中矮，大虎斑艺。

21. 四季蟠龙（图 75）*Cymb. ensifolium* 'Si Ji Pan Long'

图 75

产于四川。叶基皱缩，状如报岁‘蟠龙’，暂取名‘四季蟠龙’。新芽深紫红向两侧斜张如牛角状；叶身及叶基皱缩，质地厚硬，尖端锐锯齿明显，形似蛟龙出潭。

22. 四季奇巧（图 76）*Cymb. ensifolium* 'Si Ji Qi Qiao'

图 76

叶形与报岁兰‘奇巧’相同，暂取名‘四季奇巧’，原产地四川，陈少敏选植。新芽出土时两扇合璧弯曲，呈拱桥状，高过叶基部后始张叶并呈螺旋状，代代如此，非常奇特，为四季奇叶中难得一见的珍品。

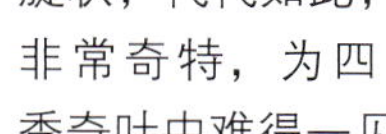

23. 四季佳龙（图 77）*Cymb. ensifolium* 'Si Ji Jia Long'

叶形与报岁兰'文山佳龙'极为相似，暂取名'四季佳龙'，四川产。新芽出土时呈螺旋状向四周窜出，叶鞘紧抱，叶质厚且坚硬，色泽墨绿。

图 77

24. 峨眉水晶（图 78）*Cymb. ensifolium* 'E Mei Shui Jing'

四川峨眉山出产的建兰水晶之一。叶修长，叶尾特别宽厚，有如眼镜蛇，水晶艺分属两侧，叶尖细如刺针。

图 78

25. 四季奇异（图 79）*Cymb. ensifolium* 'Si Ji Qi Yi'

产于四川峨眉山，曾益堂选植。叶形及水晶艺向与报岁兰'奇异水晶'相似，暂取名'四季奇异'。叶质厚，偶呈履带状，水晶嘴特别深厚。

图 79

26. 凤（图 80）*Cymb. ensifolium* 'Feng'

由'金丝马尾'发展来的，日本育出。新芽呈黄绿色中透艺，成株后变为绀覆轮黄中透艺；叶色偏黄，叶形较娇小，艺色鲜明，颇为艺兰家喜爱。但繁殖率及开花率均不佳。

图 80

27. 天香锦（图 81）*Cymb. ensifolium* 'Tian Xiang Jin'

由天香变化成的后明性爪斑缟艺。由于斑缟艺向不稳定，常有回复原艺向之现象。

图 81

28. 铁骨中透（图 82）*Cymb. ensifolium* 'Tie Gu Zhong Tou'

1976 发现的铁骨中透艺株，之后 20 余年未见有人推广，最近几年在台湾较多培养及广东地区也陆续出现铁骨三光缟（中缟艺，再发展成斑缟，最后出现绀爪中透艺）。

图 82

五、建兰常见品种

图 83	图 84	图 85
图 86	图 87	图 88
图 89	图 90	图 91

图 83 一门三父子 *Cymb. ensifolium* 'Yi Men San Fu Zi'
图 84 鑫鑫皇梅 *Cymb. ensifolium* 'Xin Xin Huang Mei'
图 85 圣火 *Cymb. ensifolium* 'Sheng Huo'
图 86 峨眉弦 *Cymb. ensifolium* 'E Mei Xian'
图 87 峨眉仙女 (1) *Cymb. ensifolium* 'E Mei Xian Nu'
图 88 盖梅 *Cymb. ensifolium* 'Gai Mei'
图 89 光登梅 *Cymb. ensifolium* 'Guang Deng Mei'
图 90 举国欢庆 *Cymb. ensifolium* 'Ju Guo Huan Qing'
图 91 眉州红蝴蝶 *Cymb. ensifolium* 'Mei Zhou Hong Hu Die'

图 92	图 93	图 94
图 95	图 96	图 97
图 98	图 99	图 100

图 92 红蝴蝶 *Cymb. ensifolium* 'Hong Hu Die'
图 93 诗书豪梅 *Cymb. ensifolium* 'Shi Shu Hao Mei'
图 94 金铃副瓣蝶 *Cymb. ensifolium* 'Jin Ling Fu Ban Die'
图 95 粉红梅 *Cymb. ensifolium* 'Fen Hong Mei'
图 96 诗逸蝶 *Cymb. ensifolium* 'Shi Yi Die'
图 97 螳螂梅 *Cymb. ensifolium* 'Tang Lang Mei'
图 98 彩蝶飞舞 *Cymb. ensifolium* 'Cai Die Fei Wu'
图 99 双蝴蝶 *Cymb. ensifolium* 'Shuang Hu Die'
图 100 翠如玉 *Cymb. ensifolium* 'Cui Ru Yu'

图 101	图 102	图 103
图 104	图 105	图 106
图 107	图 108	图 109

图 101 复色荷梅 *Cymb. ensifolium* 'Fu Se He Mei'
图 102 齐月梅 *Cymb. ensifolium* 'Qi Yue Mei'
图 103 眉州红梅 *Cymb. ensifolium* 'Mei Zhou Hong Mei'
图 104 眉州白蝴蝶 *Cymb. ensifolium* 'Mei Zhou Bai Hu Die'
图 105 红星梅 (1) *Cymb. ensifolium* 'Hong Xing Mei'
图 106 新品红梅 *Cymb. ensifolium* 'Xin Pin Hong Mei'
图 107 夏皇梅 *Cymb. ensifolium* 'Xia Huang Mei'
图 108 陵龙梅 *Cymb. ensifolium* 'Ling Long Mei'
图 109 飞仙梅 *Cymb. ensifolium* 'Fei Xian Mei'

图 110	图 111	图 112
图 113	图 114	图 115
图 116	图 117	图 118

图 110 陵州彩梅 *Cymb. ensifolium* 'Ling Zhou Cai Mei'
图 111 凌云三星蝶 *Cymb. ensifolium* 'Ling Yun San Xing Die'
图 112 嘉州秀梅 (1) *Cymb. ensifolium* 'Jia Zhou Xiu Mei'
图 113 大明龙梅 *Cymb. ensifolium* 'Da Ming Long Mei'
图 114 翠玉仙子 *Cymb. ensifolium* 'Cui Yu Xian Zi'
图 115 蒙山彩蝶 *Cymb. ensifolium* 'Meng Shan Cai Die'
图 116 雅州白梅 *Cymb. ensifolium* ' Ya Zhou Bai Mei'
图 117 红水仙 *Cymb. ensifolium* 'Hong Shui Xian'
图 118 中岩彩蝶 *Cymb. ensifolium* 'Zhong Yan Cai Die'

图 119	图 120	图 121
图 122	图 123	图 124
图 125	图 126	图 127

图 119 玉蝉 *Cymb. ensifolium* 'Yu Chan'
图 120 大彩蝶 *Cymb. ensifolium* 'Da Cai Die'
图 121 雅梅 *Cymb. ensifolium* 'Ya Mei'
图 122 蒲江秀梅 *Cymb. ensifolium* 'Pu Jiang Xiu Mei'
图 123 蒲江彩梅 *Cymb. ensifolium* 'Pu Jiang Cai Mei'
图 124 矮种 *Cymb. ensifolium* 'Ai Zhong'
图 125 鹤山彩荷 *Cymb. ensifolium* 'He Shan Cai He'
图 126 复色荷仙 *Cymb. ensifolium* 'Fu Se He Xian'
图 127 金花梅 *Cymb. ensifolium* 'Jin Hua Mei'

图 128	图 129	图 130
图 131	图 132	图 133
图 134	图 135	图 136

图 128 太清梅 *Cymb. ensifolium* ‘Tai Qing Mei’
图 129 蒲江红梅 *Cymb. ensifolium* ‘Pu Jiang Hong Mei’
图 130 红一品 *Cymb. ensifolium* ‘Hong Yi Pin’
图 131 华夏彩梅 *Cymb. ensifolium* ‘Hua Xia Cai Mei’
图 132 青三星 *Cymb. ensifolium* ‘Qing San Xing’
图 133 蒲江梅蝶 *Cymb. ensifolium* ‘Pu Jiang Mei Die’
图 134 彩梅 *Cymb. ensifolium* ‘Cai Mei’
图 135 仙鹤红梅 *Cymb. ensifolium* ‘Xian He Hong Mei’
图 136 马边红蝴蝶 *Cymb. ensifolium* ‘Ma Bian Hong Hu Die’

图 137	图 138	图 139
图 140	图 141	图 142
图 143	图 144	图 145

图 137 复色黄梅 *Cymb. ensifolium* 'Fu Se Huang Mei'
图 138 雅州红梅 *Cymb. ensifolium* 'Ya Zhou Hong Mei'
图 139 雄狮 *Cymb. ensifolium* 'Xiong Shi'
图 140 红星梅 (2) *Cymb. ensifolium* 'Hong Xing Mei'
图 141 雨城星蝶 *Cymb. ensifolium* 'Yu Cheng Xing Die'
图 142 靖海彩梅 *Cymb. ensifolium* 'Jing Hai Cai Mei'
图 143 天华牡丹 *Cymb. ensifolium* 'Tian Hua Mu Dan'
图 144 蒙山黄梅 *Cymb. ensifolium* 'Meng Shan Huang Mei'
图 145 雅州星蝶 *Cymb. ensifolium* 'Ya Zhou Xing Die'

图 146	图 147	图 148
图 149	图 150	图 151
图 152	图 153	图 154

图 146 青衣白梅 *Cymb. ensifolium* 'Qing Yi Bai Mei'
图 147 青衣仙子 *Cymb. ensifolium* 'Qing Yi Xian Zi'
图 148 嘉州秀梅 (2) *Cymb. ensifolium* 'Jia Zhou Xiu Mei'
图 149 峨眉三星 *Cymb. ensifolium* 'E Mei San Xing'
图 150 峨眉新梅 *Cymb. ensifolium* 'E Mei Xin Mei'
图 151 峨眉奇蝶 *Cymb. ensifolium* 'E Mei Qi Die'
图 152 千佛牡丹 *Cymb. ensifolium* 'Qian Fo Mu Dan'
图 153 峨眉红蝴蝶 *Cymb. ensifolium* 'E Mei Hong Hu Die'
图 154 红梅 *Cymb. ensifolium* 'Hong Mei'

图 155	图 156	图 157
图 158		图 159
图 160	图 161	图 162

图 155 峨眉仙女 (2) *Cymb. ensifolium* 'E Mei Xian Nu'
图 156 花叶双蝶 *Cymb. ensifolium* 'Hua Ye Shuang Die'
图 157 绿光登 *Cymb. ensifolium* 'Lu Guang Deng'
图 158 黄光登 *Cymb. ensifolium* 'Huang Guang Deng'
图 159 蚕丛梅 *Cymb. ensifolium* 'Can Cong Mei'
图 160 千佛玉素 *Cymb. ensifolium* 'Qian Fo Yu Su'
图 161 芦梅 *Cymb. ensifolium* 'Lu Mei'
图 162 桃都仙女 *Cymb. ensifolium* 'Tao Du Xian Lu'

六、栽培管理

（一）光照

建兰野生环境多为东南坡丛林边缘或疏林下有少许阳光之处，谷地阴暗潮湿处则未见野生。其光照当在10000~30000Lx。若以遮光率计算，用80%塑胶网遮荫即可达到相同的效果。平地栽培因温度较高，夏季遮光率需再增加10%。避免光度过强造成叶片黄化。

（二）温度

建兰生长温度以15~30℃为最理想，虽可忍受短期的0℃低温，但一般在冬季需防寒害，有霜雪地区，尤应注意。在夏季虽也可承受40℃高温，但相对呼吸作用也愈旺盛。一般而言，在10℃以上，每增加10℃，其呼吸作用即增加2~3倍，而且呼吸作用愈高，新陈代谢速度愈快，消耗水分及养分也愈高。因而夏季高温期降温及通风则显得格外重要。降温的方式除增加遮光率、风扇排风、屋顶喷水外，拆除遮雨设施让它自然通风也不失为最佳方法。建兰营养生长需要高温，生殖生长则要靠日夜温差。由于温差影响细胞分裂及养分贮存，可影响来年发芽率及开花率，尤其在冬季，温差控制在10℃最理想。在日夜温差不大的地区，白天增加日照量，夜间自然通风即可达到效果。相反，若日夜温差过大，达15℃以上，也会造成新芽枯萎及成株老化，因此夜间保温也是有必要的。

（三）水分

阴暗潮湿的谷底虽不利于建兰生长，但并不表示建兰喜欢干燥。其原生地气候在夏季有丰沛的雨量，干燥的冬季亦有晨昏雾露供应其生长所需。在春夏生长季节尤其需要充足的水分，纵使梅雨不断也无碍其根系发展，只是需要良好的排水及通风。夏秋之交，适逢花芽分化期，过多的水量会影响磷钙肥吸收及降低开花率。若要催花则必需适度控制浇水次数。冬季温度低，更宜采用干性栽培法，因为冬季水分蒸发少，根部含水量高，遇霜雪易结冰而冻死。

浇水的方法是：首重“沏底”，不仅盆底要出水，介质更需要完全湿透。干湿不均易发霉而致根腐。盆面及叶片则需干多于湿，若常态潮湿通风不良则易生病害。浇水次数，视盆子大小、介质含水性、湿度高低、光线强弱、温度的高低及通风的情况来加以斟酌。水质的好坏也是影响建兰生长的重要因素。适合兰花生长的pH值介于5~8之间，杂质在20mg/L以下。假如pH值低于5以下或pH值高于8以上则会使根部空心或硬化而影响生长；杂质在300mg/L以上时，维管束会发生障碍，导致新芽生长停滞，成株叶片黄化焦尾。因此，酸雨的防护非常重要，若残留在叶片上会使叶面遭腐蚀起黑点。在无遮雨设施或易遭雨水溅到的种植地须格外小心，万一情况发生，立即全面浇水，冲淡雨酸浓度。

（四）施肥

建兰所需的养分和其他植物相同，除需光合作用所生成碳水化合物外，氮、磷、钾、硫、镁、钙及其他微量元素都不可或缺。建兰繁殖率强，开花率高，极适合天然环境栽培，但在无遮雨设施的情况下肥料流失较严重，故基肥宜用长效性固体肥料，追肥适用速效性液体肥。

长效性固体肥料分有机肥与化学肥两类。有机肥即一般的传统米糠、豆饼、骨粉、磷矿粉、海鸟粪、草木灰或海草粉，再加上微生物发酵腐熟之肥料，即市面上所称微生物有机肥。施放时以盆面为宜，预防盆内发酵生热伤根。长效性化学肥即一般市售复合性肥料，如魔肥、好康多之类。利用树脂凝胶遇热释放的原理，把肥份慢慢释放出来，时效有 90 天至一年期不等，其优点为无臭无味，使用方便；缺点为微量元素较缺乏。

速效性有机液肥，即目前最新生物科技之糖醋液及微生物有机液肥。其原料是利用糖浆、豆浆、鸡蛋、牛乳之类高蛋白质、醣类加上多种有益微生物菌发酵分解产生酵素及胺基酸，再加上植物焖烧提炼之木醋精混合而成，且依作物需要，可添加米糠（氮）、磷矿粉（磷）、海草精（钾）、贝壳粉（钙镁铁）等。制作上较为复杂，使用上却较为方便，可直接用水稀释喷洒。此种肥料还可抑制病虫害，对花草鲜艳及叶质增厚及促进长根均有明显的效果。速效性化学肥，如花宝、百得肥、益肥丹、尿素之类即是。有液体及粉状两种，其优点为效果快，但其流失也较快。

固体肥料的施法，以盆边或盆边下 3cm 为宜，若平均混入土中，日积月累之后，上下分布不均容易伤根；液体肥料的施法，最好选在清晨进行，因为液体肥料多数为速效性肥，若无光合作用，便不为植物吸收利用。施肥之前不要浇水，否则流失会多于吸收。

（五）兰盆与介质

兰盆的选择依兰花的需要及用途来决定。栽培盆一般是选择塑料硬盆或软盆较为便宜耐用，而素烧盆笨重又易碎，但保温及保湿性较好。植盆口径用 13~15cm 盆较理想，因为建兰分株通常 3~5 苗一盆，1~2 年换盆一次，若植盆太大，植料多，植群太旺盛，既不经济，繁殖率也较低，改换成观赏盆时也不方便植入。

观赏盆以陶盆或瓷盆较为理想。盆口最好选择开口式，而花瓶束口式的盆子换盆会有困难。盆钵形状与兰花搭配得体，会使兰花神韵更为高雅，一般而言，立叶形搭配有棱有角的四角盆或六角盆能显示出此植株傲骨凛然，高风亮节；中垂叶配合圆形盆，表示此花温儒婉约，平易近人；垂形叶衬托高脚盆，表示此花彬彬有礼，谦和逊让。盆边图案虽以清素无杂、高雅大方为主，若配合诗文图画更能寓柔情深意。利用花瓶和栽培盆组合成套盆，作为观赏盆也非常美观。

介质的作用在于固定植株和涵养水分，而其肥分的含量则不重要。选择介质必须先了解其特性，例如人造棉球，其吸水性快，排水性也快，过度干燥时再湿性也不佳，使用前必须充分浸泡使其吸水，因人造纤维口含有染料及漂白剂，须漂洗之后再使用，种植时不可太松，否则含水性不佳易使兰根脱水。蛇木屑干燥时再湿性不佳，使用前最好先浸泡 2~3 天后再栽植。稻壳、花生壳、树皮等有机物也可当介质使用，而且含有肥分，但必须和其他无机物混合使用，比率不可太高，其混合比率不可超过 30%，炭化处理后效果较理想。锻烧过的泥塘土，真珠石，发泡炼石，火山土都非常适宜做兰花介质，使用前先充分侵泡，让它充分吸水效果更佳。河床里的细石，硬土块或砂石场的碎石也是非常理想的介质，不但排水性好，含水性高，价格又便宜，唯一的缺点就是太重，一般都是和有机介质混合使用。总而言之，介质的选择以就地取材为宜，只要栽培材料少含盐分、酸性等不纯物质者，皆可使用。使用过的旧材料最好不要再重复利用，若要节省成本，不如选择较廉价的介质较为恰当。

（六）换盆与分株

换盆与分株是一体两面的事，换盆不一定要分株，分株不一定要换盆。换盆目的是将小植盆换大植盆，或培养盆换观赏盆。换盆的时机一年四季均可进行。旧盆的介质若未松脱，可原封不动地植入新盆，在空隙中再补入新的植料，如此

可减少根部受损，开花者花葶也不致弯曲变形。

分株的目的在于繁殖数量，增加生长空间及切除病株。分株的时机最好选在花期结束至新芽来临前，此时兰株正值成熟阶段，受损率可减少到最低。分株前数天须停止浇水，待盆微干后轻拍盆边即可松脱，清除介质及腐根及干叶鞘要尽量避免动用剪刀。分株时，强壮者二代连，弱株需三代连。分株后，若非污浊者，不要水洗（避免伤口感染细菌）直接植入新盆。植入方式：老株靠边站，新苗摆中间，无盆缘软盆种八分满，方便提拖，有盆缘者，球茎与盆面齐，可防叶鞘积水生病菌。填充材料实而不虚，虚易脱水而腐根。小盆植料宜细，大盆植料宜粗，上下大小不论。定植后2~3天不浇水，待伤口愈合后再充分浇灌。发现病株应立即切除，洗净风干后再杀菌，植入后1周不浇水，置于阴凉处，复原后再恢复一般方法栽培。

（七）病虫害防治

建兰病害约可分为下列五大类型：

1. 叶斑病类型

包括炭疽病、铁炮病、铁锈病、焦尾病及黑点病，均发生在成株叶片上。

2. 苗枯病类型

包含镰刀菌引起苗枯病、白绢病、根腐病等。此病菌主要危害新芽、成株假鳞茎及根部。

3. 软腐病

即一般所称腐心病或水伤。

4. 疫病

本病发病条件及病征与软腐病相似，最大差异即本病罹病组织较无臭味，菌丝为白色。

5. 病毒病

病毒只能寄生在生物的活细胞内，由寄生细胞供给能量和物质。病毒具有高度感染力，由伤口侵入感染，植物一旦成为病毒寄生后，随维管束内导管、筛管输送到植物体内各处。病毒在65~70℃的高温下10分钟可失去病毒性，干燥10天亦可失去毒性。

病害防治方法：停止浇水，使盆面维持干燥可暂时控制病菌蔓延；增加兰室通风，可降低盆面湿度及病菌的附着；对于病株应及时发现，立即隔离、换盆或销毁，地面也要清除干净并撒石灰，防治病原菌借风及水传播；经常注意环境清洁卫生，截断病源；适时喷施农药，雨季前后喷洒扑克拉锰粉剂、扑克拉锰乳剂、氢氧化铜、石灰硫磺剂、石灰硫酸铜剂、四环素、多保链霉素、灭纹乳剂铜锰乃浦粉剂、依得利（地特菌）粉剂、普拔克（普克菌）、或锌锰灭达乐等，具体喷施方法依照病情而定。

建兰虫害比其他兰科植物较为严重，因为它的花期集中在夏秋两季。此时高温干燥，花味清香，常吸引许多昆虫啃噬其花瓣及汁液，其中以蓟马最为严重，全年均会发生。危害部位以花为主，造成花瓣呈褐色斑，严重时花苞不开而枯死。蓟马喜欢藏在瓣片基部及新芽、叶鞘中，无花时则藏在假鳞茎间隙缝中危害嫩芽。新芽开口始发现被害痕迹，初期为白色斑，有如毒素病症状，成株后呈褐色，甚至造成叶片皱缩扭曲。其次为介壳虫及蚜虫，对叶基部、叶片、花梗均可为害，而且与蚂蚁共生，专门吸食植株汁液，造成叶片起黄斑点，提早枯萎掉落，而且几乎整年都会发生。再其次为金花虫类，专门为害花苞，当兰园花苞被啃食殆尽时，则不再发现此虫的存在。

上述这些虫害防治方法相同，发生严重时，除摘除花朵外，每周施药一次，连续二次。防治药剂可在纳乃得、丁基加保扶、大灭松、陶斯松、马拉松、百灭宁、波尔多液等药剂中任选其一，剂量依其说明书调配。

危害根、茎部分之害虫有线虫、蛞蝓、蜗牛之类软体动物，其中以穿孔性线虫最为严重，除造成根腐之外，假鳞茎生长点也被破坏殆尽而不长芽。蛞蝓、蜗牛之类软体动物则啃食新根及嫩芽。此类动物均有一共同特征，其皮肤均会分泌油脂供其滑行及呼吸，使用有去脂作用之清洁剂、肥皂水、洗碗精或黄豆粉、苦茶粕等天然药物均能达到良好效果。黄豆粉和苦茶粕需用食用醋或糖醋液浸泡溶解，取其汁液稀释 200 倍灌注或浸泡。化学药剂可使用聚乙醛和万强，其毒性强，使用时需谨慎。

此外，悬挂青色、白色或黄色粘板粘带，可减轻蓟马及飞虫危害。地上铺撒石灰或植床架支柱套上保持瓶可防止蛞蝓、蜈牛侵入，糖醋液可消除红蜘蛛，木醋液、酒精、蒜头汁、辣椒汁、苦炼油、樟脑油、香茅油之类具有辛辣味的天然有机物对昆虫的驱离也非常有效。

七、市场与产业前景

建兰资源丰富，园艺栽培品种甚多，历来有较广阔的国内外市场。在历史上福建的素心类建兰就有出口日本、韩国的记录。1972 年德国慕尼黑举办奥运会，也有用开花的素心建兰做堆花的，引起欧洲花卉界的注意。改革开放几十年来，大陆建兰常批量进入台湾省，也出口到韩国。在台湾省还专门成立四季兰（建兰）协会和推广委员会。早年从大陆数以吨计的廉价建兰输往台湾，经台湾兰友精心培育、选拔、繁育和命名后，又以名品的身份高价销往大陆，备受大陆兰友欢迎。近年来华北、东北乃至西北非产兰区也出现养兰的风尚，他们选育的兰种中也有建兰类的。建兰类的兰花适应性强，易栽易繁易出花，常进入寻常百姓家，适合产业化发展。建兰的‘小桃红’已成为广东建兰出口的当家品种，在广东珠江三角洲一带种植者颇多，主要出口韩国。目前，年出口量有时上百万苗。但福建、浙江出口的建兰则多以素心类和大青为主。建兰市场与产业前景仍然看好。

第三章　墨 兰

Cymbidium sinense (Jackson ex Andr.) Willd.

墨兰的叶片多呈墨绿色，花也大多为深紫红色，花叶均有油润的墨质光泽，因而得名；又因其多在春节前后开花，故又称为报岁兰、拜岁兰、丰岁兰、贺岁兰、入岁兰或入斋兰。日本人常把从中国传入的某些品种称‘大明兰’，如‘霜叶晃’、‘绿墨素’等。墨兰广布于中国南部，一般产于东部的植株较矮，叶片较宽，西部的植株较高大；叶片较窄，但这与海拔、生境也有关系，并非一成不变。

一、形态特征与地理分布

（一）形态特征

叶片剑形，近直立的叶叫企剑，半垂叶、垂叶叫软剑，大多长 50~80cm，宽 2.7~4.2cm。花葶直立，有花 7~20 朵；花苞片小，基部有蜜滴；萼片狭披针形，淡褐色，有 5 条紫脉；花瓣较短而宽；唇瓣不明显 3 裂。蒴果狭椭圆形，长 5~6cm。花期 10 至翌年 3 月。

（二）地理分布

广东、台湾、福建、江西、广西、海南、四川南部、贵州和云南南部；也见于日本、越南、泰国、老挝、缅甸和印度东北部。一般认为产于广东、福建、台湾的品质最优；在广东，以产于普宁、新会、封开和博罗者更优。

墨兰喜生长在阔叶林下、竹林下或灌木丛、荒草丛中有荫蔽而湿润处，或幽谷、山溪旁岩壁上，或透水保水良好的倾斜山坡或石隙中；喜中性或微酸性的腐殖土或腐殖沙土和周围空气湿度较大、雾气较重、且通风而有散射阳光的生态环境。海拔大多在 300~1000m，在纬度较低的地方，可达 2000m。

二、观赏特性

墨兰在清末民初栽培赏玩已进入初盛期，广东南海人区金策在其《岭海兰言》中曾赞墨兰中的白墨素曰：“白墨素以九月起箭，正月放花，二月开尽，自首至尾，酝酿半年，且芦大叶阔气魄深厚……”。“花必出架（高出叶面），叶必滢润，香必静远，此三绝也。花白如雪，叶绿如油，自开至落。无一瓣反背者。故花色叶情品格，俱居第一，可谓极兰之大观也。”

品赏墨兰，首先要看兰株的整体是否气魄深厚。也要看花葶、叶姿、花色和香气。还要把品种特性和种养技术、放置环境等联系起来。例如素墨类，株直叶润，适于中小盆摆设；而软叶黑墨，由于叶子偏软下垂，适于中大盆摆设，也就是说要与大环境相配才对称。无论大盆小盆，都要叶肥株大，整体感觉较鲜明强烈。一般来说，总体以感觉雄伟、俊美、潇洒、丰润、刚健、奇妙者好，以感觉散乱、干硬、粗俗、软弱者差。不同的品种有不同的格调，上了品、入了格的兰株才更具美感。如‘白素墨’的大丈夫格调，‘企墨’的铁甲卫士格调，‘银边’、‘金嘴’的丰富多彩格调，‘桃姬’、‘樱姬’的潇洒闲逸格调，‘文山佳龙’的翻云覆雨格调，‘达摩’的虎虎生风格调，‘皇妃’的清新高雅格调，‘金凤锦绣’的缤纷繁华格调等等。

墨兰叶面彩纹变异繁杂，极具多样性的叶艺类型之多，栽培品种之多，是其他一切观叶植物及其他兰花物种所难以比拟的。就以达摩兰为例，有‘达摩爪艺’、‘达摩冠艺’、‘达摩黄中透艺’、‘达摩白中透艺’、‘达摩宝艺’、‘达摩白中斑艺’、‘达摩锦艺’等数以百计的品种。一般说来，艺向的表现越鲜明，其品赏价值越高。如果一株中，甚至一叶中兼有多种艺向，如‘大勋’兼有白爪、黄白中透斑艺，‘大雪原’兼有绿覆轮、绿白中透等。这种兼有多种叶艺而且表现鲜明者，其品赏价值更高。

墨兰叶艺中还有水晶艺、琥珀艺、图纹艺、叶蝶艺等，如表现鲜明、突出、有特色，价值也高。如水晶类墨兰中的‘奇异水晶’、‘凤来朝’、‘白天鹅’，其叶片的水晶状通明透亮、雪白、银洁，美不胜收。

对墨兰叶艺的品赏要同其叶质、光泽、叶姿、叶情结合起来品赏，越完美者越受欢迎。

墨兰的花可以从色、香、形三个方面去品赏。“兰为王者之香”：‘白墨素’、‘绿墨素’之类的墨兰色素有持久的幽香，有的花朵掉落后几天也不腐，拾起来闻还有香味。墨兰的香多为甜香和浓香型。春节前后盛开时，进入兰园叩芬香扑鼻，沁人脾肺。对于花色的品赏，传统较重视其是否素心，如对‘白墨素’、‘绿墨素’、‘黄墨素’的评价都较高，取其清雅高洁。近年来色花的发展已多样化，如红花系列、黄花系列、复色花系列、玉妃系列，还有黑花系列等，其色彩鲜明者尤为受欣赏。对于奇花、蝶花，也同样追求其色彩斑斓，花团锦簇，因为奇花（多瓣多舌多鼻）、蝶花（侧萼片或花瓣唇瓣化的）色彩表现得比其他兰花更为丰富，品种也多。在花形品赏方面，就更是多种多样，不一而足。主要的瓣型有：扗丹瓣型、菊瓣型、梅瓣型、荷瓣型、水仙瓣型、含笑瓣型等等，这在花卉族里是很少见的。其中牡丹瓣型和菊瓣型主要见于奇花，而其他瓣型则广泛存在于不同的品种中。瓣型美观还需要与花姿、花色相匹配，相得益彰。此外，花葶也有品赏价值。花葶也叫花箭或花莛，有木枝状的、竹枝状的、肉质状的和细香枝状的。木枝状的粗硬，最缺乏美感，竹枝状次之，肉质状的冰肌玉洁，如‘皇妃’、‘玉妃’的花葶很有品赏价值，细香枝的花葶由于纤细而显得花朵更硕大，更突出。总之，花葶、花姿、花色、瓣型以及香气等都要加以综合考虑，形、姿、色、香俱佳者为上品。

三、墨兰品种分类

（一）传统墨兰类

据文献记载，在墨兰中选育名品已有 200 年历史。粤产的传统墨兰亦有“四大名兰”，即今天仍然被广泛栽培的‘金嘴’、‘银边’、‘企墨’、‘白

墨’，简称为“金银黑白”。前两种是闽系墨兰，据传是从清代由茶商从福建经安徽徽州输入的‘徽州墨’演变而来，具有叶厚、半垂、稍扭的特征。后两种为粤系墨兰，叶多直立。以往粤墨以白墨甲天下，有“花必出架，叶必莹润，香必静远”三绝之说。据传，白墨初出自罗浮山酥缪观道人，后传入佛山万福园，并逐渐传开。至今仍存在的白墨品种有：‘江南企剑白墨’、‘仙殿白墨’、‘柳叶白墨’、‘勾嘴绿墨’、‘山城绿’、‘小白墨’、‘早白墨’、‘软剑白墨’、‘黄金塔’等；黑墨品种有：‘企墨’、‘小香’、‘大鹦鹉’、‘小鹦鹉’、‘徽州墨’、‘牛角墨’、‘铁面冰心’等。

（二）瓣型花类

早期被栽培供观赏用的墨兰花型比较少，以水仙瓣为佳；20 世纪中期后，才逐渐发掘出梅瓣、荷瓣、多瓣、奇花。墨兰的瓣型花出现较迟，台湾于 20 世纪 70 年代发现了‘大小梅’、‘仙鹤梅’等多个梅型品种，捧心都硬化成兜，但外瓣不入格。直到 20 世纪 80 年代末，粤、闽、桂才陆续发现一些真正的梅瓣品种，并办理了登录手续，其中包括广东的‘南海梅’、‘南国红梅’、‘岭南大梅’以及广西的‘龚州龙’。这几个梅瓣品种已由中国兰协与广东省兰协共建的“国香苑”收藏。真正的荷瓣品种在墨兰中未见出现，已看到的均为荷型，数量也并不少。水仙瓣品种大多是比较典型的，如‘蜻蜓’、‘群仙’、‘绿水仙’等，为数也较多。

（三）蝶花类

发现最早的墨兰蝶花是 1960 年我国台湾苗粟大湖产的‘华光蝶’。这个墨兰蝶花至今还不愧是外蝶的标准品种。其特征为：凤形蝶，蟹钳捧心，方胜舌，小细点，深紫红瓣，墨绿梗。随后，台湾各种蝶花墨兰不断出现，许多珍品都列入高价行列，如内蝶的‘馥翠’、‘金馥翠’、‘喜菊’、‘文山奇蝶’等，每株售价在台湾当时都达 100 万台币以上。后来由于数量增加，价格才逐渐降低。至 20 世纪 90 年代，这类品种输入广东，每株价格仍然在 1 万元人民币以上。在大陆，20 世纪 80 年代兰市上才出现了土生土长的蝶花，到 90 年代品种已有很大的增加。其中，广东顺德何建国登录的‘花溪荷蝶’，以及后来发现的‘神雕’、‘禺山奇蝶’、‘秀才蝶’、‘荷蝶’、‘翠香’、‘辉煌奇蝶’等都是大陆蝶花的上品。随着粤、闽、桂蝶花品种的大量涌现，市价亦逐渐下降，但好的品种仍然深受欢迎。

（四）色花类

墨兰的花朵大多数为紫褐色，香味稍逊，但素花品种香味较浓。但在市场驱动下，经过长期的栽培和开拓，出现了诸多色彩变异的花，如纯黄、白、黑、绿、红以及各主色之间的过渡色、复色等。20 世纪末期，广东还发现了数个黑色品种，如‘黑了哥’、‘墨韵生辉’、‘黑包公’等，引起了广泛注意。在全国登录的‘皇妃’全花金黄色，辉煌夺目，市价多年在 20 万 ~60 万元；1963 年台湾省苗粟县发现的‘桃姬’，瓣色桃红娇艳，正格平肩，深红丝筋，白舌细红斑点，半垂叶，曾轰动兰界相当长时间，市场一直很有活力；20 世纪 60 年代在台北发现的‘玉妃’，花色淡桃红，质感甚佳，似玉般晶莹透亮，花瓣正格，20 世纪 70 年代演变成线艺系列，当时价格十分昂贵。此类珍品长期为兰界所争相收藏。

（五）多瓣奇花类

20 世纪 60 年代初，墨兰多瓣奇花一经出现就成为兰市上的高价珍品，持续的时间相当长久。此时台湾出现奇花三大名品：一是‘国香牡丹’，于 1970 年在台东县金轮区发现；二是‘玉狮子’，于 1964 年在台东县大武乡尚武村发现；三是‘大屯麒麟’，亦在 20 世纪 60~70 年代发现，但具体时间、地点尚未确证。三大名品共同特征是：重瓣、蝶花、多色、鼻头多、花期长达 3 个月。‘大屯麒麟’1982年在台湾登录，1987年在东京国际兰展获蓝飘带金奖。这三大名品至20世纪80年代在台湾每株售价都在10万元人民币以上。20世纪90年代中期引入广东，每株仍售1万~2万元人民币。大陆的多瓣奇花首推‘神州奇’和‘珠海渔女’，于20世纪90年代初展出并经全国兰花登录委员会注册。‘神州奇’出自广东顺德，‘珠海渔女’出自珠海特区。1992年广东顺德兰协会举办首届兰展，推出‘神州奇’即引起轰动；‘珠海渔女’登录公布后，亦受两岸兰友广泛关注，郑景先生引入台湾后改名为‘天胜奇花’。‘神州奇’堪称国兰第一花，其特点是：花型一杆多花，子母花，花期长达3个月以上，花序十分美观。‘珠海渔女’在这类花中瓣数最多，花型大，如乒乓球般大小，观花时间长达3~4个月。这两个奇花珍品在大陆初推出时每株售价约10万元人民币，最高达36万元人民币。

（六）叶艺类

最早的叶艺品种‘加冶屋’是1895年日本人在台湾发现的，引回日本种植流行起来。事隔九年，即1904年，日本人大河内先生在台湾收购了一株有深绿帽、白中斑缟的墨兰，引回日本培养，命名为‘真鹤’，乃墨兰线艺祖宗。抗日战争期间，日本人在大陆发现的‘桑原晃’，经有关专家研究，可能是粤系‘企墨’演变的。这两个台粤墨兰是有记录的最早线艺品种。后来海峡两岸的墨兰产区都不断发现了许多线艺品流传于市场，以台湾出产的最多。最大市场是在日本，价格相当昂贵。由于墨兰主要产亚热带南缘和热带北缘，要求较高的温度。日本只见于冲绳岛，本土温度太低，难以开花，但叶艺品种亦甚美观，且常年都可品赏。后来也逐渐扩展到海峡两岸，收藏者亦逐渐多了起来。墨兰线艺的主要类型有爪、斑爪、曙斑爪、绀爪、斑、缟、绀帽、爪斑缟、覆轮、冠艺、鹤艺、锦艺、宝艺等。线艺色泽主要有黄白两种，白为上品；偶有墨色和红色，乃稀世之品。20世纪末，台湾推出了‘达摩’线艺系列，涵盖了各种高级艺态，曾经热闹一时。

（七）矮种（型艺）类

墨兰的品赏历程是由花艺开始，即赏花闻香；后来出现叶艺，即观叶赏叶。到了20世纪80年代兰艺活动中心由日本转向我国台湾，台湾以陈阿爋为首的一些人开始把目光转向矮种系列。他们出版了一批矮种墨兰的精致图册，推出了十个珍品，主要是达摩线艺系列，并以此为平台，将兰艺品赏和市场推向一个新高潮。与此同时，在大陆也出现了不少墨兰矮种，如20世纪90年代初推出的‘神州龙’（广东郁南县）、‘新丰矮’（广东新丰县），以及‘真善美’（广东佛山顺德区）等。这些矮种形态特点显著，亦十分美观，但交易不多。后来由于台湾矮种试管苗在市场上大量出现，矮种市价亦迅速回落。

（八）水晶类

水晶是20世纪90年代中期发现的品种系列。最早出现的是1994年春在昆明第五届中国兰博会上参展的‘奇异水晶’（亦称‘夫妻对拜’）。它的展出引起台湾兰家很大兴趣，以每株1万元人民币收购了该展品；此后不久又以每株2万~15万元人民币先后购买了数十株广东的‘凤来朝’（20世纪80年代南海平洲陈兆霖培养）回台湾交易与种养。‘奇异水晶’和‘凤来朝’是在大陆最早热起来的水晶品种，接着‘火炬’、‘白天鹅’、‘闪电’、‘水晶边’亦继续上市，价格高昂，热闹了一年左右的时间。后来，由于种种原因，加上台湾试管苗大量涌上市场，水晶品种市价开始回落。与瓣型花类、蝶花类、色花类，多瓣奇花类和叶艺类相比，水晶类高价所延续的时间是最短的。

（九）多艺类

多艺是指具备两种以上显著观赏特性的墨兰

品种，如奇花线艺系列、蝶花线艺系列、色花线艺系列等。多艺是从1993年11月佛山市南海区的谢宝明登录的‘银华’开始的，每株价位一直在0.2万~1.5万元人民币。1997年第七届中国兰花博览会上陈少敏展出的粤墨‘白玉素锦’获得大会金奖，次年增加了一些新艺态，台湾兰花大户开始高价收购。2000年后，中山市亦推出一批如‘白爪勾嘴绿墨素’、‘金童’、‘玉女’等的多艺新品。除‘玉妃’外，‘桃姬’、‘樱姬’亦出现线艺爪斑缟，色花加叶艺，使之成为多艺类高价珍品。

四、代表品种介绍

1. 企剑黑墨（图1）*Cymb. sinense* ‘Qi Jian Hei Mo’

广东主要出口品种之一，适应性好，对外销售最多。

图1

2. 企剑白墨（图2）*Cymb. sinense* ‘Qi Jian Bai Mo’

广东墨兰中最佳传统品种，在南方诸多省级兰展中经常获奖。

图2

3. 软剑白墨（图3）*Cymb. sinense* ‘Ruan Jian Bai Mo’

广东传统名种，适于大盆栽植，多摆置厅堂。

图3

4. 南海梅（图4）*Cymb. sinense* ‘Nan Hai Mei’

20世纪90年代广东发现的品种。当时价格相当昂贵，在兰展中曾获金和银奖。

图4

5. 岭南大梅（图5）*Cymb. sinense* ‘Ling Nan Da Mei’

20世纪90年代广东发现的品种，价格比‘南海梅’稍贵，在兰展中常获金奖和银奖。

图5

6. 南国红梅（图6）*Cymb. sinense* ‘Nan Guo Hong Mei’

20世纪80年代广东发现的品种，价格与‘南海梅’相当，兰展中多次获奖。

图6

7. 飘香（图 7）*Cymb. sinense* 'Piao Xiang'

台湾产，观赏性较好，是一种消费性国兰，在兰展中曾获奖。

图 7

8. 十八娇（图 8）*Cymb. sinense* 'Shi Ba Jiao'

台湾产，适应性广、很好种植，大众化品种。

图 8

9. 金馥翠（图 9）*Cymb. sinense* 'Jin Fu Cui'

早期台湾产名贵品种之一，观赏性好，在两岸大型兰展中曾获金奖。

图 9

10. 翠妃（图 10）*Cymb. sinense* 'Cui Fei'

广东产复色花，比较名贵，被盗后市场罕见，在广东兰展中获过金奖。

图 10

11. 黑了哥（图 11）*Cymb. sinense* 'Hei Liao Ge'

花色偏墨，比较稀少，在广东兰展中曾获金奖。

图 11

12. 玉美人（图 12）*Cymb. sinense* 'Yu Mei Ren'

广西产优秀墨兰，观赏性极佳。

图 12

13. 玉妃（图 13）*Cymb. sinense* 'Yu Fei'

台湾产名品，花艺双全，初发现时价格昂贵，当前存量很多，可作大众化品种推广。

图 13

14. 桃姬（图 14）*Cymb. sinense* 'Tao Ji'

台湾产传统品种，推广已很广泛，春节前后开花，在两岸兰展中曾获金奖。

图 14

15. 金鸟（图 15） *Cymb. sinense* 'Jin Niao'

原产台湾，适应性强，观赏性好，物美价廉，适合推广，在两岸兰展中曾获奖。

图 15

16. 红荷 （图 16） *Cymb. sinense* 'Hong He'

此品种可能属于秋榜（又称秋墨兰）（参阅本书第33页），是秋榜中较佳品种。深受行家好评，可作大众化品种推广。

图 16

17. 墨韵生辉（图 17） *Cymb. sinense* 'Mo Yun Sheng Hui'

产广东，花深色、耐看，花被搭配得当，为较好的品种。

图 17

18. 神州奇（图 18） *Cymb. sinense* 'Shen Zhou Qi'

20 世纪 90 年代初发现的树枝型花序的新品种，当时价格昂贵，数量增多后，价格大幅滑落。在全国兰展中多次获过金奖。

图 18

19. 珠海渔女（图 19） *Cymb. sinense* 'Zhu Hai Yu Nu'

20 世纪 90 年代初在广东珠海市发现的多瓣名品，价格比‘神州奇’稍低。在全国与省级兰展中获过金奖和银奖。

图 19

20. 大屯麒麟（图 20） *Cymb. sinense* 'Da Tun Qi Lin'

中国台湾最早发现的多瓣品种之一，1987 年在日本兰花大赛中曾获蓝带奖，20 世纪 90 年代在两岸兰展中亦获过多项奖。

图 20

21. 白玫瑰（春榜）（图 21）*Cymb. sinense* 'Bai Mei Gui'

20 世纪末在云南发现的春榜多瓣品种，形酷似玫瑰，观赏性特好，四五月开花，粤、滇栽培者较多，广受行家好评。

图 21

22. 金天鹅（图 22） *Cymb. sinense* 'Jin Tian E'

花色秀丽，大方正格，花瓣宽厚。此花 2006 年于广东中北部山区下山。由广东富华兰园栽培（供照）。

图 22

23. 桃型花（图 23） *Cymb. sinense* 'Tao Xing Hua'

花被质地厚实、肉质，外瓣桃型，内瓣梅型，花葶粉绿。2003 年于粤闽交界山区发现。由广东富华兰园栽培（供照）。

图 23

24. 新品梅（图 24） *Cymb. sinense* 'Xin Pin Mei'

梅瓣新品，瓣型正格，色泽鲜明，舌大、色斑明显。21 世纪初在粤闽交界山区发现。由广东富华兰园栽培（供照）。

图 24

25. 金嘴（图 25） *Cymb. sinense* 'Jin Zui'

广东出口主要品种。

图 25

26. 银边（图 26） *Cymb. sinense* 'Yin Bian'

广东传统品种，亦供出口。

图 26

27. 鹤之华（鹤艺）（图 27） *Cymb. sinense* 'He Zhi Hua'

闽系线艺名品，栽培历史较长，第二次世界大战前已出现在市场中，两岸推广都很普遍，在日本也很受欢迎。在各级兰展中多次获奖。

图 27

28. 奇异水晶（图 28） *Cymb. sinense* 'Qi Yi Shui Jing'

亦名‘夫妻对拜’，滇产名品，是水晶系列代表品种之一。在两岸兰展中曾多次获金奖和银奖。

图 28

29. 凤来朝（图 29） *Cymb. sinense* 'Feng Lai Chao'

粤产水晶系列，20 世纪中期开始发现上市，价格昂贵，每枝几十万元，后推广到台湾与日本，创造了相当多财富，两三年后迅速下滑，在大型兰展中获过金奖。

图 29

30. 达摩瑞玉艺转锦艺（图 30） *Cymb. sinense* 'Da Mo Rui Yu Yi Zhuan Jin Yi'

国兰叶艺中最著名、最有代表性的品种系列，几乎所有的国兰叶艺它都出现过，售价之高曾创国兰记录。在国内外兰花大展中多次获金奖。

图 30

31. 白墨中斑艺（图 31）*Cymb. sinense* 'Bai Mo Zhong Ban Yi'

中斑艺，近 '仙殿白墨'，花瓣绿白清透，花葶呈半透明状。2006 年中国（贵阳）兰展中获特别金奖。由广东民生兰园、富华兰园栽培（郭敏新供照）。

图 31

32. 瑞宝（图 32）*Cymb. sinense* 'Rui Bao'

线艺虎斑的代表品种，流行于 20 世纪 70 年代。

图 32

33. 祥玉（图 33）*Cymb. sinense* 'Xiang Yu'

线艺中斑的代表品种，流行于 20 世纪 70 年代。

图 33

34. 龙凤呈祥（图 34）*Cymb. sinense* 'Long Feng Cheng Xiang'

白中斑艺，为我国台湾代表性线艺品种，流行于 20 世纪 70 年代。

图 34

35. 牡丹（图 35）*Cymb. sinense* 'Mu Dan'

爪缟艺，出自我国台湾，流行于 20 世纪 70 年代。

图 35

36. 汗光（图 36）*Cymb. sinense* 'Han Guang'

黄中透艺代表品种，流行于 20 世纪 80 年代。

图 36

37. 龙凤（图 37）*Cymb. sinense* 'Long Feng'

白中透艺，出自我国台湾，流行于 20 世纪 70 年代。

图 37

38. 旭晃锦（图 38）*Cymb. sinense* 'Xu Huang Jin'

线艺名品，20 世纪 80 年代出自我国台湾。

图 38

39. 养老宝艺（图 39）*Cymb. sinense* 'Yang Lao Bao Yi'

线艺名品，20 世纪 80 年代出自台湾。

图 39

40. 文山佳龙（图 40）*Cymb. sinense* 'Wen Shan Jia Long'

出自台湾，为墨兰矮种线艺代表性品种，流行于 20 世纪 80 年代。

图 40

41. 金鹤牡丹（图 41）*Cymb. sinense* 'Jin He Mu Dan'

广东产墨兰双艺品种；为线艺和多瓣多舌奇花，2003 年下山。由广东富华兰园栽培（供照）。

图 41

42. 白玉素锦（图 42）*Cymb. sinense* 'Bai Yu Su Jin'

20 世纪 90 年代末在广东产出，叶艺与花艺双全，颇受南方兰友喜爱。由广东富华兰园栽培（供照）。

图 42

43. 金妃（图 43）*Cymb. sinense* 'Jin Fei'

流行的双艺品种，产广东，素花，叶艺尚在继续变异中。由郭敏新栽培（供照）。

图 43

44. 金太阳（图 44）*Cymb. sinense* 'Jin Tai Yang'

新登录的流行品种，产广东，花艺与叶艺双全，且叶艺多变，品赏价值高。由郭敏新栽培（供照）。

图 44

45. 金翡翠（图 45）*Cymb. sinense* 'Jin Fei Cui'

流行的双艺品种，产广东，素花，花型正格，线艺多变。由郭敏新栽培（供照）。

图 45

46. 朝圣荷（图 46）*Cymb. sinense* 'Chao Sheng He'

流行的荷型品种，产广东，叶艺与花艺双全。由郭敏新栽培（供照）。

图 46

47. 玉妃冠（图 47）*Cymb. sinense* 'Yu Fei Guan'

双艺品种，出自台湾，流行于 20 世纪 90 年代初，为叶艺花艺双全名品。

图 47

48. 达摩白中斑艺（图 48）*Cymb. sinense* 'Da Mo Bai Zhong Ban Yi'

集型艺与线艺于一身的达摩系列，具墨兰各种艺态于一身，是 20 世纪 80 年代发现的新品。

图 48

49. 中国王子（图 49）*Cymb. sinense* 'Zhong Guo Wang Zi'

流行的多艺品种，在广东省兰展多次荣获金奖和特金奖，数量不多。由顺德区黎家活栽培（供照）。

图 49

50. 世纪之星（图 50）*Cymb. sinense* 'Shi Ji Zhi Xing'

流行的线艺品种，在各种兰展中多次荣获金奖和特金奖，数量少。由顺德区黎家活栽培（供照）。

图 50

51. 彩云山水（图 51）*Cymb. sinense* 'Cai Yun Shan Shui'

时尚的线艺品种。由于植株高大不便携带，没有参加全国兰展。但曾多次在顺德兰展中获金奖和特金奖，两次在香港兰展中获金奖。此品种数量极少，价格不菲。由顺德区黎家活栽培（供照）。

图 51

52. 藏龙（图 52）*Cymb. sinense* 'Cang Long'

时尚的线艺品种。但数量很少。由顺德区黎家活栽培（供照）。

图 52

53. 黄虎斑（图 53）*Cymb. sinense* 'Huang Hu Ban'

流行的线艺品种，多次在顺德兰展中获金奖，较难种，数量不多。由顺德区黎家活栽培（供照）。

图 53

54. 白凤（图 54）*Cymb. sinense* 'Bai Feng'

流行的双艺品种，曾获广东省兰展金奖。由顺德区黎家活栽培（供照）。

图 54

五、墨兰常见品种

图 55	图 56	图 57
图 58	图 59	图 60
图 61	图 62	图 63

图 55 徽州墨 *Cymb. sinense* ‘Hui Zhou Mo’
图 56 小白墨 *Cymb. sinense* ‘Xiao Bai Mo’
图 57 大鹦鹉 *Cymb. sinense* ‘Da Ying Wu’
图 58 小鹦鹉 *Cymb. sinense* ‘Xiao Ying Wu’
图 59 小香 *Cymb. sinense* ‘Xiao Xiang’
图 60 龚州龙 *Cymb. sinense* ‘Gong Zhou Long’
图 61 小梅（梅瓣）*Cymb. sinense* ‘Xiao Mei’
图 62 醉荷（荷型）*Cymb. sinense* ‘Zui He’
图 63 含笑荷（荷型）*Cymb. sinense* ‘Han Xiao He’

图 64	图 65	图 66
图 67	图 68	图 69
图 70	图 71	图 72

图 64 马氏荷（荷型）*Cymb. sinense* 'Ma Shi He'
图 65 官窑荷（荷型）*Cymb. sinense* 'Guan Yao He'
图 66 粤东荷（荷型）*Cymb. sinense* 'Yue Dong He'
图 67 桂荷（荷型）*Cymb. sinense* 'Gui He'
图 68 蜻蜓（水仙瓣）*Cymb. sinense* 'Qing Ting'
图 69 群仙（水仙瓣）*Cymb. sinense* 'Qun Xian'
图 70 金鹤梅（梅型）*Cymb. sinense* 'Jin He Mei'
图 71 富贵（荷型）*Cymb. sinense* 'Fu Gui'
图 72 新浦望月（荷型）*Cymb. sinense* 'Xin Pu Wang Yue'

图 73	图 74	图 75
图 76	图 77	图 78
图 79	图 80	图 81

图 73 春荷（荷型）*Cymb. sinense* ‘Chun He’
图 74 绿宝（荷型）*Cymb. sinense* ‘Lu Bao’
图 75 桂墨（竹叶瓣）*Cymb. sinense* Gui Mo’
图 76 花溪荷蝶 *Cymb. sinense* ‘Hua Xi He Die’
图 77 华光蝶 *Cymb. sinense* ‘Hua Guang Die’
图 78 金蝴蝶 *Cymb. sinense* ‘Jin Hu Die’
图 79 红蝴蝶 *Cymb. sinense* ‘Hong Hu Die’
图 80 千禧女神 *Cymb. sinense* ‘Qian Xi Nu Shen’
图 81 禺山奇蝶 *Cymb. sinense* ‘Yu Shan Qi Die’

图 82	图 83	图 84
图 85	图 86	图 87
图 88	图 89	图 90

图 82 馥翠 *Cymb. sinense* 'Fu Cui'
图 83 鸳鸯奇蝶 *Cymb. sinense* 'Yuan Yang Qi Die'
图 84 福海蝶 *Cymb. sinense* 'Fu Hai Die'
图 85 圣佛 *Cymb. sinense* 'Sheng Fo'
图 86 国昌蝶 *Cymb. sinense* 'Guo Chang Die'
图 87 灿蝶 *Cymb. sinense* 'Can Die'
图 88 素心蝶 *Cymb. sinense* 'Su Xin Die'
图 89 文山奇蝶 *Cymb. sinense* 'Wen Shan Qi Die'
图 90 喜菊 *Cymb. sinense* 'Xi Ju'

图 91	图 92	图 93
图 94	图 95	图 96
图 97	图 98	图 99

图 91 基隆三舌 *Cymb. sinense* 'Ji Long San She'
图 92 玉观音 *Cymb. sinense* 'Yu Guan Yin'
图 93 兰阳奇蝶 *Cymb. sinense* 'Lan Yang Qi Die'
图 94 玉麒麟 *Cymb. sinense* 'Yu Qi Lin'
图 95 邵氏奇蝶 *Cymb. sinense* 'Shao Shi Qi Die'
图 96 秀才蝶 *Cymb. sinense* 'Xiu Cai Die'
图 97 迎蝶 *Cymb. sinense* 'Ying Die'
图 98 荷蝶 *Cymb. sinense* 'He Die'
图 99 新贵族 *Cymb. sinense* 'Xin Gui Zu'

图 100	图 101	图 102
图 103	图 104	图 105
图 106	图 107	图 108

图 100 皇妃 *Cymb. sinense* ‘Huang Fei’
图 101 绿水仙 *Cymb. sinense* ‘Lu Shui Xian’
图 102 吉利 *Cymb. sinense* ‘Ji Li’
图 103 红唇 *Cymb. sinense* ‘Hong Chun’
图 104 老山少女 *Cymb. sinense* ‘Lao Shan Shao Nu’
图 105 玉姬 *Cymb. sinense* ‘Yu Ji’
图 106 翠玉 *Cymb. sinense* ‘Cui Yu’
图 107 红影 *Cymb. sinense* ‘Hong Ying’
图 108 白玉 *Cymb. sinense* ‘Bai Yu’

图 109	图 110	图 111
图 112	图 113	图 114
图 115	图 116	图 117

图 109 绿华红 *Cymb. sinense* 'Lu Hua Hong'
图 110 双美人 *Cymb. sinense* 'Shuang Mei Ren'
图 111 胭脂虎 *Cymb. sinense* 'Yan Zhi Hu'
图 112 天赐锦 *Cymb. sinense* 'Tian Ci Jin'
图 113 樱姬 *Cymb. sinense* 'Ying Ji'
图 114 阳明锦 *Cymb. sinense* 'Yang Ming Jin'
图 115 贵妃 *Cymb. sinense* 'Gui Fei'
图 116 冠鸟 *Cymb. sinense* 'Guan Niao'
图 117 绿峰 *Cymb. sinense* 'Lu Feng'

图 118	图 119	图 120
图 121	图 122	图 123
图 124	图 125	图 126

图 118 西施 *Cymb. sinense* 'Xi Shi'
图 119 香君 *Cymb. sinense* 'Xiang Jun'
图 120 金墨素 *Cymb. sinense* 'Jin Mo Su'
图 121 黑包公 *Cymb. sinense* 'Hei Bao Gong'
图 122 飘逸 *Cymb. sinense* 'Piao Yi'
图 123 天福奇 *Cymb. sinense* 'Tian Fu Qi'
图 124 香山奇红 *Cymb. sinense* 'Xiang Shan Qi Hong'
图 125 天胜 *Cymb. sinense* 'Tian Sheng'
图 126 六祖赐福 *Cymb. sinense* 'Liu Zu Ci Fu'

图 127	图 128	图 129
图 130	图 131	图 132
图 133	图 134	图 135

图 127 梦奇 *Cymb. sinense* ‘Meng Qi’
图 128 红菊 *Cymb. sinense* ‘Hong Ju’
图 129 朝阳 *Cymb. sinense* ‘Zhao Yang’
图 130 国香牡丹 *Cymb. sinense* ‘Guo Xiang Mu Dan’
图 131 玉狮子 *Cymb. sinense* ‘Yu Shi Zi’
图 132 绿云 *Cymb. sinense* ‘Lu Yun’
图 133 玉兰花 *Cymb. sinense* ‘Yu Lan Hua’
图 134 太阳花 *Cymb. sinense* ‘Tai Yang Hua’
图 135 东方明珠 *Cymb. sinense* ‘Dong Fang Ming Zhu’

图 136	图 137	图 138
图 139	图 140	图 141
图 142	图 143	图 144

图 136 宝岛奇 *Cymb. sinense* ‘Bao Dao Qi’
图 137 金菊 *Cymb. sinense* ‘Jin Ju’
图 138 玉芙蓉 *Cymb. sinense* ‘Yu Fu Rong’
图 139 六仙女 *Cymb. sinense* ‘Liu Xian Nu’
图 140 黄道 *Cymb. sinense* ‘Huang Dao’
图 141 朝玉 *Cymb. sinense* ‘Zhao Yu’
图 142 黄玉之华（大虎斑艺）*Cymb. sinense* ‘Huang Yu Zhi Hua’
图 143 瑞宝（小虎斑艺）*Cymb. sinense* ‘Rui Bao’
图 144 圣纪光 *Cymb. sinense* ‘Sheng Ji Guang’

图 145	图 146	图 147
图 148	图 149	图 150
图 151	图 152	图 153

图 145 凤凰（全斑艺）*Cymb. sinense* 'Feng Huang'
图 146 代代福 *Cymb. sinense* 'Dai Dai Fu'
图 147 大石门（中斑）*Cymb. sinense* 'Da Shi Men'
图 148 银凤 *Cymb. sinense* 'Yin Feng'
图 149 龙凤冠（冠艺）*Cymb. sinense* 'Long Feng Guan'
图 150 瑞晃（中透）*Cymb. sinense* 'Rui Huang'
图 151 养老（中透）*Cymb. sinense* 'Yang Lao'
图 152 金玉满堂 *Cymb. sinense* 'Jin Yu Man Tang'
图 153 天女 *Cymb. sinense* 'Tian Nu'

图 154	图 155	图 156
图 157	图 158	图 159
图 160	图 161	图 162

图 154 雪白爪 *Cymb. sinense* 'Xue Bai Zhua'
图 155 汉龙三色 *Cymb. sinense* 'Han Long San Se'
图 156 黄道冠 *Cymb. sinense* 'Huang Dao Guan'
图 157 三色养老 *Cymb. sinense* 'San Se Yang Lao'
图 158 白鹤 *Cymb. sinense* 'Bai He'
图 159 石门冠 *Cymb. sinense* 'Shi Men Guan'
图 160 千祥 *Cymb. sinense* 'Qian Xiang'
图 161 养老冠 *Cymb. sinense* 'Yang Lao Guan'
图 162 金鼎 *Cymb. sinense* 'Jin Ding'

图 163	图 164	图 165
图 166	图 167	图 168
图 169	图 170	图 171

图 163 金凤锦 *Cymb. sinense* 'Jin Feng Jin'
图 164 东山宝 *Cymb. sinense* 'Dong Shan Bao'
图 165 锦辉 *Cymb. sinense* 'Jin Hui'
图 166 玉龙 *Cymb. sinense* 'Yu Long'
图 167 不知火 *Cymb. sinense* 'Bu Zhi Huo'
图 168 祥玉（中斑艺）*Cymb. sinense* 'Xiang Yu'
图 169 十和 *Cymb. sinense* 'Shi He'
图 170 国宝 *Cymb. sinense* 'Guo Bao'
图 171 筑紫之华 *Cymb. sinense* 'Zhu Zi Zhi Hua'

图 172	图 173	图 174
图 175	图 176	图 177
图 178	图 179	图 180

图 172 雪玉 *Cymb. sinense* 'Xue Yu'
图 173 爱国 *Cymb. sinense* 'Ai Guo'
图 174 阿娇种 *Cymb. sinense* 'A Jiao Zhong'
图 175 养老之松 *Cymb. sinense* 'Yang Lao Zhi Song'
图 176 双龙冠 *Cymb. sinense* 'Shuang Long Guan'
图 177 泰山锦 *Cymb. sinense* 'Tai Shan Jin'
图 178 大勋 *Cymb. sinense* 'Da Xun'
图 179 瑞华 *Cymb. sinense* 'Rui Hua'
图 180 招财 *Cymb. sinense* 'Zhao Cai'

图 181	图 182	图 183
图 184	图 185	图 186
图 187	图 188	图 189

图 181 黄金瑞宝 *Cymb. sinense* 'Huang Jin Rui Bao'
图 182 线艺企墨 *Cymb. sinense* 'Xian Yi Qi Mo'
图 183 桑原晃 *Cymb. sinense* 'Sang Yuan Huang'
图 184 大虎斑 *Cymb. sinense* 'Da Hu Ban'
图 185 大石马 *Cymb. sinense* 'Da Shi Ma'
图 186 紫贵妃 *Cymb. sinense* 'Zi Gui Fei'
图 187 银拖 *Cymb. sinense* 'Yin Tuo'
图 188 新光 *Cymb. sinense* 'Xin Guang'
图 189 远东之星 *Cymb. sinense* 'Yuan Dong Zhi Xing'

图 190	图 191	图 192
图 193	图 194	图 195
图 196	图 197	图 198

图 190 晨光 *Cymb. sinense* 'Chen Guang'
图 191 云翠 *Cymb. sinense* 'Yun Cui'
图 192 闪电 *Cymb. sinense* 'Shan Dian'
图 193 洪福齐天 *Cymb. sinense* 'Hong Fu Qi Tian'
图 194 黄中王 *Cymb. sinense* 'Huang Zhong Wang'
图 195 瑞金 *Cymb. sinense* 'Rui Jin'
图 196 金凤 *Cymb. sinense* 'Jin Feng'
图 197 昭平 *Cymb. sinense* 'Zhao Ping'
图 198 锦绣中华 *Cymb. sinense* 'Jin Xiu Zhong Hua'

图 199	图 200	图 201
图 202	图 203	图 204
图 205	图 206	图 207

图 199 仙翁 *Cymb. sinense* 'Xian Weng'
图 200 尊龙 *Cymb. sinense* 'Zun Long'
图 201 水晶边 *Cymb. sinense* 'Shui Jing Bian'
图 202 快乐王子 *Cymb. sinense* 'Kuai Le Wang Zi'
图 203 异宝 *Cymb. sinense* 'Yi Bao'
图 204 翡翠 *Cymb. sinense* 'Fei Cui'
图 205 李逵 *Cymb. sinense* 'Li Kui'
图 206 达摩斑缟艺 *Cymb. sinense* 'Da Mo Ban Gao Yi'
图 207 达摩中透艺 *Cymb. sinense* 'Da Mo Zhong Tou Yi'

图 208	图 209	图 210
图 211	图 212	图 213
图 214	图 215	图 216

图 208 达摩大顶冠进化艺 *Cymb. sinense* 'Da Mo Da Ding Guan Jin Hua Yi'
图 209 达摩锦艺 *Cymb. sinense* 'Da Mo Jin Yi'
图 210 达摩宝艺 *Cymb. sinense* 'Da Mo Bao Yi'
图 211 达摩鹤艺 *Cymb. sinense* 'Da Mo He Yi'
图 212 白墨斑缟艺 *Cymb. sinense* 'Bai Mo Ban Gao Yi'
图 213 白墨中透艺 *Cymb. sinense* 'Bai Mo Zhong Tou Yi'
图 214 白墨爪艺 *Cymb. sinense* 'Bai Mo Zhua Yi'
图 215 白墨黄斑艺 *Cymb. sinense* 'Bai Mo Huang Ban Yi'
图 216 勾嘴绿墨素爪艺 *Cymb. sinense* 'Gou Zui Lu Mo Su Zhua Yi'

图 217	图 218	图 219
图 220	图 221	图 222
图 223	图 224	图 225

图 217 勾嘴绿墨素覆轮缟艺 *Cymb. sinense* 'Gou Zui Lu Mo Su Fu Lun Gao Yi'
图 218 北辰 *Cymb. sinense* 'Bei Chen'
图 219 金童 *Cymb. sinense* 'Jin Tong'
图 220 玉女 *Cymb. sinense* 'Yu Nu'
图 221 矮种白花 *Cymb. sinense* 'Ai Zhong Bai Hua'
图 222 玉妃（中斑艺）*Cymb. sinense* 'Yu Fei'
图 223 白翁 *Cymb. sinense* 'Bai Weng'
图 224 金凤蝶 *Cymb. sinense* 'Jin Feng Die'
图 225 千禧富贵（覆轮艺）*Cymb. sinense* 'Qian Xi Fu Gui'

图 226	图 227	图 228
图 229	图 230	图 231
图 232	图 233	图 234

图 226 红花（斑艺）*Cymb. sinense* 'Hong Hua'
图 227 东方红花（曙斑艺）*Cymb. sinense* 'Dong Fang Hong Hua'
图 228 素花（虎斑艺）*Cymb. sinense* 'Su Hua'
图 229 蝶花斑缟艺 *Cymb. sinense* 'Die Hua Ban Gao Yi'
图 230 满堂彩斑缟艺 *Cymb. sinense* 'Man Tang Cai Ban Gao Yi'
图 231 皇冠金蝶进化斑缟艺 *Cymb. sinense* 'Huang Guan Jin Die Jin Hua Ban Gao Yi'
图 232 达摩水晶艺 *Cymb. sinense* 'Da Mo Shui Jin Yi'
图 233 奇叶覆轮艺 *Cymb. sinense* 'Qi Ye Fu Lun Yi'
图 234 银龙瑞玉艺 *Cymb. sinense* 'Yin Long Rui Yu Yi'

六、栽培与管理

墨兰的栽培方法与其他国兰大同小异，只是生长环境较为荫蔽，需要较高的平均温度，兹择其要点，简介如下：

（一）栽种方法

墨兰栽种先要选好苗，一般用两年内连成一丛的子母株最易栽活。单株也可栽培，但要多注意养护。栽种方法与其他国兰相似。

如果种植兰花老头，可用小盆；植料可用新鲜河沙、水苔，或少量腐殖土，或新鲜木屑。老头消毒后插入植料，微露头尖，适时喷水，不能过湿，也不可过干，放于阴凉而有阳光之处；出新芽时切忌虫鼠咬扰和避免水浸芽心而腐烂。

批量驯养下山兰则可用畦种假植方法，修畦时下面放煤渣或碎砖块、碎瓦片、碎泡沫塑料之类的通水透气料，上面放新鲜河沙，加新鲜水苔或新鲜木屑，暂免施肥。栽种成活后，挑选好苗挖出再下盆。

一般种兰最好在春秋两季，或选择平时的阴天少风的天气。如设备好，经验丰富，则一年四季均可种活。

（二）植料选配

传统栽培墨兰多用塘心泥（冬天放干鱼塘，取塘中间淤泥晒干后剁成拇指大小块状备用）。塘心泥晒干后吸水保水性好，既不易板结又不易粉化，且有良好的肥效。现今栽大盆墨兰时仍有人沿用此料。而栽培小盆墨兰则多用轻型的混合硬材料。也有用水苔作临时栽植，或作盆面铺盖防护的。

（三）盆具选择

墨兰植株硕大，传统栽培多用大盆，以佛山石湾烧制的陶胎彩釉敞口盆为多。每盆可种10多株，繁茂苍翠，开花时多箭竞相开放，颇为壮观。现代栽培墨兰则大小两类盆均用。大敞口盆宜种植普通品种，摆放于园苑厅堂回廊处，以营造宏伟而又高雅的氛围。小盆则多种植较名贵的品种，常用敞口高脚喇叭盆，口径6~16cm。小盆栽墨兰通水透气性好，也容易操作、分盆和挪动。

（四）放置与遮荫

墨兰的栽培如水肥管理及病虫害防治做得好，每年每株出芽可达2~3苗，开花率也高。

一般家庭利用阳台、天台或地面空地种养，可用简易棚架及遮光网及简易洒水设备。

大批量作为产业经营栽种传统墨兰可选择朝南方向较避风的山沟边或田野中，用软塑料盆或用大盆栽种，最好离地栽培，也可搭大型遮光网的棚架和安装系统的喷雾设备。广州市近年已出台《国兰规模栽培技术规范》，供生产者应用推广。

一般园苑、庭院栽植大盆墨兰可放置于阔叶大树或丛竹下以便半遮荫，也可放于回廊上，或垫高放于浅水域中。放置之地以避强风、避暴晒、避久雨、避霜冻，而又半阴半阳处为宜。若使其日能朝阳微晒，夜能吸取风露，则兰株健旺。厅堂摆墨兰则放于高几上，每厅以放二三盆为宜。会议室则可成排摆放于椭圆形桌中间。

（五）水肥管理

初学种植墨兰者往往因水肥管理不善而使兰株受到伤害，甚至出现软腐病，轻则烂芽，重则烂株。

墨兰喜润畏湿，偏干怕燥。暴晒则叶会灼伤而焦尾干叶，久雨直淋则烂芽伤根。空气湿度宜大，但盆料含水量则不能长期太大。三伏天或秋燥天宜多浇水，早春阴湿或初夏雨水连绵应少用水。

施肥宜适时多施薄施。春初开花时不宜施肥，冬眠期施肥则不见效。其他时间施肥，催壮芽前期和催花箭前期可勤施薄施。墨兰对肥的适应性较广，一般市面上的兰花肥料均可按说明书所说施用。花生麸粉、黄豆麸粉、复合化肥也可用作兰肥。无论施用何种固体肥料均以放在植料中离开兰头处为宜，以免腐头烂根。用液体肥喷叶则尽量避免积水，以免诱发腐烂或出黑斑。厩肥一般不用，因易感染白绢病和各种疫病。

（六）病虫害防治

病虫害是养兰大敌，若不注意就会出现“一年花二年草三年倒”。失去养兰的信心。

病虫害防治应以预防为主，兰室兰棚要建于周围环境较洁净少有感染病害处，平时也要注意室内棚内的清洁卫生。有病无病均要定期（每周或每 10 天或每半月）喷洒一次灭菌杀虫剂，以防患于未然。

墨兰的主要病害是由真菌感染引起的，如立枯病、白绢病、黑腐病、炭疽病、圆斑病、叶斑病、叶污病、蝇屎病、锈病、焦枯病等。还有细菌和病毒的病害以及虫害等。

此外，还有由于施用未熟的有机肥和过浓、过多的化肥引起的肥害和用药不当引起的药害以及空气、水源污染引起的病害。因此，合理的施肥和用药是十分重要的。用药可按一般花卉蔬菜稀释度配水，但浓度可以小些。肥料要比一般花卉蔬菜的用量要少得多，浓度稀得多。

（七）修剪与换盆

老叶枯黄或枯干时应剪去或摘除，以利通风。病叶严重者也要及时剪去，以免传染。在剪除病叶时，剪刀剪后要消毒才能剪健康叶，以免传染。每次开花之后也应及时将整枝花剪去，以免消耗养分，影响新芽的萌发及新花枝的生长。

换盆通常结合分株进行，一般每两年换盆一次，换盆时间最好在开花后的休眠期进行，也可以在秋季进行。将株取出后要小心抖去旧植料，用水冲干净后剪去老残兰根，理清各株间的株连接点，要看清后用剪刀剪断，以免伤害健康的根和嫩芽等；有时也可用两手各抓紧一兰头，然后旋转扭动，使其分离。操作时注意消毒；分株后放于阴凉处晾干，待根柔软后再栽种。

（八）繁殖

包括墨兰在内的兰属植物，亲和性较好，种间可以杂交，而且普遍由虫媒传粉。我国地域广阔，兰属资源丰富，因此杂种和种下的变种和品种出现频率高。在遗传属性上，国兰大多是杂合子，无论民居栽培或规模生产，至今仍然普遍采用分株无性繁殖，品种遗传性状表现稳定。长期以来，自然界通过杂交和变异不断提供新品种，这是自然的恩赐。随着长期过度掠夺式的采集，种质资源不断地减少，以至部分地区已出现枯竭。因此，保护资源与进行人工杂交育种已引起重视，并提上日程。在境外，这项工作已经开始多年，据说春兰人工杂交育成的新品‘大富贵’在 20 年前已出现，1997 年前后才引入大陆。这个新品种表现为：花朵的颜色、瓣形、香味与自然原品种基本相同，而叶片却表现宽厚高大。其最大优点是可以进行试管快繁生产。台湾已经推出的‘黄金小神童’（蕙兰杂交三倍体）亦上市多年，极受群众欢迎。华南农业大学与国香苑兰花示范场（广州）于 1998 年开展这项研究，至今已经做了 40 多个杂交组合，繁育种苗累计 6 万株。

研究表明，墨兰完全可以采用人工杂交方法进行新品种的选育。首先墨兰的种内各个品种间杂交没有任何障碍，与建兰、春兰、蕙兰、寒兰杂交也极易成功，杂交形成种子的量也很大；墨兰和兰属内其他种间杂交，成功率同样很高。但是，墨兰和兰属外的兰花杂交相对困难，只与蝴蝶兰等杂交成功。其次，墨兰杂交种子的萌发也比洋兰困难，而其萌发的难易程度和杂交亲本有关，例如墨兰和大花蕙兰的杂交种子萌发率可达100%，种胚萌发速度快，萌发后易形成原球茎，很容易产生杂交植株。墨兰和国兰的其他种或品种间杂交，所得种子萌发率差异很大，在3个月的时间内，萌发率从0~70%都有，但由于杂交种子量大，这样的萌发率已经能够满足育种需要，而且只要采用适宜的采种时间，延长萌发时间等措施均可以让更多的种子萌发。绝大多数墨兰杂交种的胚可萌发形成根状茎，虽然从根状茎再生植株比洋兰困难，但目前的技术已可以保证生产出足够多的杂种植株供选育。

多倍体育种是兰花育种的另一个重要方法。用兰花的原球茎或根块茎为材料，经秋水仙素或辐射处理后均可以产生多倍体。兰花的多倍体叶片厚实，花形整齐对称，具有一定的欣赏价值。但更重要的是，多倍体和二倍体杂交后可以产生奇倍数或非整倍体的兰花植株，这些植株花形奇特，花色鲜艳，极具观赏价值。近年来洋兰的许多新品种均是用这种方法进行的。墨兰的多倍体诱导研究，目前也已获得了一些可能是四倍体的材料。这些材料叶片浓绿厚实，整个植株比较大，目前正在进行染色体数目鉴定。

墨兰育种除上述方法外，还可以采用现代生物技术，如转基因等进行改良。我们相信，随着兰花产业的发展，上述育种方法必将会为兰花养殖者和育种工作者所重视，成为墨兰育种的重要方法。

目前对墨兰新品种的繁育方法有两种，即分株繁殖和组织培养快速繁殖。分株繁殖是目前墨兰新品种繁育的主要方法，该方法虽然速度慢，但有利于保持品种的遗传特性，繁育出的植株较短时间可开花。组织培养是对新品种进行无性快速繁育的一种方法 。该方法不受季节限制，繁殖速度快，但技术难度大，目前尚未真正应用于墨兰新品种的生产。但随着墨兰产业的发展和墨兰组织培养快速繁殖技术日益成熟，该方法将会成为墨兰良种繁育的重要方法。

组织培养快速繁殖墨兰主要包括无菌外植体的获得、根状茎的诱导、根状茎的扩繁、根状茎的分化和试管苗移栽五个步骤。20世纪80年代初何清正、王怀宇（广东省花卉研究所）、黄鸿枢（华南植物研究所）以及90年代中张志胜和区秀娟（华南农业大学）研究结果表明：利用花芽和营养芽作外植体均能够诱导出根状茎，但用花芽作外植体诱导出的根状茎繁殖速度慢，诱导效率低，因此在进行墨兰快速繁殖时最好用3~5cm的营养芽作外植体。营养芽经过75%酒精消毒30秒后，用0.1%的$HgCl_2$消毒10分钟，即可获得无菌的外植体，将营养芽的茎顶组织无菌接种到诱导培养基上培养2~3个月，即可以诱导出根状茎。根状茎的诱导率和品种及培养基有密切关系。墨兰根状茎形态稳定，繁殖也不困难，将根状茎切割成1~2mm的小段接种到MS+NAA2+1g/L的活性炭的培养基上即可进行大量繁殖。如果条件许可，可用悬浮培养加快繁殖速度。一般而言，采用悬浮培养根状茎的繁殖速度大约是固体培养基的2~3倍。

根状茎的分化是墨兰快速繁殖最关键的环节。墨兰根状茎的分化可采取分步再生途径，即先诱导生芽再诱导生根，也可采用一步再生途径进行。就目前技术而言，采用一步再生途径比分步再生途径更有效。如果采用一步再生途径，墨兰根状茎从分化开始到试管苗移栽需要2~3个月的时间。

墨兰根状茎的形状十分稳定，经过一段时间培养，即使在不加任何激素的培养基上，根状茎亦可以繁殖。同时根状茎具有很强的保持再生的能力，对已经培养7年的根状茎进行再生研究的结果表明：培养7年的根状茎仍具有十分良好的分化能力，这是洋兰中的原球茎所无法比拟的。

根状茎易于保存和长时间地保持再生能力对墨兰的产业化十分有利，我们可以直接利用根状茎在市场需要的时候大量生产所需品种的试管苗，而无须从头做起。

墨兰试管苗的移栽和养护不是一件困难的事。刚移栽的试管苗在 90%~100% 的空气相对湿度、50%~70% 的基质相对湿度、80%~90% 的遮荫度和 25~30℃的温度条件下易成活，成活后的试管苗不怕寒冷，因而广东的最佳移栽季节是秋季。

七、市场及产业前景

(一) 市场的形成与发展

墨兰交易古已有之。据文献记载，墨兰的一些知名的园艺品种至今已有 200 年的栽培历史。江浙春兰有“四大天王”，粤产的传统墨兰亦有“四大名兰”,亦即‘金嘴’、‘银边’、‘企墨’、‘白墨’，简称为“金银黑白”，今天仍然被广泛栽培。前两种是闽系墨兰，据传是由清代茶商从福建经安徽的徽州输入的‘徽州墨’演变而来的，具有叶厚、半垂、稍扭的特征；后两种为纯系粤墨,叶多直立。以往粤墨兰以白墨甲天下,有“花必出架,叶必莹润,香必静远”三绝之说。据传，‘白墨’刚开始出自罗浮山酥缪观道人，后传入佛山万福园逐渐传开。至今仍存在的白墨有:‘江南企剑白墨’、‘仙殿白墨’、‘柳叶白墨’、‘勾嘴绿墨’、‘山城绿’、‘小白墨’、‘早白墨’、‘软剑白墨’、‘黄金塔’等。黑墨则有另一番韵味，其中有:‘企墨’、‘小香’、‘大鹦鹉’、‘小鹦鹉’、‘徽州墨’、‘牛角墨’、‘铁面冰心’等。

广东在清末明初曾有“一担谷、一钱金、一莒兰”的说法。意即一莒兰(以‘白墨’为代表)的价值相当于一钱金或一担谷。当时在珠江三角洲广泛种养，尤以南海、顺德为盛。据传当时广东十三行经营金融业的老板，岁末分红利给打工仔，不分金钱而分兰花，相当普遍。兰花作为礼品相赠以及婚嫁伴品，亦十分普遍。

时至今日，传统墨兰在我国兰花经济中所占地位仍十分重要。20 世纪 70 年代，台湾经济崛起，墨兰生产经营随之腾飞。据台湾著名兰花行家彭双松先生 1988 年估计，台湾当时投资相当于人民币 4 万元(以当时台币与人民币换算，下同)以上者超过 2 万人，10 年总投资逾 100 亿元以上；一年养兰消费 25 亿元。在大陆，1987 年春在广东成立了中国兰花协会，次年在广州举办首届全国兰花博览会。由于境外需要消费性的墨兰数额较大，推动了粤闽规模化生产传统国兰的高潮。据不完全统计，大陆每年出口传统国兰约 600 万株(注:“株”系出口兰海关通称，实指一个芦头长三片叶以上的并有完整根系的成熟苗，广东称“莒”，台湾称“枝”，江浙称“苘”，以下统一用“株”)。10 年来累计出口 10 多亿元以上。传统墨兰主要输往韩国、日本，部分运往台湾省。亦有少数输往欧、美以及东南亚的华人区。

传统墨兰有时会变异，衍生出珍品。自 20 世纪 90 年代初开始，广东兰市出现的高价珍品墨兰有:‘银拖’、‘银华’、‘神州奇’、‘珠海渔女’、‘闪电’、‘飘逸’、‘佛手’以及水晶艺系列、白墨线艺系列等。高价珍品每株售价通常都在 1 万元以上，如‘神州奇’最贵一株曾售出 36 万元。

传统墨兰的规模化生产，台湾始于 20 世纪 70 年代，粤闽约始于 20 世纪 90 年代初。以每年每亩生产成品兰 1 万株计，价值就有 5 万 ~10 万元，可称得上高效益农业。此前是靠出口驱动，今后要拓展内销市场，将传统墨兰作为消费品上市，只有这样传统墨兰产业才能真正地得到充分发展。进入 21 世纪后，消费性墨兰在粤闽迅速发展，当今内销已经超过出口。

我国改革开放以来，经济发展，人民生活提高，使花卉业得到迅速发展。墨兰以其色、香俱全，备受群众喜爱，其发展速度令人瞩目。20 世纪 90 年代初广东顺德市兴起兰花热，引进台湾产墨兰‘绿云’、‘大屯麒麟’等，每株数千元至 1 万元，促进了海峡两岸文化的交流和兰花市场的互动。1992 年顺德陈村镇建立全国首个兰花专业市场，有商铺、档位数十间，进行以兰花为主的花草的收购、批发和零售以及兰花资材的销售，一直正常运作至今。其中的桂华兰苑长年收购出口墨兰，近 10 年来每年收购墨兰出口 1000 多万元。1999 年陈村花卉世界建立兰花交易中心，这个占地 $25hm^2$ 的中国最大的兰花市场，不仅交易包括墨兰在内的兰花精品，也是面向海外的、以墨兰为主的最大兰花出口基地。

粤东潮汕平原崛起的远东国兰有限公司，是个以经营中国兰花精品见长的企业。这里拥有全国最多品种的墨兰，也是全国最负盛名的国兰企业之一，其服务遍及全国各省市（包括台湾省）以及日本、韩国等地。广东省翁源县在 21 世纪初就开始发展国兰产业化生产，当今面积已有 $400hm^2$ 以上，墨兰占绝大部分，为当今国兰产业面积最大、科技普及最佳的一个国兰生产基地，被国家林业局颁布为国兰之乡。

总之，墨兰的产业已有一定的基础和得到了初步的发展。

（二）市场情况

墨兰的市场贸易包括两个方面：一是传统墨兰，包括‘金嘴’、‘银边’、‘企黑’（‘山川报岁’）、‘徽州墨’、‘白墨素’等的交易。二是墨兰新品种和精品的交易。这两种市场商品不同，客户和物流也不同。然而彼此又是相辅相成、互相促进的，但有时也会此消彼长。

传统墨兰在广东、台湾、广西、福建、云南、海南等省区均有种植。市场贸易以广东韶关的翁源、顺德的陈村、南海平洲、番禺沙湾、中山、东莞和深圳等地最为活跃。据不完全统计，大陆的粤、闽、桂、滇产区每年出口墨兰达 600 万 ~800 万株。韩国民众受中国传统文化影响，钟情兰花，尤以墨兰为甚，在企业、银行、医院、游船和住宅崇尚摆设兰草，馈赠兰草已成为交友、探亲、喜庆的一种习俗。故兰草消费量颇大，而且是一次性消费，每年约需进口墨兰 1000 万株以上，其中从中国台湾进口占六成，从中国大陆进口占四成。1997 年亚洲金融风暴时，我国（顺德陈村）每株‘企墨’出口收购价为 2.5 元（人民币）。21 世纪初，韩国经济好转，消费能力恢复，1999 年‘企墨’每株上升至 3.8~4 元（人民币，下同），2000 年每株为 5~5.5 元。受出口墨兰的拉动，开办兰场增多，养兰 1 万盆左右的家庭或兰场，在顺德陈村和番禺沙湾各有 30 多家。种兰 3 万盆左右规模的的兰场，在顺德有 10 多家。由于兰场的扩充发展，墨兰的初级苗（俗称统货）亦非常畅销，价位为出口兰价的六至七成。2008 年，粤闽地区调查，消费性国兰生产面积已达 670 多公顷，墨兰占大部分。

墨兰新品种和精品的交易，一直是市场最活跃部分和推动力。台湾省对墨兰新品种的开发培养卓有成效，培养出花艺品种‘大屯麒麟’、‘国香牡丹’、‘玉妃’，线艺矮种‘达摩’等系列名品，推广至全国各地。改革开放以来，大陆兰花业人士也先后推出墨兰花艺品种‘神州

奇'、'珠海渔女'、'飘逸'；线艺品种'闪电'、'银华'、'白玉素锦'；墨兰水晶艺品种'凤来朝'、'奇异水晶'、'白天鹅'等名品。出口销售总额，'神州奇'约1000多万元人民币（下同），'飘逸'约700万元，'闪电'约1000万元，'银华'和'白玉素锦'约1000万，水晶艺系列约3000多万元。

总之，墨兰业作为兰花产业的一个组成部分，在农业经济中占有一席之地，对于国民经济的发展起了积极的作用。

（三）墨兰业的前景

赏兰、爱兰在中国有着悠久的历史，形成独特的兰文化。历代以兰花为题材的文人墨客，来去匆匆，给我们留下为数众多的诗词和画卷。自宋末元初以来，人们甚至把兰花视为高雅、洁净、忠贞的象征。一兰在室会衬托出主人的气质和志趣。因此，自明、清以来中国拥有如此大量的兰花爱好者决不是偶然的，它是具有浑厚的文化内涵的。进入21世纪，人们工作繁忙，生活节奏紧迫，在工作闲暇时，莳养兰花，美化家居，赏花观叶，抚今追昔，别有一番乐趣，是一种愉快的休息，这是现代人崇尚回归自然休闲生活的追求。因此，在今天社会经济和文明进步的情势下，墨兰业得以继承和发展是很自然的事。

墨兰在众花卉中，除了文化品味、内涵别具一格外，其美感也是其他花卉不可比拟的。人们常说："赏花一时，观叶经年"。墨兰不仅花葶玉立，花色美观，清香扑鼻，而且叶片宽阔、墨绿、挺拔，且大多伴有黄白色的芒纹，极具观赏价值，再加上花期在春节前后，因此很有竞争力。

中国江浙的春兰、蕙兰，云、贵、川的莲瓣兰、春剑，闽的建兰和华南墨兰等大品系风韵各异，在市场各有自己的走向和客源，各领风骚。相比之下，墨兰国内市场开拓得较迟，特别是中国的中北部，因此尚有较大的国内市场潜力。墨兰在国际上的贸易量长期以来一直较大，这种势头无疑还可以保持下去。但应注意做好以下工作：

（1）在继续做好兰花出口的基础上，努力扩大内销，使墨兰进入家庭、办公楼，成为绿化环境美化家居的观赏植物。墨兰适应性广，生命力强，在家居厅堂或办公楼中有一定的散射光或人工光源，便可保持青绿，以至发新株生长。这种传统墨兰的一次性消费，韩国比我们走得快。我国幅员广大，若有更多墨兰进入家庭，墨兰便有巨大商机。

（2）努力提高传统墨兰的出口兰的竞争力，特别是对病虫害的控制，如黑斑病、病毒病、红蜘蛛和介壳虫等。新的问题是烂头，此病从阳台种植到兰场，甚至温室种植均有不同程度的发生，尚待寻求有效的防治方法。

（3）加强墨兰新品种的开发和培养，为今后的墨兰市场注入活力。

（4）努力开展杂交育种工作，选育花色艳、香味浓、叶艺美的好品种，规模化生产以供国内外市场的需要。

第四章 寒 兰

Cymbidium kanran Makino

一、形态特征与地理分布

（一）形态特征

寒兰主要在寒季或寒季即将来临之际，亦即在秋末至整个冬季，开花的国兰。它的生长适应性较强，分布区也较广，有些品种能在非冬季开花，被称为春寒兰、夏寒兰、秋寒兰；也有的品种既能在冬季开花，又能在春节过后再次现花，不过花色会有很大的变化。

寒兰的叶片质地较薄，较透明，无蜡质，中、侧脉明显，边缘仅在距尖端约 5cm 处有细齿；下部有关节。花葶疏生 5~12 花；在花序中部的花苞片长 1.5~2.6cm，超过花梗和子房长的 1/2；花通常有浓烈幽香，且较持久；萼片狭窄，宽一般为 3.5~5mm。

寒兰的一般品种，花期约 20 天，也有的品种可达 1~2 月。

（二）地理分布

寒兰虽然适应性较广，但性畏酷热和严寒，主要分布于长江以南和南岭山脉及其以北地区，如湖北西南部、湖南、安徽、江西、广东中北部、福建中北部、四川、重庆、贵州、云南、广西和台湾山地。海拔多在 700~1500m，低地也有，最高可达 2400m。其中以广西、福建、四川、贵州、云南的品种尤为丰富。

二、观赏特性

寒兰绿叶修长，株形挺拔，花朵秀雅，色彩绚丽，幽香宜人，在国兰中独具一格，有很高的观赏价值。

（一）叶型与株型

有立叶、斜立叶、弯垂叶；又有宽、中、细叶以及矮种、奇叶型等。以整体形态协调，叶色健康亮丽，花朵端正，面向四周为好。

（二）花香

以浓幽香、冷香和遗香者为上品；清香、浓香、混合香者次之，无香者最次。

（三）瓣形

1. 荷瓣　以瓣片短阔、圆润、含抱并呈现明显的收根放角，舌圆大不卷者为上品。

2. 梅瓣　外三瓣（萼片）圆头紧边细收根，两花瓣（捧瓣）有起兜和轻微白头（花粉块），舌（唇瓣）不反卷者为上。

3. 水仙瓣　外三瓣（萼片）较圆头（或略有尖端）紧边，捧瓣兜起有雄性化表现（白头），舌不反卷者为上。

4. 莲瓣（宽瓣、荷型）瓣片短阔有条纹，如

小舟状（花瓣宽者为好），舌圆大不反卷者为上，舌卷者次之。

5. 菊花瓣（细瓣）花型端正，肩平骨硬。捧瓣含抱不开窗，舌圆大平整不反卷者为上品花。

（四）飘扭花型

有阔瓣飘扭与细瓣飘扭之分。以形态生动活泼、整体飘扭有致者为上品。

（五）蝶花

指两枚花瓣（捧瓣）或两枚侧萼片（副瓣）舌化或蝶化的花，有蕊蝶（捧瓣完全舌化）、彩捧蝶（捧瓣接近舌化）和外蝶（又称肩蝶，即副瓣多少蝶化）等三种。以蝶大而圆整、色彩艳丽、色块或者斑点分布匀称美丽者为上品。

（六）水晶花

指瓣片的大部分或一部分，如边缘、尖端等有透明感，亦即水晶质，有时在光的作用下，清晰可见，有流质感。水晶花以质地明快、色彩流畅、瓣片平整、花型端正为佳。

（七）奇类花

有多舌奇花、缺舌奇花、多瓣奇花、少瓣奇花以及其他奇形怪状花，只有形态端正、色彩美观者受到欢迎。

（八）色花类

有素心、纯净色、复色、五彩、转色（变色）等，以色彩高雅、清晰明亮、赏心悦目为上品。

（九）叶艺

指叶的色彩变异，可分为两大类：条状变异和斑块变异。前者有复轮、缟、中透艺、嘴艺等；后者有虎斑、曙艺、转复鹤艺、扫尾、水晶等。

三、寒兰品种分类

（一）瓣型花

荷瓣：‘新品荷’、‘翠绿荷’、‘红素荷’、‘笑荷’、‘华彩’、‘寒荷魁’、‘白荷’、‘金丝粉荷’、‘素荷’、‘天仙荷’等。

梅瓣：‘南国红梅’、‘梅奇’、‘红绣球’、‘九岭梅蝶’、‘游梅’、‘寒一品’、‘寒正梅’、‘至尊红颜’、‘金猴赏瓜’、‘大鹏展翅’、‘詹阳梅’、‘黄梅蝶’、‘武夷寒梅’、‘孔雀梅’、‘交龙梅’、‘神州第一梅’、‘连城彩梅’、‘雀梅’、‘西江红梅’、‘红梅报春’、‘鹰梅’等。

水仙瓣：‘水丹’、‘莎瑶妹’、‘鲤鱼展翅’、‘绿魂’等。

（二）蝶花

‘同形蝶’、‘喜庆蝶’、‘皇龙蝶’、‘戟蝶’、‘红内蝶’、‘紫三蝶’、‘虎斑蝶’、‘寒宝蝶’、‘沁馨缘蝶’、‘金狮蝶’、‘武夷秀蝶’等。

（三）奇花

‘母婴花’、‘万紫千红’、‘武夷珍奇’、‘寒奇’、‘天鹏’、‘冠豸朵云’等。

（四）色花

素心：‘白翁’、‘神女’、‘红双喜’、‘玉女红’、‘红宝石’、‘白仙子’、‘赤子芳心’、‘星光素’、‘黄里红’、‘绿玉’、‘绿苔素’、‘玉冰心’、‘夷素蝶’。

红花：‘西施红’、‘火红神鸟’、‘寒红绢’、‘红君子’、‘红天下’、‘红花素’、‘红檀’、‘红贵妃’、‘长贵红’、‘红灯笼’、‘鹤桃’、‘红苹果’、‘东方红’。

黄花：‘寒紫舌’、‘黄鹤’、‘黄鹦’、‘金碗’、‘金莲’、‘金彩虹’、‘黄妞’、‘金环’、‘敖游太空’、‘富贵鸟’、‘彩鸟’、‘黄核桃’、‘小丑’、‘寒桃’。

黑花：‘黑妞’、‘黑木耳’、‘庆平’、‘元帅’、‘黑归燕’、‘乌鸦’、‘红彤彤’、‘非洲人’、‘黑袍’。

紫花：‘红蜘蛛’、‘紫鸟’、‘紫蝶’、‘鸡冠红’、

‘神州五号’、‘梦中美人’、‘紫燕双飞’、‘金龟子’、‘骏马’、‘归来’、‘玛瑙红’、‘望月’、‘腾空’。

绿花：‘一品红’、‘吉红’、‘神猫’、‘绿冠’、‘黄金山’、‘绿彩霞’、‘鸿福’、‘木马王’、‘修女’、‘翠文’、‘玉佩’、‘红柳’、‘翡翠猫’、‘一线红’、‘青山红’、‘明英红君’。

复色花：‘天虹光彩’、‘斑马’、‘童女’、‘红霞’、‘狮头’、‘红五洲’、‘仙鹤’、‘寒绢’、‘唐三彩’、‘紫金宫’、‘长帘’、‘关公’、‘小神童’、‘丹霞’。

水晶花：‘白玉仙子’、‘彩带’、‘彩丽’。

（五）叶艺

‘白丽公主’、‘虎碧水晶’、‘金玉满武夷’、‘虎碧金龙’、‘秀丽江山’、‘白玉仙子’、‘飘带’、‘黄杞’。

四、代表品种介绍

（一）奇花类

1. 母婴花（图 1）*Cymb. kanran* ‘Mu Ying Hua’

1982 年福建厦门花展中，由武夷山市（原崇安县）送展。母花与子花共生；每朵小花均为多舌多蕊柱奇花；尤其主瓣与副瓣之间聚生着 2~3 朵由 2~3 个淡黄小舌瓣组成的小花，犹如美丽少妇肩上驮着幼小婴儿。

图 1

2. 万紫千红（图 2）*Cymb. kanran* ‘Wan Zi Qian Hong’

产于浙江，由陈连夫、钱长生选育。外瓣细长扭曲，色泽绿；唇瓣长、色白而有鲜明红斑，瓣间聚生有多个由小唇瓣组成的小花，色泽亮丽。

图 2

3. 武夷珍奇（图 3）*Cymb. kanran* ‘Wu Yi Zhen Qi’

2004 年来自武夷山。为多舌奇花；花中长有 8~11 个小舌瓣，每 2~3 个小舌组成的小花围绕花瓣、唇瓣周围，构成优美组合。

图 3

4. 寒奇（寒树花）（图 4）*Cymb. kanran* ‘Han Qi’

为树形花，2004 年由胡张法引种。花瓣黄色，内侧泛绿，有红斑点，偶见瓣蝶裙。

图 4

5. 天鹏（图 5）*Cymb. kanran* ‘Tian Peng’

产江西宜丰，由杨和平引种。外瓣瘦长、披垂，有 1/2 出现乳化，并有红色条纹与斑块，瓣基有奇特的鲜红斑纹，而且唇瓣肉质化非常明显。

图 5

6. 冠豸朵云（图 6）*Cymb. kanran* ‘Guan Zhi Duo Yun’

出于福建连城冠豸山。2003 年由饶春荣引种。在 2008 年第二届中国福建花王评选暨花卉精品展中获“中国福建花王”称号。

图 6

（二）梅瓣类

1. 九岭梅蝶（图 7） *Cymb. kanran* 'Jiu Ling Mei Die'

产江西宜丰，2005 年下山。花色玉绿，蝶斑艳丽，幽香纯正；集梅、蝶、色、香于一身。每年 12 月开花，花期 30~45 天。

图 7

2. 梅奇（图 8） *Cymb. kanran* 'Mei Qi'

产广西，2006 年下山，由雷尊巍栽培。花特大，花瓣末端向内卷曲，深绿色，既雄性化又唇瓣化，是罕见的奇梅。

图 8

3. 至尊红颜（图 9） *Cymb. kanran* 'Zhi Zun Hong Yan'

出于江西宜丰，2005 年由和平兰苑栽培。花序疏朗有致，色泽红润；花形端正，浓香。花期 10~11 月。2007 年上海寒兰展获金奖。

图 9

4. 红绣球（图 10） *Cymb. kanran* 'Hong Xiu Qiu'

产贵州都匀，2006 年下山，由邱天栽培。叶缘镶白复轮；花 4~5 朵，色鲜红；萼片、花瓣短圆镶白边，侧萼片相拱抱。

图 10

5. 游梅（图 11） *Cymb. kanran* 'You Mei'

钱长生栽培。花杆细韧绿色，着花匀称排列像游泳运动员，因而得名。外三瓣中部至末端卷缩呈管状。

图 11

6. 孔雀梅（图 12） *Cymb. kanran* 'Kong Que Mei'

产江西宜丰，由杨和平栽培，以颜色多样，酷似孔雀尾巴而得名。外三瓣中部至末端内卷呈管状；花瓣雄蕊化，色金黄。

图 12

7. 黄梅蝶（图 13） *Cymb. kanran* 'Huang Mei Die'

产武夷山，2005 年下山。花色金黄；外三瓣宽短，有明显收根放角；花瓣边缘有红斑，呈蝶化状；苞片长，红色；叶片半披垂。

图 13

8. 连城彩梅（图 14） *Cymb. kanran* 'Lian Cheng Cai Mei'

福建梅花山下山草，2003 年由杨先金选育。该品种花形端庄飘逸，香味醇浓，赏心悦目，是寒兰中难得的梅形珍稀品种。

图 14

9. 神州第一梅（图 15） *Cymb. kanran* 'Shen Zhou Di Yi Mei'

产四川，远东兰圃收藏。该品种外三瓣短圆，紫色中放射有浓紫条纹；花瓣宽阔厚实；有小如意舌。似为寒兰与春兰自然杂交的精品。

图 15

10. 红梅报春（图 16） *Cymb. kanran* 'Hong Mei Bao Chun'

2003 年由连城饶春荣选育。其花若正格梅瓣，色彩鲜艳。2005 年在中国兰花网首届网络寒兰展中获一等奖，2006 年在首届中国福建花王评选暨花卉精品展中荣获“中国福建花王”称号。

图 16

11. 鹰梅（图 17） *Cymb. kanran* 'Ying Mei'

产连城梅花山，2002 年由连城饶春荣选育。其花姿颇似在空中翱翔的雄鹰，故得名。

图 17

12. 寒一品（图 18） *Cymb. kanran* 'Han Yi Pin'

图 18

13. 詹阳梅（图 19） *Cymb. kanran* 'Zhan Yang Mei'

图 19

14. 南国红梅（图 20） *Cymb. kanran* 'Nan Guo Hong Mei'

图 20

15. 大鹏展翅（图 21） *Cymb. kanran* 'Da Peng Zhan Chi'

图 21

16. 西江红梅（图 22）
Cymb. kanran 'Xi Jiang Hong Mei'

图 22

17. 武夷寒梅（图 23）
Cymb. kanran 'Wu Yi Han Mei'

图 23

18. 雀梅（图 24）
Cymb. kanran 'Que Mei'

图 24

19. 寒正梅（图 25）
Cymb. kanran 'Han Zheng Mei'

图 25

20. 金猴赏瓜（图 26）
Cymb. kanran 'Jin Hou Shang Gua'

图 26

21. 交龙梅（图 27）
Cymb. kanran 'Jiao Long Mei'

图 27

（三）荷瓣类

1. 新品荷（图 28）*Cymb. kanran* 'Xin Pin He'

被喻为寒兰中最优秀荷瓣品种。由陈少敏收藏。该品种叶片宽；花杆橙黄；瓣片宽短圆头，浅绿色；唇瓣宽圆大、下垂不卷；颇为美观。

图 28

2. 翠绿荷（图 29）*Cymb. kanran* 'Cui Lu He'

由胡张法收藏。该品种外三瓣宽短，收根放角，起微兜，复轮，翠绿色；蚌壳捧银镶边起兜；宽圆刘海舌，暗紫色白心白边。色彩多样，对比鲜明，显得十分优美。

图 29

3. 红素荷（图 30）*Cymb. kanran* 'Hong Su He'

由胡张法栽培。该品种叶片宽短，色浓绿；花色赤红醒目；花形富丽堂皇。

图 30

4. 白荷（图 31）*Cymb. kanran* 'Bai He'

产广西。瓣片均为白色泛黄；外三瓣宽阔；捧瓣较圆，微开窗；唇瓣白色，有鲜红色斑块。

图 31

5. 寒荷魁（图 32）*Cymb. kanran* 'Han He Kui'

产于武夷山，由陈孟雄栽培。该品种外瓣宽阔，拱抱；蚌壳捧，镶白边，中有暗紫条纹。唇瓣大而圆，色白下挂，中有绿色条纹，并布有紫色斑块。

图 32

6. 素荷（图 33）*Cymb. kanran* 'Su He'

产武夷山，为素心、类似荷瓣的品种。花淡绿白嵌边；蚌壳捧圆角起兜；刘海舌白而稍有绿晕；花容端庄秀丽，幽香四溢。

图 33

7. 华彩（图 34）*Cymb. kanran* 'Hua Cai'

由钱长生选育。该品种花绿色，镶银白边，有香气。

图 34

8. 笑荷（图 35）*Cymb. kanran* 'Xiao He'

图 35

9. 金丝粉荷（图 36）*Cymb. kanran* 'Jin Si Fen He'

图 36

10. 天仙荷（图 37）*Cymb. kanran* 'Tian Xian He'

图 37

（四）蝶花

1. 紫三蝶（图 38）*Cymb. kanran* 'Zi San Die'

产武夷山，由陈少敏选育。花色红黄紫相搭，美丽大方；花瓣与唇瓣同形同色。花期 12 月至来年 3 月。

图 38

2. 同形蝶（图 39）*Cymb. kanran* 'Tong Xing Die'

产桂林，由胡张法引种栽培。其主要特征为外瓣片细长尖，黄色泛绿晕；花瓣蝶化，与唇瓣同形同色。

图 39

3. 虎斑蝶（图 40）*Cymb. kanran* 'Hu Ban Die'

来自武夷山，由远东兰圃培育。花期在 9~12 月。叶片宽阔；萼片淡绿；捧瓣黄色泛绿晕，并有红斑；唇瓣色黄，缀有艳丽的红斑点。酷似老虎皮斑，鲜艳醒目。

图 40

4. 金狮蝶（图 41）*Cymb. kanran* 'Jin Shi Die'

2005 年出自浙江龙泉，由钱长生收藏。侧萼片（副瓣）2/3 蝶化，金黄色，末端有鲜红色斑点；舌色金黄，有红色条点。全花色彩，惹人喜爱。

图 41

5. 戟蝶（图 42）*Cymb. kanran* 'Ji Die'

产武夷山。该品种花多，花色淡绿，有香气；副瓣下侧 2/3 蝶化。

图 42

6. 喜庆蝶（图 43）*Cymb. kanran* 'Xi Qing Die'

产武夷山，由邓先生选育，11 月开花。花为竹叶瓣，瓣端内卷，绿色白镶边；捧瓣白色，全蝶化，色泽与唇瓣一样，但斑点分布不同。

图 43

7. 寒宝蝶（图 44）*Cymb. kanran* 'Han Bao Die'

属寒兰与墨兰自然杂交品系，每年三月见花。叶片厚，宽阔；捧瓣全蝶化，与唇瓣相似，绿底布满大紫斑。

图 44

8. 水丹（图 45）*Cymb. kanran* 'Shui Dan'

产武夷山，由陈少敏收藏。该品种叶辐宽。花有香气；外瓣宽阔起兜，色绿泛黄；蚕蛾捧；小如意舌。

图 45

9. 莎瑶妹（图 46）*Cymb. kanran* 'Sha Yao Mei'

在广西恭城下山，2004 年由刘捷培育。该品种叶宽厚；紫杆青花；蚕蛾捧，刘海舌；花品端庄高雅，花形富丽堂皇。

图 46

10. 鲤鱼展翅（图 47）*Cymb. kanran* 'Li Yu Zhan Chi'

该品种副瓣起兜，绿色，平肩；捧瓣与唇瓣形成鲤鱼嘴状，故有此名。全花色彩绚丽，雍容华贵，甚为美观。

图 47

11. 绿魂（图 48）*Cymb. kanran* 'Lu Hun'

2008 年从福建建瓯下山，由陈孟雄栽培。本品种系细叶线艺寒兰，香味四溢的荷型正格水仙花。

图 48

12. 白翁（图 49）*Cymb. kanran* 'Bai Weng'

产武夷山，由杨际信和肖显福培育。该品种属细叶矮种；叶长 15~18cm；全花白色、透明；花容端正，娇小高雅，香气迷人。

图 49

13. 绿玉（图 50）*Cymb. kanran* 'Lu Yu'

产浙江遂昌，2004 年下山，由钱长生栽培。复花 3 次，性状相当稳定。该品种着花疏朗有度，八面玲珑；外三瓣色翠绿；捧心白边内布绿条纹；舌洁白，不卷；幽香浓郁，花貌端正。

图 50

14. 星光素（图 51）*Cymb. kanran* 'Xing Guang Su'

浙江钱长生栽培，2004 年引种。该品种花色绿白分明，清心高雅；花香幽远，花形正格端庄。

图 51

15. 绿苔素（图 52）*Cymb. kanran* 'Lu Tai Su'

2006 年江西宜丰下山，由杨和平选育。该品种花浓绿；舌黄色布有浓绿苔；花形正格端庄，富有气派，花香浓郁持久。

图 52

16. 玉冰心（图 53）*Cymb. kanran* 'Yu Bing Xin'

产武夷山。该品种全花绿色白边，透明感强，具净白大卷舌，幽香浓郁，美观诱人。

图 53

17. 白仙子（图 54）*Cymb. kanran* 'Bai Xian Zi'

全花翠绿色，白镶边，挂深绿丝，花容端正，香味浓郁，花期长。

图 54

18. 玉女红（图 55）*Cymb. kanran* 'Yu Nu Hong'

该品种由胡张法选育。全花瓣片暗紫色，白镶边；小圆舌色紫红，嵌白边，黄舌根。

图 55

19. 夷素蝶（图 56）*Cymb. kanran* 'Yi Su Die'

武夷山传统老品种。花绿色，副瓣下侧具白色斑纹；捧瓣镶宽白边，有淡绿色条纹。

图 56

20. 红花素（图 57）*Cymb. kanran* 'Hong Hua Su'

由武夷山陈孟雄选育。全花除唇瓣镶白色外，均为红色，甚为喜气。

图 57

21. 火红神鸟（图 58）*Cymb. kanran* 'Huo Hong Shen Niao'

由钱长生培育。本品种萼片细长、卷曲、飘逸；捧瓣淡红色；唇瓣紫红镶银边；不仅花色迷人，而且幽香清醇。

图 58

22. 西施红（图 59）*Cymb. kanran* 'Xi Shi Hong'

该品种花容端正，花色艳丽，花香醇正，美如西施，因而得名。萼片宽阔，鲜红色，白镶边平肩；花瓣前垂，盖蕊柱，开天窗；刘海舌白底，布满红斑点。

图 59

23. 红贵妃（图 60）*Cymb. kanran* 'Hong Gui Fei'

产江西宜丰，由蔡镇坤栽培。该品种 11 月中旬放花，花期约 1 个月；花紫红色，有幽香；萼片短宽，有深紫色条纹；捧瓣起兜；唇瓣方形，有浅兜。

图 60

24. 长贵红（图 61）*Cymb. kanran* 'Chang Gui Hong'

由武夷山周长贵选育。本品种花容端庄，鲜红色，但唇瓣白色，略泛红晕，颇为美观。

图 61

25. 红苹果（图 62） *Cymb. kanran* 'Hong Ping Guo'

此品种花色紫红；唇瓣圆形，深紫，白镶边。

图 62

26. 红天下（图 63） *Cymb. kanran* 'Hong Tian Xia'

产江西宜丰，由杨和平选育。该品种花貌端正，幽香浓郁；萼片与花瓣红色，主脉更红；唇瓣白色，有微小红点。

图 63

27. 鹤桃（图 64） *Cymb. kanran* 'He Tao'

产武夷山。该品种花色桃红，银镶边；中萼片内折，呈鹤顶状；捧瓣有暗紫条纹；全花一派艳装，格外醒目。

图 64

28. 黄鹦（图 65） *Cymb. kanran* 'Huang Ying'

由远东国兰公司收藏。该品种五瓣均为金黄色，质厚且略泛绿晕；捧瓣基部有硕大紫斑；唇瓣大红，白镶边。全花有红、紫、黄三色相衬托，显得十分娇艳。

图 65

29. 黄核桃（图 66） *Cymb. kanran* 'Huang He Tao'

此品种花色淡黄泛绿晕；外瓣扭曲、不定形；捧瓣小；舌瓣超大，白色，上面有鲜红硕大斑块和不定形黄晕，堂皇醒目。

图 66

30. 金彩虹（图 67） *Cymb. kanran* 'Jin Cai Hong'

本品种花金黄色，唇瓣两侧染红，鲜艳夺目，香气诱人。

图 67

31. 金碗（图 68） *Cymb. kanran* 'Jin Wan'

产江西宜丰。2006 年下山，由和平兰苑收藏。本品种花金黄色，朝天开，酷似金碗，因而得名，在众多的黄花品种中独具一格。

图 68

32. 金莲（图 69） *Cymb. kanran* 'Jin Lian'

此品种的花金色俏丽，唯唇瓣洁白而有“U”形红斑；全花端庄雅洁，令人久看不厌。

图 69

33. 黄鹤（图 70） *Cymb. kanran* 'Huang He'

产江西宜丰。由杨和平收藏。本品种全花金光四射，瓣片边缘镶银，唇瓣红色，十分醒目。

图 70

34. 黑归燕（图 71） *Cymb. kanran* 'Hei Gui Yan'

产武夷山，2004 年下山。该品种花色紫黑，外三瓣末端绿嵌白，唇瓣黄色泛紫并洒有暗紫斑点，颇有特色。

图 71

35. 元帅（图 72） *Cymb. kanran* 'Yuan Shuai'

产武夷山。该品种全花深紫发黑，唇瓣黄色，两侧有紫红斑块，着色对比明显，是寒兰黑花的佳品。

图 72

36. 黑木耳（图 73） *Cymb. kanran* 'Hei Mu Er'

产武夷山，2005 年下山。本品种全花黑得发亮，仅唇瓣黄绿色并有不规则红斑。

图 73

37. 黑妞（图 74） *Cymb. kanran* 'Hei Niu'

由武夷山罗响远培育。该品种花葶高，着花多；花黑色，唇瓣镶金边，蕊柱呈金黄。香味富足，引人注目。

图 74

38. 红蜘蛛（图 75） *Cymb. kanran* 'Hong Zhi Zhu'

本品种花深红色。形态犹如蜘蛛窥视猎物，引人入胜。

图 75

39. 紫蝶（图 76） *Cymb. kanran* 'Zi Die'

产武夷山。紫花，但捧瓣为白色，放射紫色丝纹，酷似飞蝶翅膀，秀丽而诱人。

图 76

40. 紫鸟（图 77） *Cymb. kanran* 'Zi Niao'

该品种的花暗紫色；捧瓣为漂亮的猫耳捧，捧尖桃红色，中部以下有绿晕，中脉挂着紫红色筋纹，酷似蝴蝶或鸟展翅，甚为美观。

图 77

41. 望月（图 78） *Cymb. kanran* 'Wang Yue'

本品种花紫色，瓣如柳叶，朝天绽开，犹如少女望月，引人深思。

图 78

42. 金龟子（图 79） *Cymb. kanran* 'Jin Gui Zi'

产武夷山，2003 年下山。本品种花色深紫，间以黄晕、银边、红点，花色对比鲜明，花香诱人。

图 79

43. 神州五号（图 80） *Cymb. kanran* 'Shen Zhou Wu Hao'

本品种外瓣深紫色嵌绿帽；捧瓣绿底泛紫，有斑纹；唇瓣红色、绿心、银镶边；形色诱人，香味扑鼻。

图 80

44. 梦中美人（图 81） *Cymb. kanran* 'Meng Zhong Mei Ren'

产浙江遂昌，钱长生收藏。该品种外三瓣黑紫色；捧瓣红色，有紫条纹；唇瓣白色，有少许黄晕和紫红色斑；花品端庄高雅，幽香浓郁。

图 81

45. 一品红（图 82） *Cymb. kanran* 'Yi Pin Hong'

产江西宜丰。该品种花有浓香，浓绿色，但唇瓣红色并镶白边，十分艳丽。花期 10~11 月。

图 82

46. 鸿福（图 83） *Cymb. kanran* 'Hong Fu'

产武夷山。该品种瓣片翠绿，瓣端“白头”；唇瓣洁白、透明；绿蕊红柱，素中有艳，端庄秀雅。

图 83

47. 明英红君（图 84） *Cymb. kanran* 'Ming Ying Hong Jun'

2006 年武夷山下山，由彭平收藏。该品种的花光洁润绿，唇瓣白色，基部有硕大紫红斑；全花色彩清晰，对比度强，幽香富足，是寒兰中珍品。

图 84

48. 神猫（图 85） *Cymb. kanran* 'Shen Mao'

由江西宜丰杨和平选育。该品种形态飘逸，花大而有浓香，唇瓣墨黑、镶白边。花期 10~11 月。曾在重庆兰展获金奖。

图 85

49. 黄金山（图 86）*Cymb. kanran* 'Huang Jin Shan'

该品种在5瓣片中均有山形紫色斑块，犹如金堆成山，白色唇瓣上也有硕大紫斑；全花色泽清晰，花容大方端正，甚是可爱。

图 86

50. 青山红（图 87）*Cymb. kanran* 'Qing Shan Hong'

2005 年从武夷山下山，由陈孟雄选育。该品种叶细花香，萼片浓绿，花瓣抱蕊柱，唇瓣镶银边，甚有特色。

图 87

51. 修女（图 88）*Cymb. kanran* 'Xiu Nu'

该品种瓣片翠绿，白复轮，落肩，唇瓣洁白，有硕大紫红斑，构成美丽少女素装画面。

图 88

52. 天虹光彩（图 89）*Cymb. kanran* 'Tian Hong Guang Cai'

产武夷山。本品种的花五彩缤纷，有红绿黄紫黑色泽相衬，颇似彩虹，生机盎然，甚是罕见。

图 89

53. 斑马（图 90）*Cymb. kanran* 'Ban Ma'

2003 年下山于广西恭城，由刘捷栽培。该品种具紫红粗条的斑花，五瓣宽阔厚实。由于栽培环境影响，会出现青花和红花两种，曾多次参展获金奖。

图 90

54. 仙鹤（图 91）*Cymb. kanran* 'Xian He'

产武夷山。本品种花色深紫，但捧瓣上部有白晕，唇瓣白色并有红色斑块；由于中萼片上端内折酷似鹤顶，侧萼片下垂犹如仙鹤飞翔，因而得名。

图 91

55. 长帘（图 92）*Cymb. kanran* 'Chang Lian'

产武夷山。此品种5瓣色暗绿，瓣基泛紫晕，有紫条纹；中萼片前垂，贴近捧瓣，共同形成垂帘状。

图 92

56. 紫金宫（图 93）*Cymb. kanran* 'Zi Jin Gong'

该品种萼片紫色；花瓣淡绿色，基部有紫纹；唇瓣黄色泛有绿色晕，舌根缀红色斑块。紫黄相衬，花容华贵，因而得名。

图 93

57. 丹霞（图 94）*Cymb. kanran* 'Dan Xia'

产武夷山，由远东兰圃收藏。该品种为春寒兰，一年中多次见花；花品端庄，紫中泛绿，有白边，香气清幽。

图 94

58. 白玉仙子（图 95）*Cymb. kanran* 'Bai Yu Xian Zi'

水晶花品种。叶片粗短、直立。五瓣透明、乳白色，内缘有流溢的绿色晕圈；花色素雅，别具一格。

图 95

59. 白丽公主（图 96）*Cymb. kanran* 'Bai Li Gong Zhu'

叶片有白缟艺；花为白色复轮彩花。重庆寒兰博览会上荣获银奖。

图 96

60. 飘带（图 97）*Cymb. kanran* 'Piao Dai'

叶片一半白色，一半绿色，十分艳丽。获福建省第二届兰展金奖。

图 97

61. 白玉仙子(叶艺)(图 98) *Cymb. kanran* 'Bai Yu Xian Zi'

该品种叶片宽短，白黄色复鹤艺；花为透明水晶花。

图 98

62. 虎碧水晶（图 99）*Cymb. kanran* 'Hu Bi Shui Jing'

叶尖具水晶嘴。

图 99

63. 虎碧金龙（图 100）*Cymb. kanran* 'Hu Bi Jin Long'

叶片有金黄色虎斑艺。

图 100

64. 皇龙蝶（图 101）*Cymb. kanran* 'Huang Long Die'

图 101

五、寒兰常见品种

图 102	图 103	图 104
图 105	图 106	图 107
图 108	图 109	图 110

图 102 红内蝶 *Cymb. kanran* 'Hong Nei Die'
图 103 沁馨缘蝶 *Cymb. kanran* 'Qin Xin Yuan Die'
图 104 武夷秀蝶 *Cymb. kanran* 'Wu Yi Xiu Die'
图 105 神女 *Cymb. kanran* 'Shen Nu'
图 106 红双喜 *Cymb. kanran* 'Hong Shuang Xi'
图 107 红宝石 *Cymb. kanran*'Hong Bao Shi'
图 108 赤子芳心 *Cymb. kanran* 'Chi Zi Fang Xin'
图 109 黄里红 *Cymb. kanran* 'Huang Li Hong'
图 110 寒红绢 *Cymb. kanran* 'Han Hong Juan'

图 111	图 112	图 113
图 114	图 115	图 116
图 117	图 118	图 119

图 111 红君子 *Cymb. kanran* 'Hong Jun Zi'
图 112 红檀 *Cymb. kanran* 'Hong Tan'
图 113 红灯笼 *Cymb. kanran* 'Hong Deng Long'
图 114 东方红 *Cymb. kanran* 'Dong Fang Hong'
图 115 寒紫舌 *Cymb. kanran* 'Han Zi She'
图 116 黄妞 *Cymb. kanran* 'Huang Niu'
图 117 金环 *Cymb. kanran* 'Jin Huan'
图 118 敖游太空 *Cymb. kanran* 'Ao You Tai Kong'
图 119 富贵鸟 *Cymb. kanran* 'Fu Gui Niao'

图 120	图 121	图 122
图 123	图 124	图 125
图 126	图 127	图 128
图 129	图 130	图 131

图 120 彩鸟 *Cymb. kanran* 'Cai Niao'
图 121 小丑 *Cymb. kanran* 'Xiao Chou'
图 122 寒桃 *Cymb. kanran* 'Han Tao'
图 123 庆平 *Cymb. kanran* 'Qing Ping'
图 124 乌鸦 *Cymb. kanran* 'Wu Ya'
图 125 红彤彤 *Cymb. kanran* 'Hong Tong Tong'
图 126 非洲人 *Cymb. kanran* 'Fei Zhou Ren'
图 127 黑袍 *Cymb. kanran* 'Hei Pao'
图 128 鸡冠红 *Cymb. kanran* 'Ji Guan Hong'
图 129 紫燕双飞 *Cymb. kanran* 'Zi Yan Shuang Fei'
图 130 骏马 *Cymb. kanran* 'Jun Ma'
图 131 归来 *Cymb. kanran* 'Gui Lai'

图 132	图 133	图 134
图 135	图 136	图 137
图 138	图 139	图 140

图 132 玛瑙红 *Cymb. kanran* 'Ma Nao Hong'
图 133 腾空 *Cymb. kanran* 'Teng Kong'
图 134 吉红 *Cymb. kanran* 'Ji Hong'
图 135 绿冠 *Cymb. kanran* 'Lu Guan'
图 136 绿彩霞 *Cymb. kanran* 'Lu Cai Xia'
图 137 木马王 *Cymb. kanran* 'Mu Ma Wang'
图 138 翠文 *Cymb. kanran* 'Cui Wen'
图 139 玉佩 *Cymb. kanran* 'Yu Pei'
图 140 红柳 *Cymb. kanran* 'Hong Liu'

图 141	图 142	图 143
图 144	图 145	图 146
图 147	图 148	图 149

图 141 翡翠猫 *Cymb. kanran* ‘Fei Cui Mao’
图 142 一线红 *Cymb. kanran* ‘Yi Xian Hong’
图 143 童女 *Cymb. kanran* ‘Tong Nu’
图 144 红霞 *Cymb. kanran* ‘Hong Xia’
图 145 狮头 *Cymb. kanran* ‘Shi Tou’
图 146 红五洲 *Cymb. kanran* ‘Hong Wu Zhou’
图 147 寒绢 *Cymb. kanran* ‘Han Juan’
图 148 唐三彩 *Cymb. kanran* ‘Tang San Cai’
图 149 关公 *Cymb. kanran* ‘Guan Gong’

图 150	图 151	图 152
图 153	图 154	图 155

图 150 小神童 *Cymb. kanran* 'Xiao Shen Tong'
图 151 彩带 *Cymb. kanran* 'Cai Dai'
图 152 彩丽 *Cymb. kanran* 'Cai Li'
图 153 金玉满武夷 *Cymb. kanran* 'Jin Yu Man Wu Yi'
图 154 秀丽江山 *Cymb. kanran* 'Xiu Li Jiang Shan'
图 155 黄杞 *Cymb. kanran* 'Huang Qi'

（以上图片由杨际信、杨和平、雷尊巍、杨先金、饶春荣、钱长生、彭平等提供）

六、栽培与管理

（一）栽培方法

寒兰适应性广，易栽培，对生境的要求与国兰的其他种类也大同小异，如喜生湿润、通风、排水和适度荫蔽处，但抗寒力弱，是国兰中较怕冷的类群。

1. 温度

寒兰生长季节温度一般在 18~28℃，最佳温度为 20~23℃，最高不超过 30℃，夜间温度为 13~20℃，昼夜温差 5~8℃为佳。冬季至春初白天温度以 13~16℃，夜间不低于 6~8℃为好。若夏天温度超过 30℃，冬日平均温度低于 10℃，则生长缓慢或进入休眠阶段，当气温达

到 35℃时，兰株将出现叶片枯焦、卷曲等病态。

2. 光照

寒兰多生长于荫蔽良好的环境中，是国兰中典型的喜阴物种，但不同寒兰品种对光照的强度要求也不尽相同。冬寒兰在夏末秋初日照强、温度高时进入花芽分化期。而在初冬日照渐短，气温趋于下降时，进入开花期。而春秋开花的寒兰是介于长、短日照之间的中性寒兰，对变化的环境有更高的生理适应性。一般情况下，在生长季节的遮阴度要达到 70% ~80%，特别是叶艺品种，要求更高。光照是否适中也可以从叶和花的情况加以判断。若光线不足则叶浅绿且无光泽，花柔弱，不艳丽，叶芽多，花芽少。反之，光线太强则叶芽少而花芽多，生长亦不正常。需要从实践中摸索，不断总结经验，因时制宜地加以调节。

3. 水分与湿度

与国兰其他种类的要求大同小异。一般春季棚内湿度应保持 50% ~60%，夏、秋季湿度保持 70% ~80%，冬季休眠期湿度可降至 30% ~ 40%，夜间要更低些。

（二）无性繁殖技术

1. 及时分株繁殖

开花后的下山寒兰，第 2 年春的壮苗可进行分株单体繁殖，争取一苗生长新苗一株；两年生的苗生长旺盛，假鳞茎充实饱满，贮藏养分足，在气温适宜下，分株后不受其他因素影响，当年可长出两个以上健壮新苗。3 年后的兰株如不及时分株，不仅不长新苗，而且逐步衰亡。

2. 老假鳞茎繁殖

4 年以后的寒兰假鳞茎叶片已全部脱落，根系亦衰败，基本失去了生育能力，但假鳞茎仍呈绿色，未皱缩，基部有活芽眼。立春时将其叶柄余鞘剥去，消毒后凉干，再用消毒后的新鲜水苔裹好栽入干净清水砂盆中，促进休眠芽活化。经过数周后（在立夏前）可见芽眼突起，剥去水苔，移入滋润的粗质植料中栽培，就可长芽出苗；甚至有的老假鳞茎经活化处理后，长出竹鞭根，从根节上又长出新苗。

3. 假鳞茎尚未饱满的幼苗繁殖

寒兰幼苗生长还未达一年以上，假鳞茎仍然幼嫩，最好不要分株繁殖。但必须分苗时应慎防假鳞茎发生黑腐病，要把切下的幼株用 500 倍液托布津浸泡 1~2 分钟后凉干，使伤口和根系得到消毒杀菌。然后用消毒后的新鲜水苔裹后栽在粗质透水性强的盆中，盆面再用消毒好的水苔覆盖，保持适宜湿度即可成活，秋季仍会发出新芽。

4. 下山寒兰分体繁殖方法

下山寒兰花开后，可以通过分株栽培，促进多长新苗。但因下山寒兰根系少且脆弱，不应分为单株，一般 2~3 株苗为一组，待第 2 年根生长旺盛后，再具体分单株培育。在管理方面，下山兰第一年切忌浇施化肥，以防死苗，但可在叶面喷施兰菌王，保证一定养分供应。

5. 采取措施增加发芽数，提高成苗率

寒兰入冬开花，引起假鳞茎贮藏的养分不足，影响萌发时间和发芽数量，造成秋芽多，但生长缓慢，跨年度出苗比例大，成苗率下降。为争取多发芽、多成苗，多繁殖，可采取如下有效办法：（1）初冬摘除花蕾，保存养分；（2）入春保持兰棚适宜温、湿度和新鲜空气；（3）防止春雨袭击；（4）秋末做好兰棚保温，延长幼苗生长时间，多积累养分。

6. 提高兰株光合能力，供给幼苗足够养分

寒兰幼苗期需要养分，只靠母体细小的假鳞茎供给往往不够，还要靠兰株叶面光合作用提供。因此，改善栽培环境，增强根系吸收能力，提高其光合作用，定期进行叶面喷肥，对于幼苗生长是十分必要的。

第五章　春 兰

Cymbidium goeringii (Rchb. f.) Rchb. f.

春兰又称朵香，是我国最早被栽培的兰花之一。北宋著名诗人和书法家黄庭坚在书《出芳亭》中说："一干一华而香有余者曰兰，一干五七华而香不足者蕙"。这是对春兰十分准确的描述。苏东坡(1037~1101)还直接为春兰题诗。他在《题杨次公春兰》诗曰："春兰如美人，不采羞自献。时闻风露香，蓬艾深不见。丹青写真色，欲补离骚传。对之如灵均，冠佩不敢燕"。说明当时在上流社会中，对春兰的栽培已是比较普遍了。此后，咏兰、画兰之作亦逐渐增多，著名的有赵孟坚、郑思肖、文徵明、石涛、郑板桥、吴昌硕等。有关春兰的品种、栽培方法等也成为许多兰花书籍中的重要内容，尤其是在明代、清代和民国时期出版的兰书中。

春兰也是国兰中分布最为广泛的种类之一。在秦岭以南地区甚为常见。但不同地区的春兰是存在差异的。江浙一带的春兰叶片质地一般较厚，花色多为绿色，以花的质感好、瓣形美、香味醇正著称，而西部云、贵、川一带的春兰则叶片较薄，但花形与色泽丰富多彩，以奇花、蝶花和色花取胜。前者栽培的历史悠久，有大量的传统名品，后者则大多是改革开放以后发现和选育出来的，在国兰市场上崭露头角。下面将对此作一简要的介绍。

一、形态特征与地理分布

（一）形态特征

春兰根系发达。假鳞茎卵球形，较小，包藏于叶基与鞘之内。叶 3~7 片，长 20~40cm，少数可达 60cm，通常宽 6~9mm，槽沟较明显，边缘常略具细齿，表面光滑呈蜡质。花葶一般长 2~5cm，也有更长者；花单朵，极罕 2 朵，直径 4~5cm，少数达 8cm，常有纯正清香，色泽以绿色为主，少数为赤、橙、黄、白等色；萼片（主、副瓣）长 2.5~4cm，宽 8~12mm；花瓣（捧瓣或捧心）较萼片短，常围抱蕊柱；唇瓣（舌）近卵形，长度与形状变化较大，常有紫红色斑点，无斑点的称"素心"。蒴果狭矩圆形。一般在 2~3 月开花，次年 5~6 月果实成熟。

（二）地理分布

春兰多生于林中空地或林缘，或灌木草丛中开旷、透光之处；性喜阳光疏朗、半阴半阳、温暖湿润的环境，海拔多在 300~2200m，在台湾可上升至 3000m。产地甚广，包括浙江、江苏、台湾、福建、广东、广西、安徽、江西、湖北、湖南、陕西南部、甘肃南部、四川、贵州、云南等地；也见于韩国南端、日本、不丹和印度北部。

二、观赏特征

春兰花朵小巧玲珑，虽没有梅花的枝叶繁茂，缺少牡丹的硕花艳色，但却以它独有的魅力让人陶醉。人们对兰花的欣赏久经兰文化的薰陶，已达到了精致化、灵巧化、人格化的境界，欣赏已不仅仅局限于感官的刺激，而更着重于精神的寄托与追求，亦即形与意的完美结合。如对兰花的外观主要是赏其形，而对兰花的气质、韵味等等方面的追求则主要是赏其意。董必武先生称兰花有四清“气清、色清、姿清、韵清”，也就是赏意的升华。正是由于人们赋予兰花丰富的文化内涵，鉴赏也就更加深化而细腻，以至于细化到兰花的各个器官，以达到局部与整体形态美的和谐统一。

（一）花的鉴赏

1. 形态与质地

花形是花的品质与风韵的基础，包括形态、展姿以及整体的美观。

（1）萼片

瓣形花的萼片（外三瓣）均应以短圆为上。梅瓣花同时要求着根结圆（外三瓣基部汇合处集结成圆球形），紧边（边缘微呈内卷状）。荷瓣花同时要求收根放角（“收根”指的是外三瓣中部向基部急收窄）；“放角”指的是由瓣幅中点向瓣前端放宽，而后又在瓣尖前沿约0.4cm处急收，并向内微卷，使瓣端形成兜状。凡是瓣形花都要求中萼片（主瓣）端正而不偏，昂首呈上盖状（主瓣微盖着捧瓣，俗称“盖帽”）。两侧萼片（副瓣）平伸，呈水平状（俗称“平肩”或“一字肩”，属上品）；如两侧萼微下垂，称之为“微落肩”，比“平肩”的欣赏价值要次一等；如两副瓣大幅下垂，谓之“大落肩”或“三脚马”，档次更低一等。倘若花开后两侧萼上翘，如飞鸟展翅，则称为“飞肩”，属贵品。

（2）花瓣

瓣形花的花瓣（捧或捧心）皆以短圆为佳。梅瓣与水仙瓣之捧心要求头圆、质糯、起白峰、紧边而且紧扣蕊柱，如两捧分开即称为开天窗，品位要低一档。一般以软捧或半软捧为上，如蚕蛾捧、观音捧；半硬捧次之，如挖耳捧、豆壳捧；若捧瓣较硬而粘连（俗称分头合背）则再次之；但如捧、鼻、舌粘连在一块（俗称三瓣一鼻头），品位就更低一档了。荷瓣花的捧要求短圆合拢（不开天窗），质细腻而光洁。只有捧瓣符合标准才能达到中宫圆正糯润这一瓣形花的基本要求。

花瓣有多种形态，常以形象命名，如从某个角度看，外观像刚出蛹之蚕蛾翅膀的就叫蚕蛾捧，像观音帽的就叫观音捧，像豆壳的就叫豆壳捧，像耳挖的就叫挖耳捧，像蒲扇的就叫蒲扇捧，像蚌壳的就叫蚌壳捧，像乐器磬状的就叫磬口捧等等。

（3）唇瓣

唇瓣常称为舌，要求以不挂不卷为好。梅瓣之舌要求微露而含蓄，以刘海舌为上，如意舌、小圆舌亦属佳品。荷瓣花之舌要求舒展圆大，以大圆舌、圆舌为佳，如舌形下挂或反卷则为次。奇瓣花的唇瓣以多而宽大、舒展大方、布局匀称、色泽对比鲜明美观为佳。

唇瓣有多种形态，也同样以形象命名，如大圆舌（舌大而圆，露出部分呈半圆形）、刘海舌（显露部分如古代少女额前刘海）、如意舌（像玉器如意形状）、龙吞舌（如龙吞食时舌往内收）、执圭舌（像古代官员所执的朝圭）、心形舌（舌呈心形）、方缺舌（舌前端呈方形，中间微缺）、大铺舌（舌露出较长，不卷）、大卷舌（舌长而后卷）等等。

（4）花葶

又称花茎、花箭或花莛。春兰的花葶一般以细直挺拔者为优，高出叶面（俗称出架）为最佳，能与叶面相平也佳，如粗短或扭曲者，则品位相应降低。

（5）质地

不论萼片与花瓣皆要求质地细腻，光滑洁净，糯润如玉，看上去似有珠光宝气一般，能使人感觉到一种高贵、优雅的气质，但凡瓣肉粗燥浑浊者皆为劣品。

（6）品相

指全花姿态，又称花品。瓣形花要求花形端正，主瓣正直而微盖，两副瓣平肩而向前拱抱，中宫圆整，五瓣分窠，品相端庄。奇瓣花要求瓣与舌舒展大方，排列有序而不零乱。如美观而且开久而不变形的，通常称为花守好，则此花的品位又高一筹。

2. 瓣形的鉴赏

兰花的花型可分为瓣型花与奇瓣花两个大类。瓣型花指的是正常花，亦即具两个花瓣（捧）和三个萼片（外三瓣），根据其形状，一般可以分为：荷瓣、梅瓣、水仙瓣三种形态，近代又分选出了一个百合瓣。此外，还有按外瓣形状称呼的，如桃形瓣、龙爪瓣、蜻蜓瓣、蝉翼瓣、飞瓣等。竹叶瓣因其够不上瓣形的审美标准，所以习惯上称之为“行花”。奇瓣花主要是指花瓣、萼片、唇瓣的生长在数目和形状上异常的花朵。奇瓣花中还可再分为“奇花”与“蝶花”。凡是多瓣、多舌者皆归之为奇花，而花瓣（捧）或侧萼片（副瓣）唇瓣化，貌似蝴蝶展翅欲飞姿态的则归之为蝶花类。此外，奇花中还可细分为牡丹形、玉兰型、睡莲型、菊花型、龙爪型、树型花、子母花等。近年来，在兰花的交流中，又有人按春兰的采集与培育时间先后，将其划分为“老种”（一般于 1980 年前下山）、“新老种”（一般于 1981~2000 年下山）与“新种”（一般于 2000 年以后下山）。随着农业科技的高度发展，最近两年又有一批采用高科技手段培育的杂交新品种走上市场，兰界称之为“科技种”。

（1）荷瓣

荷瓣的鉴定主要看中宫与萼片（外三瓣）组成的整体形态。荷瓣之花瓣（捧）要求宽圆、光洁、背隆，双捧合拢，紧扣蕊柱，一般以蚌壳捧、磬口捧为好，剪刀捧次之。荷瓣的唇瓣要求圆正、丰满、舒展，不卷或微卷，以大圆舌、大刘海舌为佳。如捧与唇均符合标准，那就必能达到中宫圆正，这是荷瓣的重要基础。荷瓣的外三瓣要求短圆而宽阔（长与宽的比例不能超过 2：1），瓣质厚实，光洁细腻，收根放角。如中宫或捧瓣有一项不合标准者（外三瓣过长或捧尖舌卷）则只能称为荷形。

荷瓣花按发现与栽培的时间早晚 有老种（又称传统品种）、新老种、新种之区分。荷瓣老种较少。有记载的尚不到十个，所以历来有“千梅万世选，一荷无处求”之说。荷瓣的新老种发现也不多，大约有十多个。而近年出现的荷瓣新种虽有不少，但有些是科技手段杂交育成，纵然花形美观，无可挑剔，但在养兰者的心理价值上却要降低许多。

（2）梅瓣

梅瓣花的鉴定主要看花瓣（捧）与唇瓣（舌）的特点：花瓣（捧）外隆内凹，形成兜状，通常称为“起兜”，按瓣质厚度又可分为软兜（软捧）、半硬兜（半硬捧）、硬兜（硬捧）三种。捧瓣要求头圆、质糯、起白峰、紧边而紧扣蕊柱。一般以软兜的蚕蛾捧或观音捧为上，半硬兜的豆壳捧、挖耳捧次之。侧萼片（副瓣）要求以短圆为好，如长脚圆头的，在瓣与唇符合

标准的前提下也可入选，形态上须以平肩为好，飞肩为贵，落肩为次。唇瓣（舌）要求短而内收，含而不露或含而少露，不下挂更不反卷，给人一种含蓄的美。唇瓣以刘海舌、如意舌为上，龙吞舌与圆舌中也常出好花。梅瓣中如果外三瓣特别短宽，长与宽比例在 1：1.5 以内，收根放角明显的就称为荷形梅瓣，品位要高一个档次。但如果外三瓣同样短宽而无放角，瓣形与花形皆呈圆球状的，就称为团瓣花，其品位不亚于荷形梅瓣。

梅瓣花按发现与栽培的时间早晚，也有老种（又称传统品种）、新老种、新种之区分。梅瓣老种有六十余个品种，其中又以老八种中的‘宋梅’、‘集圆’、‘万字’、‘贺神梅’、‘小打梅’、‘桂圆梅’最为有名（老八种中的‘龙字’、‘汪字’属于水仙瓣）。

（3）水仙瓣

水仙瓣与梅瓣的主要区别是看其花瓣是否有兜，然后再看舌与外三瓣（萼片）的形态定论，区别梅瓣与水仙瓣可用三句口诀来概括：“浅兜水仙深兜梅，长舌水仙短舌梅，尖萼水仙圆萼梅。”前两句是必要条件，水仙瓣有别于与梅瓣的主要特征就是兜浅或舌卷，如果前两点都符合，而萼片特别狭窄的，在春兰中也应归于水仙瓣，但在萼片普遍狭窄的寒兰与墨兰中，却可以归于梅瓣。

（4）奇花与蝶花

奇花与蝶花指的是花瓣或唇瓣超常规生长的品种，奇花的花瓣有 6~30 个不等，有的多达 60 多个，花舌一般有 2~10 个，有的多达 20 余个以上。奇花不讲究捧心，只要求萼片与花瓣的质地糯润光洁，色泽鲜艳，瓣数多而大方别致，分布匀称，华丽美观。奇花可分为多瓣奇花、多舌奇花或多瓣多舌奇花三类形态。如按形状则可分为牡丹形奇花、睡莲形奇花、玉兰形奇花，菊瓣形奇花、树形奇花等等。

蝶花指的是侧萼片（副瓣）或捧瓣发生不同程度的唇瓣化（又称蝶化），外观上好似蝴蝶双翅，但瓣片数目不变，花形整齐；若多瓣多舌或多瓣中夹有蝶瓣的则应归于奇花类。

蝶花可分为两种：一是蕊蝶（因蝶化部分在内捧，所以也称内蝶）；主要指是两个捧瓣完全唇瓣化，连同花舌就像有三个舌头（唇瓣），花色红白相间，犹如彩蝶纷飞；蝶瓣花中如中宫的二瓣一舌形态一致，分布均匀呈三星状的，又称为“三星蝶”；蕊蝶以中宫三个瓣宽大圆正，形态一致，布局均匀，色彩对比鲜明艳丽的为好。二是外蝶，凡是侧萼片部分蝶化的统称为外蝶。外蝶以蝶化程度高，瓣形宽大圆正，花形呈荷瓣形的为好。

传统的老种奇花中最有代表性的是‘绿云’与‘余蝴蝶’，而老种蝶花最早的有‘老蕊蝶’（内蝶）与‘珍蝶’（外蝶）。新老种与新种中的奇花与蝶花就很多了，特别是新种的奇花与蝶花，近年来不断发现，层出不穷。

3. 色泽

色彩是十分重要的赏点。花色往往也与花的质地相关，花质越细腻，花色就越美。兰花色的品赏习惯上分为两大类：一是素花与素心花。素花指的是全花为清一色（不论何种色彩），而没有其他杂色的花朵，如全红的称红素，全黄的称黄素；素心单指唇瓣（舌）为纯一色而无杂色斑点，如舌为红色的就称为红舌素，舌为紫色的就称紫舌素，但舌为白色的习惯上皆称其为全素。二是彩色花与彩心花，萼片与花瓣具有除绿色外其他色彩的统称为彩色花（若具多种混合色彩的又称复色花），而彩心花仅指唇瓣（舌）而言，凡舌上缀有红斑的皆可称之为彩心花。春兰色彩比较丰富，特别是西部春兰，真是赤、橙、黄、绿、白、粉、紫各色俱全，近年来还发现了少数的近黑色花。通常对红色的按色之深浅称为红花或粉红花，黄色的按色之深浅称为黄花或芽黄花，橙色的按色之深浅称为朱金花或橙黄花等等。然而，无论何种色彩，皆须以纯净、清雅、润洁为优，色杂色浊者为劣。如绿色者以嫩绿（翠绿）为上，老绿次之，紫绿再次之。如属彩色花，则以色彩鲜艳亮丽为上，如属复色花则以色彩对比鲜明美丽为佳，色彩交融如梦幻般奇异的也很美。此外，有些兰花的萼片与花瓣上带有彩色的脉纹、镶边、斑点等，也以其妍丽奇妙而见赏。过去对春兰的欣赏偏重素心为主，随着时代的发展，人们的审美观越来越多元化，色彩缤纷、飞红点翠、或幻化多彩者也大受爱兰者的欢迎。

4. 香气

春兰的香以清幽为佳，但也有多种不同的香气，欣赏时自然就有高低雅俗之分。

（1）清香

此香气清醇绵甜，幽远飘忽，闻之令人神清气爽，心旷神怡，有超凡脱俗之感。此香唯国兰有之，尤以春兰为最，远胜于檀、桂之香，应列于香中之上品。

（2）浓香

此香是稍次于清香的一种较浓郁的香型，虽也有幽远的特点，只是少了清沁绵甜之感，此香有几分似桂，有几分似檀，香味有余，雅味不足，虽有独到之处，但却比清香略逊一筹。

（3）微香

此香气较淡，有似清香者，也有似浓香者，但香凝花内，近嗅有香，隔远则无，令人遗憾。

（4）浊香

此香有恶浊之感，远闻似有几分香气，近闻却有几分似臭，且浓烈刺鼻，令人闻之不爽。

兰花的香气独一无二，至今尚难以合成生产。兰香有如兰花的灵魂，也是兰花的魅力所在，古往今来不知有多少人曾为其香所迷醉。虽然不知孔子当初赞颂的是否属当今兰花之香，但称兰为“王者香”实在应是当之无愧的。

兰香的主要特点是清雅幽远，其清雅沁人心脾，闻者皆感同身受；其幽远忽有忽无，常能香飘数百米；所以山中行路之人，经常能闻到兰香，但却找不到兰之所在。同时，由于人的感官适应性较强，对气味的感觉久之则失去敏感而淡漠，所以有“久置芝兰之室反不觉其香”之说，因而在室内欣赏兰香，必须进进出出，方能倍感兰香妙处。

（二）叶的鉴赏

叶片是兰花的重要组成部分，也是兰花品赏的一个重要方面。俗话说：“花好尚需绿叶衬。”没有兰叶的衬托，就不可能有兰花的整体美感。兰叶修长秀美，飘逸潇洒，姿态万千 令人百看不厌，因而古人早有“观叶胜观花之说”。但不论何种叶姿，都要求兰叶必须色泽翠绿或艺色鲜明，叶尖收尾完整（封尖），叶面光滑润洁，无病害斑点，否则就会严重影响兰花的整体美感，兰花的观赏价值也会因此而大为降低。

1. 叶形与叶姿

（1）环垂叶

弯垂如环，柔和圆润，弧度半圆或半圆以上。宽而肥厚的称“肥环叶”，细而秀巧的称“细环叶”。环垂叶具有柔和、宽容、祥瑞的美感。

（2）弓垂叶

半圆弧形，弯度如弓，柔中含刚，有一种蓄劲待发的美感。

（3）旋垂叶

叶形软垂且扭曲，叶姿多变，静中含动，有着长空飘练般的美感。

（4）半垂叶

此叶形最为普遍，叶呈小半弧及半垂形，其中亦兼有少数斜立叶，有着动静兼备的美感。

（5）斜披叶

也称斜旋叶，弧度半垂，叶质稍薄，有的部分叶略有扭曲，虽形似斜立，但却因叶片较薄，上半部往往呈斜披状，有着刚中带柔的感觉。

（6）斜立叶

叶姿有小弧度，总体向斜上方生长，叶质较厚，给人以刚劲有力、蓄势待发的美感。

（7）直立叶

直立如剑，略有弧度或基本没有弧度，叶质厚硬，有一种刚直不阿、宁折不弯的意境。

2. 叶艺

艺指的是兰花的花朵，或叶片上出现黄、白等色彩的条缟状、斑点状异色，犹如艺术家画成的图案一般。这种现象日本兰界称之为“柄物”，我国兰界称之为“艺”。一般情况下，叶片出艺的其花朵大多数能出艺，而花朵出艺的则叶片不一定能出艺，所以艺的观赏主要是指叶艺而言。凡是出艺的兰花，在同档品种的观赏价值上就能更高一个层次。

现在已发现的叶艺有数十种之多，常见的也有十几种，通常黄色艺称之为“金”，白色艺称之为“银”，红色艺的称之为“丹”，近乎透明的艺称之为“水晶”。同时按各种艺色形态的区别又可分为爪艺、缟艺、中透艺、斑艺、锦艺、冠艺、晃艺、宝艺、琥珀艺、水晶艺等十个主要的类别。现将主要类别简介如下：

（1）爪艺

指叶的尖端产生了不同于绿叶的艺色，根据艺色的长度及形态，有“浅爪”与“深爪”之分。浅爪的艺色部分短浅，又称为爪或鸟嘴；深爪的艺色线条深长，如带有垂丝的，又称为鹤艺或扫尾。最通俗的称呼是：黄色艺称为金爪，白色艺称为银爪，红色艺称为“丹爪”，水晶艺称为“水晶爪”。

（2）缟艺

指叶上出现了不同色彩的条状、线状、丝状的艺色，按缟色的粗细及形态可以再次细分。如：粗线条状的称为“线缟”或“线艺”；细丝状的称为“丝缟”或“刷毛缟”；只有半边叶片带艺色的称为“片缟”或“阴阳缟”；缟可按艺色的不同称金缟、银缟、丹缟、水晶缟，其中丹缟较为罕见。

（3）中透艺

中透艺指的是叶的两边保持绿色未变，而中间的叶绿素已经褪去并出现艺色，同样也可以因不同的艺色而分别称为：金中透、银中透、水晶中透等。

（4）边艺

边艺又称“覆轮”、“镶边”。主要特征是叶面的两侧边缘皆出现不同艺色，并按不同艺色称为金边、银边、水晶边等。

（5）斑艺

如果叶上的艺色并非呈纹状或条状，而是呈斑块状的，那就统称之为斑艺。斑艺的形态最为丰富多彩，通常按其斑块的大小及形态的细微区别，取其象形称谓，分别又可分为：虎斑、蛇斑、中斑、图斑、青苔斑等。而虎斑中又可分为矢虎、切斑、霰虎斑、大虎斑等。

（6）锦艺

锦艺指整片兰叶布满细密而呈网络状的斑纹缟，叶片较厚实，色泽艳丽，叶尾常伴有爪艺出现，一如织就的锦缎。

（7）冠艺

在叶尾出现深爪艺、扫尾艺，宛如叶尖套着一顶帽子，可称之为冠艺。其色泽多为黄冠或白冠，少数也有叶片底色黄白色，而叶尖为绿色的，通常称之为“绀帽”。

（8）晃艺

晃艺是缟艺与线艺的综合形态，即叶片中间的缟及斑自上而下延伸出现，有时半边自上而下连片，有时 1/3 左右出现在一边或中间，其艺态有如日光晃动，所以将其从缟艺中细分出来称之为“晃”，晃艺多为黄色或白色。

（9）宝艺

宝艺是斑艺与线艺的一种综合形态，其斑特别细小浓密，其线散碎而不规则，似沉似浮，布满整片叶，多为黄色斑，也有黄白兼具者。

（10）琥珀艺

叶中间出现不规则的黄切线、横切块，其线体、块体呈半透明且具光泽，好似琥珀的形态。

三、代表品种介绍

春兰的品种为数甚多，而且每年会出现新的品种。这里仅将常见的品种作一介绍，次序按荷瓣（图 1~ 图 18）、梅瓣（图 19~ 图 76）、水仙瓣（图 77~ 图 95）、素花与色花（图 96~ 图 110）以及奇花与蝶花（图 111~ 图 138）排列。

（一）荷瓣

1. 大富贵（图 1）*Cymb. goeringii* 'Da Fu Gui'

又名‘郑同荷’，清宣统元年（1909 年），在上海花窖中选出，由湖州双林郑同梅和余姚王叔平分养，复花后，郑取名‘郑同荷’；王叔平命名为‘大富贵’（后王叔平的兰花被日本兰界引种，故日本只有‘大富贵’这一名称）。新芽紫红色。叶长 20~30cm，宽 1.2~1.5cm。花蕾圆壮硕大，形如木鱼锤头；花葶高约 10cm；外三瓣肉厚质糯而阔；捧瓣短圆，合抱蕊柱；大刘海舌上缀有“U”形红斑。

图 1

2. 环球荷鼎（图 2）*Cymb. goeringii* 'Huan Qiu He Ding'

1922 年浙江上虞下山。当年，郁孔照以八百元买进栽培。是中型荷瓣春兰之珍品。新芽紫绿色。叶长 18~25cm，尾尖起兜呈匙形。花葶高约 10cm；外三瓣短圆；短圆蚌壳棒心；唇瓣为小刘海舌，舌面有艳丽的“U”形红斑。1962 年周恩来总理曾亲手将此花赠于日本友人松村谦三；25 年后，其子松村正直还赠给绍兴一盆‘环荷’，作为中日友谊的象征。

图 2

3. 翠盖荷（图 3）*Cymb. goeringii* 'Cui Gai He'

清光绪庚子年（即 1900 年），绍兴兰农胡七采于四明山，后卖于绍兴人冯长生。因其花色绿如翡翠，故名。新芽青紫色。叶长 10~15cm，叶尾微呈匙形，为江浙春兰传统名品中叶最短小者。花葶长约 4cm。外三瓣既短且圆；收根放角；磬口棒心；大圆舌微向后卷，舌面缀有“U”形红斑。

图 3

4. 端秀荷（图 4）*Cymb. goeringii* 'Duan Xiu He'

据传于 1926 年前后，由宁波杨氏选植。叶偏短而宽，色深绿，富有光泽；花葶高；花端庄秀美；外三瓣既短且阔，蚌壳捧心；唇瓣为大圆舌，舌面上缀有红点。

图 4

5. 大魁荷（图 5）*Cymb. goeringii* 'Da Kui He'

发现于民国初年，叶形似‘郑同荷’，叶肉较薄。花葶较高；外三瓣长椭圆形，两侧萼呈落肩状；蚌壳捧心，开久则容易分散；唇瓣为大圆卷舌，舌面有“U”形红斑。品相次于‘郑同荷’。

图 5

6. 宪荷（图 6）*Cymb. goeringii* 'Xian He'

据传 1917 年由王宪臣选育于上海，20 世纪 30 年代流入日本。新芽紫红色，叶质较厚，花葶较高，外三瓣圆头；花瓣短圆而厚实；大圆卷舌，舌面缀有“U”形红斑。花品端正，目前国内流传甚少。

图 6

7. 天一荷（图 7）*Cymb. goeringii* 'Tian Yi He'

1983 年由一刘姓采兰者选于舟山。新芽水银红色。叶姿半垂。花葶出架；外三瓣短阔，瓣肉厚实、起兜；蚌壳捧心，合抱蕊柱；大圆舌，舌面有“U”形红斑。因选者认为此荷天下第一，所以命名为‘天一荷’。

图 7

8. 盖圆荷（图 8）*Cymb. goeringii* 'Gai Yuan He'

1988 年冬绍兴赵银泉采于上虞。叶端起兜，与‘环球荷鼎’略相似。葶高花大，较有精神；中宫圆紧，蚌壳捧心；大圆舌，缀鲜明的大“U”型红斑。

图 8

9. 美芬荷（图 9）*Cymb. goeringii* 'Mei Fen He'

2005 年李兆华选于宁波鄞县。叶形似‘环球荷鼎’，但更为大气。花色嫩绿，显得比‘大富贵’更加翠艳美观。外三瓣短圆，肉厚质糯；内捧短圆而宽大，中宫圆润而近球形；大圆舌缀“U”形红斑。

图 9

10. 永春荷（图 10）*Cymb. goeringii* 'Yong Chun He'

2003 年 11 月于宁波与新昌的交界处下山，又称‘新昌荷’，由浙江新昌潘新仁、王维龙栽培。叶形近‘环球荷鼎’，但略短小。花葶较高，挺立有神；花大、色翠、儒雅；大蚌壳捧几近圆形；大圆舌缀大“U”形红斑，系难得的荷瓣好花。

图 10

11. 新世纪宝鼎（图 11） *Cymb. goeringii* 'Xin Shi Ji Bao Ding'

2000 年选于贵州。叶质厚实，深绿，形状与翠盖略为相似，但大得多。葶高花大，显得十分大气。花色绿中略带黄色；大蚌壳捧；圆舌缀大“U”型红斑。

图 11

12. 迁公荷（图 12） *Cymb. goeringii* 'Qian Gong He'

2001 年采于浙江新昌天姥山，由新昌陈江与嵊州钱长生选育。花色嫩绿；外三瓣拱抱；中宫圆正，蚌壳捧；大圆舌缀“U”形红斑。整体形态优美，易发草，勤开花。

图 12

13. 宁昌荷（图 13） *Cymb. goeringii* 'Ning Chang He'

2002 年在宁波下山，由浙江新昌潘瑞平选育。花色浓绿；瓣片厚实；蚌壳捧；大圆舌，缀大“U”形红斑。有时能开成六瓣花，但不如开五瓣时漂亮。

图 13

14. 蝉翼荷（图 14） *Cymb. goeringii* 'Chan Yi He'

2000 年于新昌下山。叶色深绿；全花径达 8~9cm；外三瓣特别宽大，长 3.5~4cm，宽 2~2.5cm；捧瓣为窄蚌壳捧，小得与外瓣极不相称。此花可称荷形特大花之首。

图 14

15. 中透大富贵（图 15） *Cymb. goeringii* 'Zhong Tou Da Fu Gui'

叶形近似‘大富贵’，中透叶艺与花艺，但花型仍有‘大富贵’的痕迹，属近年杂交繁育的科技品种。

图 15

16. 富贵荷（图 16） *Cymb. goeringii* 'Fu Gui He'

叶形介于‘宋梅’与‘大富贵’之间，花的色泽净绿，整体形状极似梅瓣，但捧瓣无兜，具有的却是荷瓣的特征。属近年杂交繁育的科技品种。

图 16

17. 三元荷鼎（图 17） *Cymb. goeringii* 'San Yuan He Ding'

叶近似'大富贵'，花大而瓣圆，属近年杂交繁育的科技品种。

图 17

18. 碧玉圆荷（图 18） *Cymb. goeringii* 'Bi Yu Yuan He'

叶近似'大富贵'，花小而似翠盖，但比翠盖更圆，属近年杂交繁育的科技品种。

图 18

（二）梅瓣

1. 宋梅（图 19） *Cymb. goeringii* 'Song Mei'

春兰老八种之一，又名'宋锦旋梅'，乾隆年间由浙江绍兴宋锦旋选出。叶型中等，斜垂，质糯润；花蕾绿壳缀彩；葶高出架；花色翠绿，也有白舌素心者；外三瓣圆头有尖锋，平肩；软蚕蛾捧，合抱蕊柱；刘海舌缀 1~2 个红点。

图 19

2. 集圆（图 20） *Cymb. goeringii* 'Ji Yuan'

又名'老十圆'，道光末年（1850 年），由云游高僧采得；到咸丰二年（1852 年），浙江余姚张圣林获得此花。新芽紫绿色，叶形与'宋梅'颇为相似，质厚而糯润。花葶出架；花型有变化，有时开出梅形水仙瓣；外三瓣着根结圆，得名'集圆'；软蚕蛾捧，捧头有浅紫红晕；小刘海舌，缀有 2~3 个红点。

图 20

3. 万字（图 21） *Cymb. goeringii* 'Wan Zi'

相传在清同治年间发现于浙江嘉兴县南湖，为杭州万家花园首先栽培，又名'鸳湖第一梅'。叶形比'宋梅'略宽，叶尾常有上翘。苞壳出土时鲜紫红色，贴肉苞衣绿彩浓且有肉质感。花葶高，顶部的节白绿色（这是与'瑞梅'的最大区别），以下几节绿底带红彩；蚕蛾捧，紧抱花蕊；如意舌，舌根背部有鲜红的色点块。

图 21

4. 方字（图 22） *Cymb. goeringii* 'Fang Zi'

1920 年前后由浙江宁波选出。新芽紫红色。叶姿半垂，质厚，浓绿色微有光泽。花苞壳外层紫赤色，内层渐转赤绿；花葶细长高挺；花色翠绿；副瓣长脚，瓣端向内紧抱，质厚，呈一字肩；软蚕蛾捧心，前端"白头"明显；如意舌。

图 22

5. 贺神梅（图 23）*Cymb. goeringii* 'He Shen Mei'

民国初年由余姚江南黄成庆在余姚鹦歌山采得，又名‘鹦哥梅’。叶较细而斜披。苞壳玫红；花色稍带红筋，色彩俏丽；外三瓣短圆；软观音兜捧，前端呈淡黄色；刘海舌。

图 23

6. 小打梅（图 24）*Cymb. goeringii* 'Xiao Da Mei'

清道光年间在苏州花窖中选出，因孪生兄弟相互争夺发生斗殴闹上公堂，故称‘小打梅’。新芽紫绿色。叶偏细，宽不过 0.7cm，色翠绿有光泽。花莛细长，高约 12cm；苞衣呈紫红色；外三瓣头圆，肉厚，质糯；主瓣稍下盖，副瓣略平肩；兰硬兜蚕蛾捧心，捧端有“小 9”；圆舌，舌面缀有淡红色斑点。

图 24

7. 无双梅（图 25）*Cymb. goeringii* 'Wu Shuang Mei'

1916 年由上海徐子麟所得。1919 年余姚某君以五百金购得此花，流传到无锡则改名为‘蛾峰梅’。叶芽为紫红色。叶中长，较宽，质厚硬，深绿有光泽，叶型与‘天兴梅’相仿。花苞赤紫色；花莛略粗而高，绿底缀紫红晕，节紫红；副瓣起“飘”，颇似‘西湖梅’；蚕蛾捧；如意舌，红点往往偏于舌面一边。不同于‘飘门水仙’。

图 25

8. 瑞梅（图 26）*Cymb. goeringii* 'Rui Mei'

20 世纪 30 年代前由浙江绍兴刘阿余采得，后卖给苏州谢瑞山得名。新芽紫红色。叶中等偏短。花莛出架，赤红色，顶上一节更红。外三瓣紧圆，瓣端有尖峰；半硬蚕蛾兜捧；刘海舌，一字肩。

图 26

9. 桂圆梅（图 27）*Cymb. goeringii* 'Gui Yuan Mei'

民国初年，由绍兴朱祥保选出，为“春兰老八种”之一。又名‘赛锦旋’，意思是：可与‘宋梅’比试高低。新芽紫绿色。叶态优美。花莛细长，与叶架等高；外三瓣有钩状尖锋，故舒瓣时须轻轻施以“挑开”手术，方能花容端正；副瓣平肩；中硬兜捧心；小刘海舌，舌面缀有 3~5 个红点。

图 27

10. 绿英（图 28）*Cymb. goeringii* 'Lu Ying'

清光绪中期，由苏州顾翔宵选植；1902 年为杭州吴恩元九峰阁养育。新芽紫绿色，芽尖带紫晕。叶质厚。花莛细长，与叶等高，色如青梅，配以绿花因而得名。副瓣平伸；软蚕蛾捧，瓣端有“白头”；“大如意舌”，舌前端微向上翘而起兜，舌面上缀有元宝形红斑。

图 28

11. 天兴梅（图 29）*Cymb. goeringii* 'Tian Xing Mei'

清光绪乙酉年（1885 年），由沈姓兰贩选出，后为浙江嘉兴许霁楼养植。新芽淡紫红色。叶较长。花葶与叶等高，紫红色；花色净绿，端庄秀丽；外三瓣短圆阔大，质糯；副瓣呈一字肩；蚕蛾捧；刘海舌，缀有 1~4 个红点。

图 29

12. 翠桃（图 30）*Cymb. goeringii* 'Cui Tao'

有‘红杆翠桃’与‘青杆翠桃’两种。因其花瓣（捧心）紧抱蕊柱（鼻头），好似连成一体，所以江浙兰界往往以“三瓣一鼻头”来概括两种‘翠桃’的特征。‘红杆翠桃’花葶红赤色；‘青杆翠桃’花葶青绿，花瓣色如翠玉，花朵更大些。

图 30

13. 永丰梅（图 31）*Cymb. goeringii* 'Yong Feng Mei'

相传约 1921 年由浙江宁波方姓兰友选出。新芽紫红色。花葶较高；外瓣短阔；蚕蛾捧心，瓣厚质硬，前端“白头”明显；如意舌，色绿。

图 31

14. 养安（图 32）*Cymb. goeringii* 'Yang An'

1922 年由绍兴钮氏（名养安）选出。新芽刚出土时呈玫瑰红色。叶质厚，边缘有细密的锯齿。花葶与叶等高；外三瓣头圆；蚕蛾捧，捧端有“白头”；刘海舌圆正，舌面缀“U”形红斑。发芽率不高，较难养。

图 32

15. 老代梅（图 33）*Cymb. goeringii* 'Lao Dai Mei'

清道光年间由浙江宁波兰贩选出。通常葶开上下两朵花，犹如“两代”，故以‘代梅’命名；因已有一百五十年栽培史，故兰界普遍称之为‘老代梅’。新芽水银红色。叶边缘锯齿细密，质厚，姿态优美。花葶平架；外三瓣收根极细，副瓣呈“一字肩”；半硬兜蚕蛾捧，捧瓣前端现“白头”；唇瓣为小如意舌，稍露而不下挂。

图 33

16. 余姚第一梅（图 34）*Cymb. goeringii* 'Yu Yao Di Yi Mei'

清道光年间（1821~1850 年），浙江余姚徐岭湖选植，又名‘第一圆’。新芽紫红色。花葶细圆，略低于叶架。外三瓣短圆，质厚，色不净绿，有红筋；蚕蛾捧，光洁圆润；如意舌，端稍露而不下挂。

图 34

17. 冠姚梅（图 35） *Cymb. goeringii* 'Guan Yao Mei'

相传 20 世纪 30 年代前由余姚王叔平选出。新芽紫绿色。花葶细长，高出叶面，色青绿，节间有红晕；花色嫩绿；外三瓣圆头，副瓣呈一字肩；软蚕蛾捧心；大如意舌。美中不足的是不容易开花。

图 35

18. 同乐梅（图 36） *Cymb. goeringii* 'Tong Le Mei'

又名‘彩云同乐梅’。民国三年（1914 年）由上海陆永生栽培。三年后被窃，不知下落。据 1990 年厦门第二届兰花博览会上得奖的‘新春梅’，就是‘同乐梅’。新芽淡水银红色，芽尖鲜红。叶甚大，在江浙春兰梅瓣中无有超出者。花葶细长，平架或出架；花特大，翠绿；外三瓣荷形，副瓣呈一字肩；蚕蛾捧，瓣端有“白头”；大铺舌，舌面缀有淡红点。

图 36

19. 畹香（图 37） *Cymb. goeringii* 'Wan Xiang'

清咸丰年间（1851~1861 年）由江苏常熟叶畹香选出。新芽嫩绿色，芽尖有淡紫晕。花葶细长出架；花色翠绿；苞壳水银红色；外三瓣圆头，质糯润，副瓣呈一字肩；半硬蚕蛾捧，捧端有“白头”，盛开时连同整个蕊柱向上昂起；如意舌。

图 37

20. 湖州第一梅（图 38） *Cymb. goeringii* 'Hu Zhou Di Yi Mei'

相传民国时期由湖州姚佐田选出。20 世纪 30 年代流入日本。90 年代才重回故乡。新芽紫红色。花葶平架；外三瓣短圆，副瓣呈一字肩；蚕蛾捧圆整光洁，紧抱蕊柱；舌含蓄微露。

图 38

21. 西湖梅（图 39） *Cymb. goeringii* 'Xi Hu Mei'

清光绪中年（1892 年前后）由杭州龚茂兴花圃选出。因花圃傍西湖，故名‘西湖梅’。新芽淡紫色。花葶粗长，出架；苞壳水银红色；外三瓣圆头，主瓣呈上盖状，副瓣呈一字肩；半硬兜捧心易于外翻；圆舌。花期较早。

图 39

22. 元吉梅（图 40） *Cymb. goeringii* 'Yuan Ji Mei'

1916 年由浙江兰溪陈元吉选出。后为吴恩元养育。可与“春兰老八种”‘汪字’相媲美。20 世纪 30 年代流入日本，90 年代重回故乡。新芽紫红色。花葶低于叶面；花色俏绿，花期长；外三瓣圆阔，副瓣平肩；半硬捧；小刘海舌，舌面上有一鲜明红点。

图 40

22. 秦梅（图 41） *Cymb. goeringii* 'Qin Mei'

清嘉庆年间（1796~1820 年）由浙江嘉善选出。新芽紫绿色。花葶细长，平架；外三瓣短圆，副瓣呈一字肩；半硬捧心，合抱蕊柱；如意舌，舌面缀有淡红点。当今已少见，似已失传。

图 41

23. 吉字（图 42） *Cymb. goeringii* 'Ji Zi'

清光绪甲申年（1884 年），由苏州盛阿关在浙江天目山采得，后归嘉兴许霁楼养植。新芽紫红色。叶幅较宽。花葶细长，平架；外三瓣圆头，主瓣上盖，副瓣呈一字肩；半硬兜捧心，盛开后分开；小圆舌。

图 42

24. 汤梅（图 43） *Cymb. goeringii* 'Tang Mei'

民国初年，由绍兴汤氏选得。故名‘汤梅’。新芽粉紫红色。花葶出架；花色淡绿；外三瓣圆头，副瓣上有细小黑点（为该品种特有）平肩或飞肩；半硬兜蚕蛾捧；唇瓣为圆舌。

图 43

24. 梁溪梅（图 44） *Cymb. goeringii* 'Liang Xi Mei'

民国初年，先自苏州选出，后由无锡杨干卿购得，便以无锡古名“梁溪”命名。新芽水银红色，刚出叶时叶尖上有“白峰”。叶质较薄。花葶细长，平架；花形较大，花色翠绿；花梗粉红色，苞壳淡红色；外三瓣短圆，副瓣一字肩；蚕蛾捧；圆舌。美中不足为开花不勤，须连丛壮草方能起花。

图 44

25. 发扬梅（图 45） *Cymb. goeringii* 'Fa Yang Mei'

1921 年由杭州戚子刚选植。新芽紫红色。花葶低于叶面；外三瓣头圆，副瓣一字肩；观音兜捧心，捧端有“黄白头”；如意舌，舌面有一艳丽的大红点。

图 45

26. 冠春（图 46） *Cymb. goeringii* 'Guan Chun'

清光绪三十年（1904 年），由冯长生从四明山掘得，后经吴恩元命名、培植。新芽紫红色。花葶细长，平架；外三瓣头圆，副瓣平伸，基部有紫红条纹；硬兜蚕蛾捧，瓣端有“白头”；小如意舌，舌面前端有一硕大红斑，分外艳丽，目前流传甚少。

图 46

27. 翠文（图 47）*Cymb. goeringii* 'Cui Wen'

清朝末年（1910 年）由杭州毛荣昌玉器店主人选育。新芽淡红色。花葶高；花色翠绿；外三瓣头圆，瓣厚而质糯，副瓣一字肩；蚕蛾捧，瓣端有“白头”；刘海舌，舌面有条状红斑。有时开品为梅形水仙。

图 47

28. 玉梅素（图 48）*Cymb. goeringii* 'Yu Mei Su'

据传清康熙天禄年间，选自浙江绍兴。新芽紫红色。外三瓣较短而圆头，副瓣中央凹陷，微落肩；短观音捧；如意舌白净，侧裂片有粉色淡红晕。属于传统春兰中的“赤壳梅瓣桃腮素”，有些兰书将其归于素心类。

图 48

29. 祥字（图 49）*Cymb. goeringii* 'Xiang Zi'

民国初年，由绍兴朱祥保选出。新芽绿色，芽尖上有紫晕。花葶细长，出架；外三瓣小圆头，副瓣平肩。半硬兜捧心；如意舌。目前流传甚少。

图 49

30. 省庵梅（图 50）*Cymb. goeringii* 'Sheng An Mei'

1920 年由上海朱省庵选植。新芽紫红色。花葶出架；外三瓣圆头，副瓣呈一字肩，色不净绿，中间有一短红线；半硬兜捧心，瓣端“白头”明显；大圆舌，舌面有鲜艳的心形红斑。

图 50

31. 萃英（图 51）*Cymb. goeringii* 'Cui Ying'

1920 年前由绍兴松厦周萃安选育。新芽淡红色。花葶低于叶面；花较小；外三瓣短圆，副瓣呈一字肩；蚕蛾捧心，瓣端“白头”上有隐约红点；如意舌，舌面缀有淡红点。

图 51

32. 翠筠（图 52）*Cymb. goeringii* 'Cui Jun'

1913 年由吴恩元选育。因“青干青花”，命名为‘翠筠’。又名‘发祥梅’。新芽鲜紫色。叶质较厚，有光泽。花葶细长，有紫晕；花大嫩绿；外三瓣大圆头，副瓣呈一字肩；软蚕蛾捧圆整光洁；大刘海舌，舌面有粉红点。属春兰大花型梅瓣精品，目前流传极少。

图 52

33. 笑春（图 53）*Cymb. goeringii* 'Xiao Chun'

1919 年春由绍兴王昆采得，后卖于吴恩元培植。新芽紫红色。花葶不高；外三瓣头圆，较薄，副瓣一字肩；蚕蛾捧；刘海舌，舌面红斑鲜艳。

图 53

34. 雪美人（图 54）*Cymb. goeringii* 'Xue Mei Ren'

民国初年由绍兴棠棣高念吾采得，后卖给杭州邵芝岩培植。新芽紫绿色。叶形与花形都与'十圆'比较相象，瓣色嫩绿而瓣根基部呈粉红色。花葶出架；外三瓣短圆，副瓣平肩；半硬兜捧心，基部细窄；如意舌，舌面有艳丽红点。

图 54

35. 廿七梅（图 55）*Cymb. goeringii* 'Nian Qi Mei'

1980 年由浙江绍兴棠棣诸廿七选出，叫'叶梅'。新芽鲜红色，刚发出的新叶白头重。花葶挺拔，平架或出架；花色嫩绿；外三瓣宽阔，主瓣上盖，副瓣呈一字肩；软蚕蛾捧；大圆舌，舌面有红色斑块。花期较长，但发苗较慢。

图 55

36. 红宋梅（图 56）*Cymb. goeringii* 'Hong Song Mei'

又称'天华梅'，1990 年无锡陈耀明购养。新芽深紫红色。叶边缘锯齿较粗。花葶细长，平架或出架；外三瓣圆头，副瓣呈一字肩；蚕蛾捧；如意舌。因舌根部呈深紫红色，花形又与'宋梅'相似，故称之为"红宋梅"。

图 56

37. 天珍梅（图 57）*Cymb. goeringii* 'Tian Zhen Mei'

出自浙江桐庐，1983 年杭州黄小金选育。新芽紫红色。花葶较细，低于叶架；外三瓣短圆，副瓣拱抱状，一字肩；半硬兜短圆捧心合抱蕊柱，瓣端有"白峰"；如意舌白色，舌面有隐淡的红点。

图 57

38. 定新梅（图 58）*Cymb. goeringii* 'Ding Xin Mei'

1983 年由舟山张根友采得。叶稍短而细狭。花葶低于叶面；外三瓣嫩绿，端部有紫黑色条纹，副瓣平肩；软蚕蛾捧；大如意舌。

图 58

39. 奇珍梅（图 59）*Cymb. goeringii* 'Qi Zhen Mei'

1992 年由杭州梁品富选出并命名。花色嫩绿；外三瓣圆头，质地厚糯，副瓣一字肩；软兜捧端有红点，合抱蕊柱；如意舌上缀有红斑。

图 59

40. 翠露（图 60）*Cymb. goeringii* 'Cui Lu'

1994 年采自舟山，由杭州黄小金选育并命名。叶芽与花苞刚出土皆为玖瑰红色。花葶高；花色翠绿；外三瓣宽长，与'廿七梅'相似，但中宫差别甚大；半硬捧；大如意舌、小如意舌或龙吞舌。

图 60

41. 昌化梅（图 61）*Cymb. goeringii* 'Chang Hua Mei'

1991 年于浙江临安昌化镇选出，由杭州虞灿银栽培。花葶高，开大型梅瓣花；外三瓣长阔，副瓣呈一字肩；硬蚕蛾捧；大柿子舌夹在硬捧中含而不挂。

图 61

42. 金华梅（图 62）*Cymb. goeringii* 'Jin Hua Mei'

1995 年由浙江金华李政新采自当地双龙山，后传至宁波，因花开出橙红色晕有如海霞，又取名为'海晨梅'。外三瓣短圆，质厚糯润，副瓣平肩；蚕蛾捧；小如意舌。花瓣绿中泛出琥珀色，别具风味，是春兰梅瓣中少有的带彩色花。

图 62

43. 独秀（图 63）*Cymb. goeringii* 'Du Xiu'

1983 年由常熟顾树棨（启）选出。为赤壳梅瓣素心。花葶挺立有神；花色翠绿；外三瓣瓣端有尖锋，主瓣呈上盖状，副瓣平肩；蚕蛾捧心厚实起兜；龙吞舌白色，侧裂片有粉色淡红晕。此品种为桃腮素，也有人认为就是'祥字'，尚有待考证。有些兰书将此品种列入素花类。

图 63

44. 知足素梅（图 64）*Cymb. goeringii* 'Zhi Zu Su Mei'

1988 年浙江绍兴漓渚胡和金与徐泉林采于舟山，由绍兴诸建华、诸李木选育。花色翠绿秀气；外三瓣长脚圆头，主瓣上盖，副瓣一字肩；软蚕娥捧，捧端有白头；刘海舌洁白素净。有些兰书将此品种列入"素花"类。

图 64

45. 江南雪（图 65）*Cymb. goeringii* 'Jiang Nan Xue'

1983 年浙江桐庐与富阳交界处下山，由杭州黄小金选育，属春兰正格素心梅瓣。花葶较短；花素净雅洁，端正清秀，可谓目前发现的最佳素花梅瓣，可惜花藏叶下，有些美中不足。副瓣中下部略呈小蝉翼状；蚕蛾捧；如意舌洁白。有些兰书将此品种归入素花与色花类。

图 65

46. 万年梅（图 66）*Cymb. goeringii* 'Wan Nian Mei'

2005 年由浙江义乌万德潮选育。花形端正大方；外三瓣短圆，质厚糯润；半硬捧心；小如意舌。可归于荷形梅瓣。

图 66

47. 万寿梅（图 67）*Cymb. goeringii* 'Wan Shou Mei'

2006 年春浙江兰溪兰花村凌华购于当地花市。叶质细腻深绿。花箭高挺有神，顶节翠绿，有如'万字'，外三瓣短圆，质厚糯润；半硬捧心，紧扣蕊柱；如意舌缀有红斑。近'万字'，但花品更胜'万字'一筹。可归于荷形梅瓣。

图 67

48. 仁海梅（图 68）*Cymb. goeringii* 'Ren Hai Mei'

2002 年春采自舟山，由浙江黄岩王德仁选育。叶形较长而宽。花葶中等，呈赤紫色；花形圆正大气；外三瓣短圆，质厚糯润；半硬捧；大圆舌。

图 68

49. 九龙梅（图 69）*Cymb. goeringii* 'Jiu Long Mei'

2000 年冬，浙江建德徐展与方军采于当地的岭后九龙山。叶形与'宋梅'相似。花色翠绿，花形端正大气；外三瓣短圆，但控水不当时开品会拉长，副瓣平肩；半硬捧质厚糯润；龙吞舌含而不露。可归于荷形梅瓣。

图 69

50. 鼎梅（图 70）*Cymb. goeringii* 'Ding Mei'

2002 年由浙江宁波陈波选育。花形圆正大气；外三瓣短圆，质厚糯润；半硬捧紧抱蕊柱；如意舌含而不露，舌面缀有红斑。可归于荷形梅瓣。

图 70

51. 宋富梅（图 71）*Cymb. goeringii* 'Song Fu Mei'

又名‘福娃梅’，为近年杂交繁育的科技品种。叶形似‘大富贵’。花大，有气派；外三瓣短圆；半硬捧，质厚糯润，花大气派，形态完美。

图 71

52. 富贵梅（图 72）*Cymb. goeringii* 'Fu Gui Mei'

为近年杂交繁育的科技品种。叶与花的外形皆与‘大富贵’相似，但捧瓣却与‘瑞梅’相似。

图 72

53. 金碧梅（图 73）*Cymb. goeringii* 'Jin Bi Mei'

为近年杂交繁育的科技品种。叶形与‘宋梅’近似。花色如黄蜡，颇有神彩。

图 73

54. 贺圆梅（图 74）*Cymb. goeringii* 'He Yuan Mei'

为近年杂交繁育的科技品种。叶形介于‘宋梅’与‘贺神梅’之间。花色清纯，形态完美；外三瓣短圆，副瓣平肩；半软捧质厚糯润。

图 74

55. 祥瑞梅（图 75）*Cymb. goeringii* 'Xiang Rui Mei'

为近年杂交繁育的科技品种。叶形介于‘宋梅’与‘瑞梅’之间，花箭赤紫如‘瑞梅’；花形美观；外三瓣圆头；半软捧瓣质厚糯润。

图 75

56. 彩梅（图 76）*Cymb. goeringii* 'Cai Mei'

为近年杂交繁育的科技品种。叶形如‘大富贵’，花形如‘宋富梅’，但花色缀有红、粉色彩，十分美丽。

图 76

（三）水仙瓣

1. 龙字（图 77）*Cymb. goeringii* 'Long Zi'

清嘉庆年间（1796~1820 年），发现于浙江余姚高庙山之"千岩龙脉"，故命名为'龙字'，又称'姚一色'。新芽绿中带紫。株形雄伟。叶色翠绿有光泽。花葶细长；花大，翠绿，秀美；外三瓣阔大，副瓣呈拱抱状，一字肩；软兜观音捧；大铺舌，舌面经常缀有鲜红色倒品字形。长势旺盛，且容易起花，为春兰"四大天王"中花型最大者，与'宋梅'合称为"国兰双璧"。

图 77

2. 汪字（图 78）*Cymb. goeringii* 'Wang Zi'

清康熙年间（1662~1722 年），由浙江奉化汪克明选出，便以自己的姓氏命名，为"春兰老八种"中历史最悠久者。新芽紫色。花葶高达 15~20cm；花色嫩绿，花品端正，富有筋骨，花期长而耐久；外三瓣圆头，副瓣呈拱抱状，为典型的一字肩；软兜捧心，乳白色，短圆光洁；圆舌，舌面缀有红点，有时也开"白舌"。

图 78

3. 萧山蔡梅素（图 79）*Cymb. goeringii* 'Xiao Shan Cai Mei Su'

清乾隆年间，由浙江萧山蔡氏选出。《兰言述略》谓此种在"庚申兵变"时失传，实则并未绝种。此品种能开出水仙瓣与梅瓣两种瓣形。新芽碧绿。花葶细长；外三瓣圆头，副瓣呈向内拱抱状，一字肩；半硬兜捧心；圆舌乳白色，向后微卷。有些兰书将此品种列入素花类。

图 79

4. 蔡仙素（图 80）*Cymb. goeringii* 'Cai Xian Su'

传由萧山蔡梅中所培育，1931 年流入日本，1990 年以来，陆续从日本"返销"回国。新芽绿色。花葶细长，平架；花色黄绿，花品素雅；外三瓣狭似柳叶，副瓣一字肩；半硬捧，瓣端圆整呈现淡黄色；圆舌乳白色，向后微卷。有些兰书将此品种列入素花类。

图 80

5. 西神梅（图 81）*Cymb. goeringii* 'Xi Shen Mei'

1912 年由无锡荣文卿选植。《兰蕙小史》评论道：西神"虽称为梅，实则水仙，并被列为"梅形水仙"之魁首。新芽玫瑰红色。叶缘锯齿特别明显。花葶细长，平架；外三瓣宽阔头圆，副瓣呈一字肩；蒲扇式浅兜捧心（此乃列入水仙瓣的主要依据）；大刘海舌，舌面缀有一圆形红点，十分秀美。

图 81

6. 汪笑春（图 82）*Cymb. goeringii* 'Wang Xiao Chun'

选育历史不详，1935 年流入日本，直到 1993 年后，才陆续从日本引归。新芽淡水银红色。叶形颇似'汪字'，质较薄。花葶低于叶面；外三瓣质厚而糯润，副瓣平伸；猫耳捧前端向外翻飞并各有一淡红点；圆舌，舌面缀有鲜明红斑。花开时节正值早春，好似含笑的妙龄少女，选育人姓汪，故名'汪笑春'。

图 82

7. 翠一品（图 83）*Cymb. goeringii* 'Cui Yi Pin'

选育历史不详，1923 年出版的《兰蕙小史》已有记载。新芽紫红色。花葶细长，花箭淡紫，苞壳淡紫色；花色碧绿，花品秀美；副瓣呈一字肩，瓣端微飘；浅兜蒲扇捧；圆舌，舌面有一颗鲜红的大圆点。

图 83

8. 逸品（图 84）*Cymb. goeringii* 'Yi Pin'

据传 1915 年由杭州汪登科选出。另一说：民国初年在浙扛宁波发现。新芽紫色。花葶细长；贴肉包衣（箨壳）色泽艳丽，特别宽大；外三瓣圆头，副瓣呈拱抱状，一字肩；挖耳捧（此为列入水仙瓣的依据）；五瓣均有七条绿色脉；小圆舌；舌面缀有鲜明红斑。

图 84

9. 春一品（图 85）*Cymb. goeringii* 'Chun Yi Pin'

清同治丙寅年（1866 年）由上海姚氏选育，故又称'姚氏春一品'。新芽紫色。花形类似'翠一品'，可惜瓣肉欠厚，花开一周之后两侧萼片容易后翻，品位次于'翠一品'。

图 85

10. 西子（图 86）*Cymb. goeringii* 'Xi Zi'

1945 年秋由江苏无锡沈渊如选出并命名。新芽淡紫红色。花葶较长；花色翠绿，花品俏丽端正；外三瓣糯润，副瓣呈一字肩；软蚕蛾捧；大刘海舌，舌面有两条鲜艳的红色条斑。此花有梅形水仙与荷形水仙两种类型。

图 86

11. 珍珠仙（图 87）*Cymb. goeringii* 'Zhen Zhu Xian'

1970 年宜兴陈学祥选育。新芽淡紫色。叶细狭，翠绿。外三瓣短阔，副瓣平肩，起波皱，为飘门水仙；猫耳捧，有放射状紫红色条纹；舌短而圆正，舌面缀有鲜明的红色斑块。

图 87

12. 嘉隆（图 88）*Cymb. goeringii* 'Jia Long'

相传 1920 年由江苏昆山无名氏选出。新芽水银红色。叶细狭，薄而软。花葶与叶架等高；花大；外三瓣圆头，质薄而糯润；软蚕捧；大圆舌，舌前端有元宝形红斑。

图 88

13. 宜春仙（图 89）*Cymb. goeringii* 'Yi Chun Xian'

1923 年前由浙江绍兴阿香选出。新芽紫红色。叶较大。花葶较粗，低于叶架；外三瓣圆头，主瓣中央有红条，副瓣平肩；小蒲扇捧；大圆舌，微向后卷曲；舌面缀“U”形红斑。在老种中，‘宜春仙’的品位较低。

图 89

14. 江南第一仙（图 90）*Cymb. goeringii* 'Jiang Nan Di Yi Xian'

1985 年采于江西贵沃山。新芽淡紫色。花葶细长，出架；外三瓣质厚糯润，瓣端浓绿色，副瓣微落肩；半硬捧心合抱蕊柱，内有紫红色斑纹；舌微后卷，舌面缀大块红斑。

图 90

15. 文漪（图 91）*Cymb. goeringii* 'Wen Yi'

1983 年由杭州韩志泳在当地梅登高桥选出。花色翠绿，花品端正；外三瓣壮草时为阔瓣大圆头，中草时为橄榄形，副瓣合抱，平肩；软捧；刘海舌上缀鲜明的倒“品”字形红斑。

图 91

16. 华鼎梅（图 92）*Cymb. goeringii* 'Hua Ding Mei'

1990 年由浙江绍兴吴元华选育。花葶高；花色翠绿，花形清雅；外三瓣短圆，质厚糯润，副瓣一字肩；罄口捧圆整光洁；大铺舌微向后卷（这是归属水仙瓣的主要依据）。

图 92

17. 红唇仙（图 93）*Cymb. goeringii* 'Hong Chun Xian'

1994 年浙江遂昌林杰于当地采得，由方拥军选育。新芽鲜紫红色。花葶挺拔；外三瓣圆头，副瓣平肩，中有一红线；软捧有白边；舌面具苹果形大红斑，几乎布满全舌。

图 93

18. 铁嘴玉梅（图 94）*Cymb. goeringii* 'Tie Zui Yu Mei'

2004 年于四川下山，李贵恒选育。叶较宽。外三瓣短阔，端尖而呈黑色，犹如铁角，故名；猫耳捧质糯细腻，粉白色，有鲜红色线；方缺舌上缀有二个深色紫斑点。此花非常有特色，形态出奇而端庄大气，应归于荷形水仙。

图 94

19. 巧百合（图 95）*Cymb. goeringii* 'Qiao Bai He'

图 95

1993 年绍兴胡五六采自浙江舟山，由杭州虞灿银、梁品富选育，因花朵外形神似百合花而得名，属'飘门水仙'的新贵。花色翠绿晶莹，花形俏丽可爱；外三瓣后翻呈半圆形；猫耳捧也同样后翻，曲线优美；大铺舌缀鲜红斑块，十分引人注目。

20. 杨氏素荷（图 96）*Cymb. goeringii* 'Yang Shi Su He'

图 96

选于 1920 年。新芽碧绿。花葶短，青绿；花色翠绿，花品端正素雅；外三瓣短圆，副瓣平肩；浅兜蚌壳捧；大圆舌净白色，微向后卷曲。

21. 张荷素（图 97）*Cymb. goeringii* 'Zhang He Su'

图 97

清宣统年间（1910 年前后），由浙扛绍兴棠棣兰农刘茂成采得。另一说是乾隆年间，王考因"文字狱"案被罢官，隐居黄山张村石屋，栽植兰花，一次被野鹿啃吃了兰草，一年却开出素心花。王考命名为'大吉祥素'，以后回京城复职，为了铭记张村人的情谊，更名为'张荷素'，也有人称为'大富贵素心'，但此种与'大富贵'毫无相似之处。新芽碧绿。花葶细长，翠绿；花大型，花色翠绿俏丽；外三瓣长阔；蚌壳捧；大铺舌纯白色，反卷。美中不足的是花开两天后即呈落肩状。

22. 文团素（图 98）*Cymb. goeringii* 'Wen Tuan Su'

图 98

清道光年间（1821~1850 年）由苏州周文段选出，又称'周文段素'。后来又发现与此相类似的素心品种，称作'新文团素'。新芽碧绿。叶质软。花葶细长，平架；花色翠绿素雅；主瓣长阔，副瓣较狭，一字肩；剪刀捧；大卷舌。

23. 月佩（图 99）*Cymb. goeringii* 'Yue Pei'

图 99

清光绪壬寅年（1902 年）出于浙江湖州连山，为苏州顾翔宵所得，后售于吴恩元。新芽碧绿。叶色翠绿有光泽。花梗与苞衣均为白绿色；外三瓣圆头，大荷花形，质厚，副瓣呈拱抱状，一字肩；蚌壳棒；大铺舌向后微卷。有时偶尔会开成"桃腮素"。

24. 苍岩素（图 100）*Cymb. goeringii* 'Cang Yan Su'

图 100

1861~1874 年间由浙江嵊县苍岩村塾师诸南山采得，后塾师嫁女，以此花陪嫁。新芽绿色。花葶细长；花色翠绿素雅；外三瓣圆大，副瓣初开肩平；猫耳棒或蚌壳捧；大卷舌白色。

25. 雪莲素（图 101）*Cymb. goeringii* 'Xue Lian Su'

图 101

1949 年以前由浙江兰农选出，为春兰荷形赤壳素。新芽紫中泛绿。花葶较高；苞壳红中带绿；花色嫩绿；外三瓣短阔，副瓣微落肩，剪刀捧；大圆舌乳白色。

26. 龙泉素（图 102）*Cymb. goeringii* 'Long Quan Su'

图 102

浙江省龙泉市八都镇下山，为狭荷瓣形素心春兰。1930 年曾流往日本。叶缘锯齿细匀，花葶青绿色；花色翠绿；外三瓣狭长，副瓣微落肩；蚌壳捧；舌呈黄白色，前端反卷。

27. 和尚素（图 103）*Cymb. goeringii* 'He Shang Su'

图 103

据传于清嘉庆年间（1796~1820 年）由杭州某寺庙和尚选育，又称'和尚荷'，有时能开荷形花。新芽碧绿。花葶细长，翠绿；外三瓣宽大，初开时副瓣肩平，几天后落肩；蚌壳捧合抱蕊柱；大铺舌微向后卷。

28. 和氏璧（图 104）*Cymb. goeringii* 'He Shi Bi'

图 104

2003 年于云南与广西交界下山的白花素心品种，云南曲靖李鑫与浙江兰溪凌华共同栽培。叶较宽，全花洁白无瑕，清秀儒雅；副瓣呈一字肩或微落肩；剪刀捧合抱蕊柱；大铺舌舒展大方。

29. 大富贵素心（图 105）*Cymb. goeringii* 'Da Fu Gui Su Xin'

图 105

又名'玉涛'，叶与花都与'大富贵'相似，属赤壳素，舌白而无红点。据说此花由'大富贵'（即'郑同荷'）芽变而来；另一说由组培中芽变而来。

30. 帝冠（图 106）*Cymb. goeringii* 'Di Guan'

图 106

银边艺花叶双艺春兰。叶边缘镶有白边。竹叶瓣花，花瓣有黄边。

31. 和平（图 107）*Cymb. goeringii* 'He Ping'

中透艺花叶双艺春兰。叶较短，白中透缟艺。竹叶瓣花，花瓣有白缟艺。

图 107

32. 荷蕊（图 108）*Cymb. goeringii* 'He Rui'

1996 年四川下山，罗文典、王学长选育。花兼具荷形水仙与蕊蝶的主要特征，且具粉红的色彩；外三瓣缀粉彩，中脉泛淡绿色彩；捧瓣舌化而起轻兜；圆舌挂而不卷。

图 108

33. 巴山淑女（图 109）*Cymb. goeringii* 'Ba Shan Shu Nu'

花叶双艺品种。2003 年下山于四川大巴山。叶中透艺，大中透花，鲜黄底镶翠绿边；竹叶瓣；猫耳捧。由于瓣片上有多于二种色彩，被称为“复色花”。

图 109

34. 绿云（图 110）*Cymb. goeringii* 'Lu Yun'

老种奇花。相传清同治己巳年（1869 年），为浙扛杭州五云山留下镇陈氏选育，后归杭州邵芝岩栽培。邵以其妻名“绿云”故得此名。新芽碧绿，微带粉虹晕；出土较晚（一般要到 6 月下旬）。叶短阔厚壮。花葶较短；苞壳为淡水银红色，并有绿沙晕。绿云为荷瓣奇花，能开出 4 片萼片，3 片捧瓣，2 片唇瓣，2 个蕊柱，但花形圆正美观，有时一葶双花，开双花时一般会开成正常的荷瓣花。外三瓣与蚌壳捧皆呈短圆形；大刘海舌缀有“U”形红斑。绿云是春兰奇种苛瓣珍品，曾被誉为江浙春兰的“皇后”。

图 110

（四）蝶花与奇花

1. 余蝴蝶（图 111）*Cymb. goeringii* 'Yu Hu Die'

老种菊瓣奇花。因花型颇似菊花而称为‘菊瓣蝴蝶’。此种原产浙江兰溪，民国早期流入日本，被命名为‘余蝴蝶’，从 20 世纪 80 年代中期起，陆续“返销”回中国江浙。新芽淡绿缀有紫筋。花葶较高，淡绿；瓣片多达 20~60 片，且经常一个花苞里开出双花。长势旺盛，容易起花。

图 111

2. 四喜蝶（图 112）*Cymb. goeringii* 'Si Xi Die'

老种菊瓣奇花。选育历史不详。大约 20 世纪 20 年代前，因外有 4 片萼片，内有 2~4 个唇瓣化的蝶瓣，故命名为‘四喜蝶’。新芽紫色。叶质厚。花葶低于叶面。花形不稳定。

图 112

3. 杨氏素蝶（图 113）*Cymb. goeringii* 'Yang Shi Su Die'

素心外蝶。1920 年由浙江宁波陈义室主人杨祖仁选植。新芽绿色。叶缘锯齿较粗。花葶较短，绿色；花形清雅；外三瓣短阔，主瓣宽大，有深绿色筋纹，副瓣下部蝶化；大圆舌白色素净，向后微卷。

图 113

4. 蕊蝶（图 114）*Cymb. goeringii* 'Rui Die'

又称‘老蕊蝶’。民国年间由杨杏生选育。新芽紫色。花葶细长，出架，紫色；外三瓣狭长；捧瓣完全蝶化，与原有的唇瓣合成三舌，缀有红、绿色斑块，如彩蝶飞舞。

图 114

5. 梁溪蕊蝶（图 115）*Cymb. goeringii* 'Liang Xi Rui Die'

1959 年由无锡沈渊如选出。新芽紫色，芽尖有米粒似的白峰。花葶较长，赤紫；外三瓣狭长，主瓣有紫纹；猫耳捧完全蝶化，外圈有白边，中有紫色斑块，上端各有 1~2 个艳丽的红点；舌下挂反卷，缀有紫红点。

图 115

6. 簪蝶（图 116）*Cymb. goeringii* 'Zan Die'

老种外蝶，约 1923 年后选出，不久便流入日本，直到 1991 年吴应祥在《中国兰花》一书中才见首次介绍。新芽紫绿色。花葶细长，浅绿；外三瓣均比蕊蝶宽阔，主瓣挺直，犹如女子插在发髻上的簪子，故名，两副瓣下半幅蝶化，落肩；唇瓣为大铺舌，下垂并向后反卷。

图 116

7. 珍蝶（图 117）*Cymb. goeringii* 'Zhen Die'

老种外蝶，选育历史不详，20 世纪 30 年代曾流往日本。新芽紫红色。叶较短。花葶短，浅红色；外三瓣短圆，小荷形，主瓣紧盖着短圆捧心，副瓣下部 2/3 蝶化，白色蝶化部分缀有鲜红的斑块；大圆舌缀有艳丽的红斑。

图 117

8. 五彩蝴蝶（图 118）*Cymb. goeringii* 'Wu Cai Hu Die'

荷形外蝶。1983 年春出自浙江舟山，由绍兴诸水亭培育。新芽鲜紫红色。花葶较高，紫绿；外三瓣短阔，呈菱状，先端向后翻，副瓣有半幅以上蝶化，瓣中间有鲜艳的一字形红斑；大圆舌缀有“U”形红斑，艳丽美观。

图 118

9. 碧瑶（图 119）*Cymb. goeringii* 'Bi Yao'

蕊蝶。1984 年由浙江舟山张要友采得，丁怡庆选育。叶较短，心叶出蝶。花较大；捧瓣短宽，蝶化，呈黄绿色，有绿绒感，中间缀三条红线，边缀鲜红斑块；大铺舌后卷，有红斑。

图 119

10. 虎蕊蝶（图 120）*Cymb. goeringii* 'Hu Rui Die'

蕊蝶。1994 年浙江新昌王其宝采得，嵊州蒋银樵莳养。花葶出架；外三瓣中间有一条紫筋；捧瓣完全蝶化，中间缀大块玫瑰红色斑，好似一双虎耳，故名；舌微后翻，缀“U”形红斑。

图 120

11. 大元宝（图 121）*Cymb. goeringii* 'Da Yuan Bao'

蕊蝶。1990 年吕建军采自浙江舟山。新芽紫红色，新叶有紫晕。花葶较高；捧瓣完全蝶化，与舌均匀分布呈三星状，白底红斑，色彩鲜艳。

图 121

12. 大熊猫（图 122）*Cymb. goeringii* 'Da Xiong Mao'

蕊蝶。1991 年自富阳下山，由杭州潘大林选育。花形端正；外三瓣短阔，荷形；大猫耳捧，蝶化未透，绿彩中缀三条红线，边缘镶白边。

图 122

13. 黑虎（图 123）*Cymb. goeringii* 'Hei Hu'

蕊蝶。副瓣为竹叶瓣，落肩；猫耳捧，捧蝶化不甚透，缀紫黑色斑块与绿苔，状如虎身斑纹，故名。

图 123

14. 黑猫蕊蝶（图 124）*Cymb. goeringii* 'Hei Mao Rui Die'

图 124

蕊蝶。1990 年由浙江舟山吕建军选育。副瓣为竹叶瓣，落肩；捧瓣完全蝶化，向两边斜上方挺立，状如猫耳，布满紫色斑块，镶白边；卷舌缀 U 形红斑。

15. 豹蝶（图 125）*Cymb. goeringii* 'Bao Die'

图 125

蕊蝶。1991 年由浙江舟山吴永岭选育。主瓣挺立，副瓣平伸；捧瓣蝶化未透，绿底，三角形紫红斑布满前端，向斜上方挺立，状如豹耳，故名。

16. 大龙胭脂（图 126）*Cymb. goeringii* 'Da Long Yan Zhi'

图 126

蕊蝶。1998 年安徽合肥龚仁红选自当地花市。叶厚实，短宽，新草叶尖带水晶。捧瓣完全蝶化并与舌对称，白底镶着鲜红色斑块，艳如胭脂，故名。

17. 花蝴蝶（图 127）*Cymb. goeringii* 'Hua Hu Die'

图 127

蕊蝶。2000 年新昌方宣银自当地采得。捧瓣完全蝶化，紫红色斑点如满天繁星，犹如展翅欲飞的花蝴蝶。

18. 中华双娇（图 128）*Cymb. goeringii* 'Zhong Hua Shuang Jiao'

图 128

蕊蝶。2003 年于舟山下山，潘春阳、潘金辉选育。叶形短阔，心叶明显蝶化。花开荷形蕊蝶，捧瓣大而短宽，上缀鲜艳红斑，端正美丽。

19. 文俊蝶（图 129）*Cymb. goeringii* 'Wen Jun Die'

图 129

外蝶，又名‘云荷蝶’、‘雨燕’，1983 浙江长兴下山，由杭州陈文俊选育。花开荷形；副瓣平伸耸肩，近 2/3 蝶化，中部微皱，瓣尖飞卷；软捧质糯，紧盖蕊柱；大卷舌与外瓣蝶化处缀少量鲜明红点，显得精神而清雅。

20. 龙福蝶（图 130）*Cymb. goeringii* 'Long Fu Die'

外蝶。1993 年浙江嵊州长乐留王采得。花形富有神采；外三瓣荷形，副瓣平肩，下沿成一字形，下半幅蝶化部分缀有红点；猫耳捧紧盖蕊柱；大卷舌缀“U”形红斑。

图 130

21. 蕊王（图 131）*Cymb. goeringii* 'Rui Wang'

又名‘泰斗蝶’，2003 年 12 月于舟山下山。花形多变，壮草能开成多舌的牡丹形花，花色艳丽；捧瓣完全蝶化，缀鲜红色斑块。

图 131

22. 天彭牡丹（图 132）*Cymb. goeringii* 'Tian Peng Mu Dan'

牡丹形奇花。1992 年于四川安登云下山，寥建强、赵光登选育。叶尾有上扬，俗称‘龙抬头’。花常开 2 朵，能开出 4~8 个蝶瓣，瓣色白底微黄，色彩艳丽，花形美观。

图 132

23. 乌蒙牡丹（图 133）*Cymb. goeringii* 'Wu Meng Mu Dan'

1996 年于贵州毕节下山，赵耀进等选育。外三瓣为竹叶瓣；捧瓣能开出 4~6 个蝶瓣，白底红斑，对比鲜明。

图 133

24. 锦绣中华（图 134）*Cymb. goeringii* 'Jin Xiu Zhong Hua'

奇花。1994 年冬于四川古蔺文山区下山，罗文典栽培。捧瓣有 4~6 个，多时可达 10 个，蝶化程度高，白底缀鲜红斑块，十分艳丽，各瓣分布均称，端正靓丽。因兰主之一任廷生夫妇被窃花贼杀害，当地兰友又将此花称为‘血染的风彩’。

图 134

25. 彩虹蝶（图 135）*Cymb. goeringii* 'Cai Hong Die'

菊瓣奇花。1987 年浙江宁波钱宝芳选自当地花市。花开多瓣多舌，缀有红、白、绿、黄、紫等多种色彩，花朵硕大，美丽、有气派。

图 135

26. 千岛之花（图 136）*Cymb. goeringii* 'Qian Dao Zi Hua'

图 136

菊瓣奇花。1988 年由浙江舟山张友根于当地选育。新芽紫红色。叶质硬挺。花葶高挺有神；常开双花；每花具多达 20 余瓣，有的扭曲互生，有的成波形唇瓣，有的半幅蝶化，色泽绿白相间，缀有红色条纹。

27. 多朵蝶（图 137）*Cymb. goeringii* 'Duo Duo Die'

图 137

菊瓣奇花，有时能花旁再生小花，开出多朵的子母花型，故名。1988 年绍兴叶志庆选育。花苞圆鼓，花姿多变；外三瓣呈荷形，有时能盛开成多瓣多舌的牡丹花型。

28. 盛世牡丹（图 138）*Cymb. goeringii* 'Sheng Shi Mu Dan'

牡丹形奇花。近年于贵州下山，浙江卢秀福引种。花形硕大，美丽壮观，具多达二十多个宽大的舌瓣，分布均称协调，白瓣红彩十分醒目，可称为春兰奇花之冠。

图 138

除上述品种外，素心花的传统名品还有'于氏素'、'白宋素'、'天童素'、'酒氏素'、'如意素'、'寅谷素'等。此外，近年选育的荷瓣新品种尚有'粉荷'、'中华明珠'、'新兴荷'等；梅瓣新品种有'洛神梅'、'万寿梅'、'圆鼎梅'、'俏琼梅'、'彩粉梅'、'罗翠红梅'、'一竖瑶玉'、'临海神梅'、'黔东梅'、'中华梅'、'玉林梅'、'暨阳梅'、'幸福梅'、'清纺梅'、'杜字'等；水仙瓣新品种有'红龙字'、'婵娟'、'玲珑'、'碧玉'、'新水仙'、'玉龙梅'、'南山新梅'、'苏州新一品'、'宁波水仙'、'百合皇后'等；蝶花的新品种有'国珍蕊蝶'、'鸳鸯蝶天子'、'欧江蕊蝶'、'三乐蕊蝶'、'皇冠'、'花冠'、'大林荷蝶'、'同心荷蝶'、'红珊瑚'、'中华麒麟'、'天山雪莲'等；奇花的新品种'太阳神'、'钟情牡丹'等。限于篇幅，这里就不一一介绍了。

第六章　豆瓣兰

Cymbidium serratum Schltr.

一、形态特征与地理分布

（一）形态特征

豆瓣兰过去称线叶春兰，但民间以其萼片与花瓣质地厚，颇似青蚕豆瓣而得此名，也有人称之为豆瓣绿、鹦哥绿、翠兰等。

豆瓣兰每丛具根8~10余条；根白色或略带浅黄，长8~30cm，直径0.3~0.5cm。假鳞茎小。叶4~6片，长30~60cm，宽0.3~1cm，主脉透亮，叶缘有细锯齿，基部无关节。花葶直立，高15~30cm，花与叶面等高或稍低于叶面，常被4枚鞘；花葶中部鞘长约5cm，宽约1cm，具明显条纹；苞片长3~3.5cm，宽0.8~1cm，比子房连梗长；花1朵，偶有2朵，直径3~7cm。无香或偶有微香，质地通常比春兰宽、厚、硬，常为绿色，但唇瓣多为白色，有紫红色斑点及条纹。

野生豆瓣兰品种多，资源广，分布区宽，常与春兰、莲瓣兰、春剑、蕙兰、送春等混居和杂交，野外经常发现较为复杂的豆瓣兰的花型、花容和花色。它在高海拔地区多与莲瓣兰杂交，如云南大理、维西、贡山、兰坪等地就有豆瓣兰与莲瓣兰的杂交草，不开花时很难看出是豆瓣还是莲瓣，只有到了开花时才能从瓣型、瓣质、色彩和香味及整体形态得以明晰辩认。中、低海拔地区豆瓣兰多与春兰杂交，开出香豆瓣、黄花豆瓣、黄花三星蝶和红花；也曾多次发现豆瓣兰与蕙兰杂交的奇蝶花、与送春杂交的多花香豆瓣等。豆瓣兰与其他兰花杂交后开出的花香多带有其他兰花品种的香型。

（二）地理分布

豆瓣兰主要分布于云南、四川、贵州和湖北，在秦岭以南的其他地区也有。

豆瓣兰有较强生存能力。据笔者野外考察，即使在没有其他兰花生长的坐北朝南或坐东朝西的全光照、西晒的地方都有大量豆瓣兰生长；从较寒冷的高海拔地区，到温暖的低海拔地区均有分布，山坡、谷地、山沟，即使是山间小路路边等均能生长。一般生长于15~35°斜坡地，土壤选择不严，就连石头丛生的山岗也照样能长出来。在阳光充足的斜坡，茅草生长较旺的半山坡和山梁子的松杂林、阔叶林、灌木丛中都生长着许多野生豆瓣兰，如土层深厚，表层肥力较高，有保水性较好的腐殖质覆盖，其下有透水性较好的碎石层，雨季不积水，径流小，保水力强，空气流通，地被植物少，上午能受阳光照射的西坡或西南坡则更为多见和生长良好。而且对海拔及温差要求也不严，从1000m以下的低海拔，到近3000m以上的海拔绝对高差和较大的温差都不影响其生长。如果生长中受风的影响较大，矮小而叶质坚硬；而在背风低凹，较荫处则生长较旺，但叶质纤弱。

豆瓣还有较顽强的生命力，高山上生长的豆瓣兰伴生在茅草丛里，到冬季偶尔遇到野火烧山，火过之处仅剩下草灰黑炭，但来年春天又见葱绿的豆瓣小草发芽。

二、观赏特性

由于豆瓣兰生境地理位置跨度大，分布广，对海拔、环境、气候、土质、温差等有较强适应性，在复杂的生态环境里，能与多种花期相同或相近的兰花种类杂交，尤其是一些生长于云贵高原较特殊自然环境中的豆瓣兰，受地形地貌复杂、气候类型多样、高原强紫外线照射、地下矿藏丰富等综合因素影响，更是具有纷繁复杂的变异及多姿多彩的性状特征。

（一）叶型

叶片丛生，半垂形，优美飘逸；有细叶、中宽叶、宽叶等，以细叶及中宽叶为多见；尚有叶艺、奇叶、矮种等。

（二）花期

开花时间与春兰基本相同，云南境内稍早于莲瓣兰、春兰。一般从 11 月底即放花，延至翌年 3 月，花期较长，花朵一般开 30~40 天仍无凋容，长者能开 50~60 天。

（三）花型

花瓣通常比春兰厚实，以梅瓣、荷瓣、荷型瓣、荷型水仙瓣较多，常见平肩、飞肩，时见硬捧、半硬捧；瓣型变异较多，有多瓣、少瓣、奇瓣、团瓣、菊瓣、副瓣蝶、捧瓣蝶、星蝶、硬捧、半硬捧、树型花、子母花、绣球花等。难得的是豆瓣兰瓣型性状较为稳定，不会像其他一些兰花品种，下山复花后瓣型往往开不到位；豆瓣兰瓣型不但稳定，园艺种植还有一代比一代好的走向；变异品种如奇花、蝶花、树型花等也大多能稳得住。

（四）花色

多为豆绿色，但有很多变化，也有桔红、朱金、红、桃红、黄、金黄、紫红、白等。特别要提到的是，豆瓣兰花色的艳丽在国兰中最为突出，尤其朱金花系列颜色极为鲜明，十分抢眼夺目，且为后明，越晒越红，越开越艳丽；有的瓣片（尤其是唇瓣）上还附有一层晶莹的晶砂，显得温润细糯，深受韩国、日本兰家关注。

我国传统的兰花审美观对兰花的色彩以清、淡、素、雅为美，但今天国人对兰花的审美观已发生了极大变化，一些兰花爱好者开始追求兰花色泽的多姿多彩，热闹奔放。豆瓣兰花色红如朝阳，白似瑞雪、黄赛黄金，绿犹美玉，明丽炫目，赏心悦目，在较大程度上迎合了不少兰花爱好者的现代审美观。另外，豆瓣兰中色彩对比鲜明、繁复多彩的复色花、覆轮花、中透花、缟花等，比一些单一色彩的其他国兰花色更胜一筹，又为其增添了无穷的魅力。再者，豆瓣兰色花（尤其朱金花）下山复花较易走色，能复出其色者，大多也会稳住。

（五）花艺

有中透、缟花、覆轮、复色、斑花、水晶花等。

（六）素心

有白素、绿素、黄素、金黄素、红素（全红唇）、朱金素、桃腮素等。

（七）花香

一般无香味，无庸讳言，这是豆瓣兰的美中不足，也是其多年遭冷遇的主要原因之一。但因其和春兰亲缘较近，生态环境及花期在同一地区基本一致，故两者多有自然杂交，常见的有金黄豆瓣、香豆瓣，带微香或清香，其中香豆瓣香味纯正。2002 年笔者得到一盆采于滇中峨山县的红唇香豆瓣，幽香怡人，为笔者植兰二十余年之仅见；又如 2008 年笔者引进的一个名为‘大经典’的豆瓣兰多瓣奇蝶树型花，疑为与蕙兰杂交种，亦有蕙兰香味。

（八）叶艺

有边缟 、中透、曙艺、扫尾、鸟嘴、矮种、水晶龙、水晶缟等。豆瓣兰叶艺容易带到花上。线艺、水晶艺类的草出花率较高，往往能开出优秀的复色花和水晶花。色彩对比强烈，分界清晰，线条流畅。由于豆瓣兰叶质较粗，叶片较春剑、春兰、送春、蕙兰、寒兰等窄，故叶艺变化受到限制，色彩较单调，在线艺赏玩方面，不如其他国兰那样富于表现和变化。

三、代表品种介绍

1. 花好月圆（图 1） *Cymb. serratum* ‘Hua Hao Yue Yuan’

图 1

荷 瓣。2006 年 1 月下山于云南南涧。叶半直立，色泽浅绿，边缘细锯齿不明显，末端起兜；花葶高约 12cm；花色黄绿，略带朱金；外三瓣收根放角起兜，宽长相近；大圆舌。本品发苗率较高，一般 1:2 左右；连续多年复花，性状稳定。滇中昆明、玉溪一带称“小豆花”。曾获第七届云南省（蒙自）兰博会银奖等。主要由云南玉溪郭云辉、李琳等收藏。

2. 娇荷（图 2） *Cymb. serratum* ‘Jiao He’

图 2

荷 瓣 新 品。2006 由云南开远马忠友、方剑波选购。小荷瓣，瓣质较厚，花形紧凑，小巧玲珑；收根放角起兜，大圆舌，其上斑块硕大，色艳红。2009 年首次参展获第五届中国（玉溪）兰交会铜奖。

3. 九州红梅（图 3） *Cymb. serratum* ‘Jiu Zhou Hong Mei’

图 3

梅瓣朱金花。一说发现于蒙自，后售至弥勒。叶鞘微带麻绿；花葶高约 30cm；花色为国旗红，鲜艳夺目，且越开越艳，越老越红；外三瓣为梅瓣中的福寿梅，蚌壳捧，龙吞舌。获奖甚多：2005 年红河州首届迎春兰展金奖，2006 年第九届大理（鹤庆）兰博会金奖，第六届云南省（丽江）兰博会金奖，第十六届中国（贵阳）兰博会金奖，2007 年获第三届中国（玉溪）兰交会金奖，云南省第七届红河（蒙自）兰博会特金奖及同年第十七届中国（武汉）兰博会金奖。

4. 大经典（图 4） *Cymb. serratum* ‘Da Jing Dian’

图 4

又名‘九州牡丹’、‘翠玉牡丹’等。2004 年 12 月下山于云南晋宁县与玉溪市接壤的高海拔山区，由李乔选育。叶质硬朗，少数植株抽心叶带红水晶；芽头肥壮，芽尖水红色。花葶细匀高挑；一两个月而无凋容。开花先是多瓣奇蝶，继之开出 2~4 台树型花，花瓣花舌多达 30 余个，个别花瓣与花瓣之间还会有 1~2 条绿白色“小胡须”，稍后瓣片逐渐上朱金色。本品较抗病害，发苗率较高，如栽种得法一年四季均能发苗。

5. 九州绿梅（图 5） *Cymb. serratum* 'Jiu Zhou Lu Mei'

梅瓣。2005 年下山于滇南红河州，由玉溪李芝明选购于蒙自。舌上红斑硕大，色艳红。获 2006 年安宁市迎春兰展金奖等。

图 5

6. 吉祥三宝（图 6） *Cymb. serratum* 'Ji Xiang San Bao'

三星蝶精品。2004 年由云南玉溪岳维清、段永军、赵云波选育。壮苗叶片略有扭绉波纹；小苗芽尖红水晶较重。花葶高约 20cm；苞片具红脉；花仰天开放，瓣质厚实；花瓣蝶化，白底布红斑，斑块集中连片，色为国旗红，耀眼醒目，呈丝绒般质感。

图 6

7. 奥运之冠（图 7） *Cymb. serratum* 'Ao Yun Zhi Guan'

奇花。2005 年 1 月下山于云南南涧。叶质较硬，边缘有细锯齿；小苗白中透红。花葶高 20~30cm；唇瓣稍有变异，基部生若干小舌瓣，呈水晶体质感，晶莹透亮；蕊柱（鼻头）也有变异，其下及两侧派生若干小蕊柱。全花色泽为白、绿、红、黄，丰富多彩，对比鲜明。

图 7

8. 天逸星蝶（图 8） *Cymb. serratum* 'Tian Yi Xing Die'

奇蝶花。2005 年 1 月下山于云南玉溪新平县哀牢山区，由候三售岳维清收藏。壮苗叶面有扭绉及波纹感，边缘细锯齿明显；抽心叶及小苗芽尖红水晶较重。两花瓣（捧瓣）蝶化，为三星蝶，偶见四星蝶，如偶尔开不到位则为两捧瓣蝶；花朵为仰天开放；芯蝶白底布红斑和少许绿筋，色彩对比鲜明。本品性健易植，抗逆性较强，如栽培管理得法不烧尖、糊叶、起斑，发苗率较高，一般 1∶1，如栽培得法可达 1∶2，甚至还能更高。本品易着花，连续多年复花，性状稳定。2005 年获第十五届中国（乐山）兰博会银奖。2007 年获玉溪市峨山、新平两县迎春兰花联展金奖。

图 8

9. 红河星蝶（图 9） *Cymb. serratum* 'Hong He Xing Die'

又名'彩云星蝶'。2002 年从云南蒙自下山，被吴志生收藏。小芽芽尖红水晶较重，随叶芽开口抽长，红水晶退去。花葶高约 30cm；花为正格三星蝶，亦即萼片（外三瓣）蝶化，白底上布鲜红色斑块；蕊柱（鼻头）已退化。2008 年 2 月获第二届鹤庆兰文化旅游节兰展金奖。

图 9

10. 方圆蝶（图 10） *Cymb. serratum* 'Fang Yuan Die'

又名'飞蝶'，为副瓣蝶佳品。1994 年下山于云南华宁，由李永华购得。叶下部带红色沙晕。副瓣荷形，其上蝶块硕大，色艳红。2002 年获第二届云南省（玉溪）兰博会银奖，2004 年获第十四届中国（玉溪）兰博会金奖等。

图 10

11. 小林星蝶（图 11）*Cymb. serratum* 'Xiao Lin Xing Die'

图 11

三星蝶。2001 年冬下山于云南弥勒县与文山州交界处，由玉溪杨小林购得。叶质细糯，常扭曲起龙；小苗挂红彩，叶尖红水晶较重；成苗后部分植株抽心叶带蝶，部分叶尖及叶缘覆紫红水晶，偶见抽心叶全部蝶化。花葶高约 20cm；花有微香；两花瓣（捧瓣）蝶化；连同唇瓣白底具鲜红斑。2002 年获玉溪市迎春兰展获金奖和第二届云南（玉溪）兰博会金奖。

12. 金碧荷（图 12）*Cymb. serratum* 'Jin Bi He'

图 12

荷瓣黄花，为豆瓣兰与春兰自然杂交种。1999 年出现于昆明花鸟市场，由蔡文才购得。叶直立，质地厚硬，有紫红色脉；小苗及花苞红色，有紫红色脉。花葶高约 30cm；花清香，朱金色，上布数条红筋，荷瓣；大圆舌，上布大块颜色浓烈的红斑。2002 年获第二届云南省（玉溪）兰博会金奖。

13. 摇光飞蝶（图 13）*Cymb. serratum* 'Yao Guang Fei Die'

图 13

又名‘凤蝶欲飞’。20 世纪 90 年代中期由许世雄从四川古蔺购得。叶半垂，细糯柔顺。花径硕大，蝶化的侧萼片（副瓣）荷型，厚实，蝶化部分占半个以上，白底布鲜红色彩块；花期长，无香。曾获四川省自贡首届兰展金牌和云南省首届新千年兰展金奖等。因其花朵大气，彩块集中硕大，以及色彩对比鲜明，被有关兰家评价为豆瓣兰类“蝶形花难得一见的第一珍品”。

14. 玉狮（图 14）*Cymb.serratum* 'Yu Shi'

图 14

梅瓣中透花。本世纪初年滇南下山，由李安明选购于玉溪。叶 6~8 片，质厚硬，有弹性，半直立；新苗叶呈鱼肚形，边缘锯齿较细。花中等大，梅瓣，绿色花瓣上拉雪白中透，花开后期中透逐渐变黄绿色；大圆舌，舌上红块硕大，色鲜红。2003 年获第十三届中国（大理）兰博会银奖。

15. 红河雄风（图 15）*Cymb. serratum* 'Hong He Xiong Feng'

图 15

中透花。1995 年前后下山于贵州，由昆明侯先生选育，后由玉溪李安明、晋小容引种。叶半垂；小苗为雪白中透叶，成苗后叶中上部浅黄色，老苗再逐渐变为浅绿。花葶高约 20cm；萼片与花瓣（主瓣、捧瓣、副瓣）浅黄色，拉黄绿色中透，瓣尖挂绿帽，大圆舌，有红斑。2001 年获第十一届中国（贵阳）兰博会金奖，及同年获首届云南省（大理）新千年兰博会金奖等。

16. 红河印象（图 16）*Cymb. serratum* 'Hong He Yin Xiang'

图 16

朱金缟花。本世纪初下山于云南弥勒与文山州交界处的鸣鹫，由红河州马忠华与吴志生选购。

17. 紫玉（图 17）*Cymb. serratum* 'Zhi Yu'

图 17

捧瓣蝶化花。2002 年前后滇西下山，由玉溪李安明选购于鹤庆。叶 6~8 片，半直立，边缘细锯齿不明显。花葶高 20~25cm；花径较大，平肩，花瓣（捧瓣）紫黑色，边缘白覆轮，对比鲜明；大圆舌，舌上红块硕大。2006 年获第三届中国（玉溪）兰交会新精品奖，2007 年获第四届中国（玉溪）兰交会远东国兰金奖。

18. 水晶梅（图 18）*Cymb. serratum* 'Shui Jing Mei'

图 18

梅瓣水晶花。2006 年 10 月 5 日下山于云南玉溪，由峨山李建华选购。叶质厚实，半直立；叶缘细锯齿明显；小芽壮实红润；出土时叶甲紫色条纹明显。花葶高约 30cm；花 2 朵，正格梅瓣花带白水晶，花色粉白透亮。本品易着花，连续多年复花，性状稳定。2006 年获玉溪市峨山、新平两县迎春兰花联展银奖。

19. 丹阳（图 19）*Cymb. serratum* 'Dan Yang '

红素荷瓣。2000 年下山于滇南红河州，由玉溪李安明选购于蒙自。大圆舌，玫瑰色，全红。

图 19

四、豆瓣兰常见品种

（一）瓣型花

荷瓣：'花好月圆'、'大学士'、'翠荷'、'大荷'、'翠玉荷'、'宝莲孕珠'、'玉珠'、'沧江荷'、'滇池荷'、'绿荷魁'、'宁玉彩荷'、'螳川荷'、'团瓣'、'娇荷' 等。

梅瓣：'九州红梅'、'翠玉梅'、'九州绿梅'、'云玉梅'、'天姿梅'、'神州探宝'、'绿玉寒梅'、'箭杆梅' 等。

1. 大学士（图 20）
Cymb. serratum'Da Xue Shi'

图 20

2. 翠荷（图 21）
Cymb. serratum 'Cui He'

图 21

3. 大荷（图 22）
Cymb. serratum 'Da He'

图 22

4. 翠玉荷（图 23）
Cymb. serratum 'Cui Yu He'

图 23

5. 云玉梅（图 24）
Cymb. serratum 'Yun Yu Mei'

图 24

6. 天姿梅（图 25）
Cymb. serratum 'Tian Zi Mei'

图 25

（二）蝶花与奇花

'大经典''九州牡丹'、'吉祥三宝'、'七彩红河'、'天逸星蝶'、'奥运牡丹'、'红河宝鼎'、'红河佛光'、'紫玉'、'绿宝石'、'小林星蝶'、'七彩红蝶'、'红河星蝶'、'香玉蝶'、'方圆蝶'、'奥运之冠'、'金碧荷'、'香豆瓣黄荷'、'醉荷'、'绿云'、'宁玉彩蝶'、'彩云星蝶'、'摇光星蝶'、'荷瓣蝶'、'天使'、'宁玉粉蝶'、'丰收蝶'、'红芙蓉'、'三江麒麟'、'绿绣球'、'菊蝶'、'玉蛙'、'笑天荷'、'母女'、'红塔蝶'、'文峰奇'、'婴'、'星斑蝶'、'三星蝶'、'四星蝶'、'树型奇花'。

1. 七彩红河（图 26）
Cymb. serratum 'Qi Cai Hong He'

图 26

2. 红河宝鼎（图 27）
Cymb. serratum 'Hong He Bao Ding'

图 27

3. 红河佛光（图 28）
Cymb. serratum 'Hong He Fu Guang'

图 28

4. 绿宝石（图 29）
Cymb. serratum 'Lu Bao Shi'

图 29

5. 香豆瓣黄荷（图 30）
Cymb. serratum 'Xiang Dou Ban Huang He'

图 30

6. 醉荷（图 31）
Cymb. serratum 'Zui He'

图 31

7. 绿云（图 32）
Cymb. serratum 'Lu Yun'

图 32

8. 彩云星蝶（图 33）
Cymb. serratum 'Cai Yun Xing Die'

图 33

9. 天使（图 34）
Cymb. serratum 'Tian Shi'

图 34

10. 三星蝶（图 35）
Cymb. serratum 'San Xing Die'

图 35

11. 四星蝶（图 36）
Cymb. serratum 'Si Xing Die'

图 36

12. 树型奇花（图 37）
Cymb. serratum 'Shu Xing Qi Hua'

图 37

（三）色花

‘红河红’、‘红塔红’、‘钰馨玛瑙’、‘中华红’、‘朱金红梅’、‘白豆瓣’、‘旭日东升’、‘双喜临门’、‘黄玉’、‘艳阳天’、‘抱阳红’、‘朱金花’、‘紫金豆瓣’、‘黄金岁月’、‘胭脂’、‘华彩’、‘朝霞’等。

1. 红河红（图 38）
Cymb. serratum 'Hong He Hong'

图 38

2. 红塔红（图 39）
Cymb. serratum 'Hong Ta Hong'

图 39

3. 钰馨玛瑙（图 40）
Cymb. serratum 'Yu Xin Ma Nao'

图 40

4. 中华红（图 41）
Cymb. serratum 'Zhong Hua Hong'

图 41

5. 朱金红梅（图 42）
Cymb. serratum 'Zhu Jin Hong Mei'

图 42

6. 白豆瓣（图 43）
Cymb. serratum 'Bai Dou Ban'

图 43

7. 黄玉（图 44）
Cymb. serratum 'Huang Yu'

图 44

8. 抱阳红（图 45）
Cymb. serratum 'Bao Yang Hong'

图 45

9. 朱金花（图 46）
Cymb. serratum 'Zhu Jin Hua'

图 46

（四）花艺

'红河雄风'、'玉狮'、'唐三彩'、'红河风光'、'红河奔流'、'吉祥双宝'、'红水晶缟花'、'三色花'、'日月同辉'、'复色'、'艺人'、'春光'、'黄围巾'、'黄豆瓣金碧交辉'、'水晶花'、'水晶素'、'水晶康'、'宁玉晶轮'、'金覆轮'、'覆轮'、'红纹缟花'、'玉福金'、'云锦'、'红河印象' 等。

1. 唐三彩（图 47）
Cymb. serratum 'Tang San Cai'

图 47

2. 红河风光（图 48）
Cymb. serratum 'Hong He Feng Guang'

图 48

3. 红河奔流（图 49）
Cymb. serratum 'Hong He Ben Liu'

图 49

4. 吉祥双宝（图 50）
Cymb. serratum 'Ji Xiang Shuan Bao'

图 50

5. 香豆瓣金碧交辉（图 51）
Cymb. serratum 'Xiang Dou Ban Jin Bi Jiao Hui'

图 51

6. 水晶花（图 52）
Cymb. serratum 'Shui Jing Hua'

图 52

7. 水晶康（图 53）
Cymb. serratum 'Shui Jing Kang'

图 53

8. 覆轮（图 54）
Cymb. serratum 'Fu Lun'

图 54

9. 红纹缟花（图 55）
Cymb. serratum 'Hong Wen Gao Hua'

图 55

（五）素花及红舌

‘素荷’、‘盛世祥光’、‘荡山红素’、‘彩玉’、 ‘梅型素’、‘金黄素’、‘红素’、‘红舌’、‘丹阳’等。
‘莺哥’、‘太极一品’、‘绿豆红素’、‘麒麟吐珠’、

1. 素荷（图 56）
Cymb. serratum 'Su He'

图 56

2. 盛世祥光（图 57）
Cymb. serratum 'Sheng Shi Xiang Guang'

图 57

3. 荡山红素（图 58）
Cymb. serratum 'Dang Shan Hong Su'

图 58

4. 红素（图 59）
Cymb. serratum 'Hong Su'

图 59

5. 红舌（图 60）
Cymb. serratum 'Hong She'

图 60

（六）叶艺

豆瓣兰中叶艺品种较为丰富，有边缟、中透、曙艺、扫尾、鸟嘴、矮种水晶龙、水晶缟等，但种因种植者大多未为其命名，故难以尽述。

五、栽培管理

（一）基质

以颗粒瘦红土或紫红土为主，在基质中可占到 60%～70%，另兑入蛇木、栗树叶、松针叶、栗树皮、松树皮、腐植土等混合使用。红土或紫红土微酸性且含丰富矿物质，土质松散新鲜，能使豆瓣兰根粗苗壮。其他基质只要占到混合基质的 30%～40%即可。有的兰花爱好者到山上专找不长草、裸露曝晒在太阳下经风吹雨淋而形成的细粒红土，兑 30%腐植土混合使用，效果也佳。

现在大多数兰花爱好者系阳台种植，空间较小，水分挥发较慢，种植豆瓣兰基质过细有积水烂根之忧，故提倡用颗粒料，如仙土、火山石、风化石、砖碎、小石子、塘基石、泥炭土、颗粒树皮等。总的要求是滤水透气和有一定肥力。可在颗粒料中掺蛇木屑、树皮、树叶、水苔等吸水保湿植料调控盆内湿度。多掺则保水能力强，少掺则水分挥发流失快。另外，掺的上述有机质在腐化过程中还能给兰花提供一定肥力。种植才下山的豆瓣兰最好配制一定量的河砂和红土。

（二）光照

豆瓣兰较喜阳，光照可比春兰、寒兰、墨兰等稍多，比蕙兰稍少。光照较充沛则叶质硬朗挺拔，直立性较强；光照不足叶片较薄且软垂。

（三）水分

豆瓣兰比春兰要稍控水，宜偏干。但阳台养兰因盆小基质少，且大多用颗粒料，则浇水应多一点，发芽生长期可随时保持基质湿润；休眠期可稍减少浇水；花期为保证花容也宜偏

干。如基质成份以颗粒料居多，盆器较小，也可采用“湿法养兰”，即增加浇水次数和浇水量，这样有利于盆中气体交换和盆中有机质的分解以及植株对水分的吸收。特别春、夏二季，给豆瓣兰以足够的水分能使其早萌发和成长迅速。如以颗粒瘦红土或紫红土为主，可一次浇透水后，待盆面及盆土上部稍干燥后朝盆面及盆土上部润两三次水，最后再浇透一次。

（四）湿度

豆瓣兰在野生环境中，空气湿度相对较大，为此，应尽量营造一个与之相适应的小环境。增湿方法有地面泼水、地面铺设砖块并经常在上面洒水、墙上挂棉织物（棉织物下端置水盆中吸水）、花架下设水槽、花盆下坐水盆、使用加湿器等。如人工加湿则以兰叶不带明显水分或湿渍为度。

（五）温度

豆瓣兰最适宜的温度为 18~28℃，0~4℃时光合作用即会受到抑制，超过 36℃时光合作用减弱甚至停止，低于 0℃易使兰花叶片和花蕾受冷害。一般可以采用关窗增温；冬天亦可采用关窗或减少遮荫物以接受阳光等措施增温。

（六）分株

除大寒大暑外，豆瓣兰一年四季均可分株，但以开春后至秋末之间为好。由于假鳞茎较小，故种植时以三五苗一丛为宜，不宜分得过单。一般情况下豆瓣兰仅发春苗，如栽培条件优越，部分豆瓣兰品种一年四季均能发苗。豆瓣兰兰株寿命一般 3~4 年，发苗率 1：1 左右，种养得法可达 1：2 或更高，且龙头、龙尾（多年生老苗）均能萌发新苗。

按照资深兰家的心得，豆瓣兰栽植得随意一点，自然一些，长势会更好。

六、品种选育开发的现状和未来

豆瓣兰是国兰家族中的一个优秀品种系列。它的叶态优美，叶艺丰富。花朵瓣厚、型好，而且色彩艳丽，线条分明。与其他国兰相比，有其独特而鲜明的风格，而且易于种植，发苗率高，具有很好的开发前景。

但由于受传统兰花鉴赏中某些观念的束缚（主要是强调上品兰花要有香味等），豆瓣兰曾经多年来未得到应有的重视，对其生长环境，资源分布，叶艺、花艺鉴赏，资源价值的认识等还较为粗浅。20 世纪 80 年代至今，虽然也出现了一些鉴赏识别豆瓣兰的兰家，收集选育出了一些较优秀名品，但直到 20 世纪 90 年代末，因受到日本、韩国、中国台湾、中国香港等国家和地区艺兰名家的影响，才逐渐把豆瓣兰的发展推到了一个崭新的阶段。目前在国内一些地区也出现了一批喜爱、收集、鉴赏豆瓣兰的兰家，收藏的品种也已相当丰富，其中也不乏具有艳丽色彩而且带有香气的品种。若加以科学育种、繁殖，使之走向千家万户，是具有很大潜力的。

第七章　莲瓣兰

Cymbidium tortisepalum Fukuyama

“莲瓣”一词源于对兰花瓣形的描述，莲瓣即荷瓣，云南民间习惯于将荷花称为莲花。在明朝永乐10年（公元1412年）大理白族名士杨安道所撰《南中幽芳录》[1]中，即出现“莲瓣”一词。“（金镶玉）正……月开花，五至七朵，肩长两寸半，细长，莲瓣，开花为群燕飞翔，花如白玉，外镶金边，舌金黄，尖圆，无斑，香如麝，为兰中珍品。”在该书所列的十八个珍稀兰品中，也曾提到“碧玉莲”的花名，“达果和尚得于箭杆坪后山，叶长一尺二寸，宽三分，青厚挺硬，有齿，正月现花亭，如碧玉，长尺二到尺三，花荷瓣，色为碧玉，娇若玉雕，花五到六朵。一字肩，长二寸，壳淡绿，年年开花，性喜阴凉。”至清代和民国年间，“莲瓣”逐渐由对兰花瓣形的描述演变为一种品种的名称，在云南众多的地方志中，陆续出现了‘绿莲瓣’、‘白莲瓣’、‘黄莲瓣’、‘红莲瓣’、‘麻莲瓣’、‘藕色莲瓣’、‘朱丝莲瓣’等名称。很显然，莲瓣兰作为兰花的一个种群，已相当规模的为滇中至滇西一带民间广为引种栽培，品种名称亦早已为民间所接受。而莲瓣兰作为植物界中的一个物种被命名，是抗战时期至解放初期我国植物学家唐进、汪发瓒两位教授对云南兰科植物作了大量调查研究后，根据产地群众习惯的叫法，把莲瓣兰的学名正式定为：莲瓣兰 *Cymbidium lianpan* Tang et Wang，惜未能在正式刊物发表。1984年中科院昆明植物研究所编撰的《云南种子植物名录》收录的25种云南兰属植物中，就记载了唐、汪两位教授的莲瓣兰这一种。1980年吴应祥、陈心启两位教授发表“国产兰属分类研究”未能把莲瓣兰作为国产兰属的一个种收录。笔者从事云南兰属植物的收集、整理，曾多次向吴、陈两位教授反映，终于得到两位先生的确认，吴教授1991年的著作《中国兰花》和1995年的著作《国兰拾粹》中，均正式确认莲瓣兰及其学名。从此莲瓣兰作为国产兰属的一个种，得到国内兰界公认，它的风采也更为世人所关注，在众多云南兰属植物中独领风骚。

2002年9月，陈心启教授指出，经多方形态比对，莲瓣兰应和原在台湾发现的卑亚兰或称菅草兰为同一种。并指出，“莲瓣兰应作为种予以承认”，学名更改为 *Cymbidium tortisepalum* Fukuyama，在2006年刘仲健、陈心启等著的《中国兰属植物》中也予以正式确认。

注① 《南中幽芳录》成书于明永乐十五年春，由当时“南中七贤”之一的杨安道所著，书中记叙了当时的38种名兰，此著作为大理历史上第一部描写兰花的著作。

一、形态特征与地理分布

（一）形态特征

莲瓣兰根白色，粗壮，径 0.5~1.0cm，长 20~30cm，有的可达 50cm。假鳞茎较小，椭圆形或卵形，长 1~2cm，宽 0.5~1cm。叶 5~7 枚集生，带形或线形，长 40~60cm，宽 0.4~1.2cm，先端渐尖，边缘有细锯齿，中脉及两侧平行脉明显，近基部处无关节。花葶直立，发自近假鳞茎基部处，长 20~30cm，高出叶面或与叶面等高；花序着花 2~5 朵，生长不良时仅开 1 朵，也偶有超过 5 朵的。花苞片长 2.5~3.5cm，宽 0.6~0.7cm，至少花序上部一枚苞片长于花梗连子房。花有清香气，通常浅黄绿色，或稍带白色，也有红、紫、黄、白、粉、绿等各种丰富的色彩，萼片与花瓣上通常具深色纵脉纹，唇瓣中裂片与褶片有紫色斑块或斑点；萼片长 3~3.8cm，宽 0.7~1.0cm，有时稍扭转；花瓣长 2.5~3cm，宽 0.8~1.2cm；唇瓣长 1.8~2cm，宽 0.8~1.2cm，三裂；中裂片长 1~1.2cm，宽 0.9~1.1cm，下弯；唇盘上具 2 条纵褶片，从基部延伸到中裂片基部。蕊柱长 1.2~1.6cm，腹面具浅紫色条纹。花期：12 月至次年 3 月。

（二）地理分布

莲瓣兰的产地除台湾省（称卑亚兰、菅草兰）外，其核心分布区是位于云南西北部的三江并流区域，也即著名的横断山脉及金沙江、澜沧江和怒江流域。以大理、丽江、迪庆、怒江等市、州为中心，向南沿澜沧江、怒江可分布到保山、临沧以及德宏的北部；向东南沿金沙江可分布到楚雄、昆明、曲靖及昭通以及相邻的四川西昌、会理、凉山一带。这一区域正是我国高山、峡谷相间，垂直气候变化明显，生物物种资源异常丰富的横断山脉区。由于地理纬度和海拔高度的差异，分布于不同区域、不同海拔高度的莲瓣兰在植株高度、叶片宽度等方面表现出明显的差异。纬度越大、海拔越高的地方，莲瓣兰的植株越矮小，叶片越细；反之，分布于纬度越小、海拔越低的莲瓣兰则植株越高大，叶片也越宽，其差别可以达到一倍以上。

莲瓣兰生长在海拔 1500~2500m 的河谷、半山的松（杉）栎类混交林下、林缘或荒坡草地。分布在林下的，则林下灌木及地被植物层不是十分茂密，每天都有部份阳光散落林间，而且林下腐殖质层松软，通风透气性能良好，空气清新而湿润，这些都为莲瓣兰的自然繁育提供了良好的生存环境。

二、观赏特性

莲瓣兰作为国产兰属的重要一员，逐渐为国内外兰界所熟知，还是近二十多年来的事情。随着中国兰花协会成立后连续十余届全国兰花博览会的举办，云南兰友纷纷把从野生莲瓣兰中选育的优良品种亮相兰博会，每次都赢得组委会大奖和全国各地兰友的赞许，莲瓣兰的知名度与日俱增。由于其植株形态、开花性状、生长习性、栽培方法等与四川习惯栽培的春剑较为相似，而受到四川兰友的格外青睐，莲瓣兰中许多优秀品种被引种到四川，获得了极大的发展。同时也由于其枝叶秀美，株型适中，花色丰富，芳香宜人，环境适应能力强，发苗力高，易开花等优良性状而越来越受到全国各地兰友的喜爱。

由于分布区地理纬度，海拔高度，植被成份，温、湿度条件，土壤状况等的差异，给莲瓣兰在植株形态，叶片长短、宽窄，花的形态、色彩等方面带来了丰富多彩的变化，形成了极为丰富多彩的自然变异，给人们有目的的进行引种驯化，继而为培育众多优良品种创造了必要的前提条件。莲瓣兰的花色在国产兰属的所有物种中是最为丰富的，由于分布海拔高，光照充足，紫外线强，空气透明度大，花色极为鲜艳悦目，明快俏丽。加之莲瓣兰一杆多花，且多数高出叶面，其观赏价值在国产兰属中是独树一帜的。

莲瓣兰的观赏特性可以概括为：枝叶秀美，株型适中；性强健，发苗率高，适宜引种栽培；易开花，一杆多花，通常高出叶面；花开于冬末春初，喜迎新春，花期长达一月；花色极为丰富多采，明快而俏丽；花清香飘溢，香气纯正；瓣形丰富，梅、荷、水仙一应俱全；自然变异极为丰富。

三、莲瓣兰品种分类

莲瓣兰的自然变异中，花的变异有素心、红舌、蝶瓣、多瓣、树形花、子母花等。叶的变异则包括了镶边覆轮、缟、斑、曙、短叶、矮草等。

但就总体上说，莲瓣兰的瓣型与春兰、豆瓣兰、四季兰等相比尚有一定差距，且花的质地较薄，好的瓣型不易保持，易受栽培环境的影响，不能不说是一种缺憾。

如前所述，莲瓣兰的自然变异极为丰富，首先是花的瓣型与色彩。就瓣型而论，目前已开发的品种，栽培较普遍的有：

荷瓣：‘荷之冠’、‘丹鼎荷’（‘药草’）、‘千禧荷’、‘三喜荷’、‘荡山荷’、‘粉荷’、‘朱丝玉荷’等。

梅瓣：‘滇梅’、‘星梅’、‘寿梅’、‘点苍梅’、‘千禧梅’、‘玉龙梅’等。

莲瓣兰的各种不同花色也是进行品种分类的依据。其中有些品种系列特别引起兰友的青睐，比如‘红莲瓣’、‘黄莲瓣’、‘金黄莲瓣’、‘白莲瓣’、‘绿莲瓣’等。

多样化的品种是来自于自然变异。众所周知，云南复杂的地形地势以及十里不同天的气候，孕育出丰富多采的生物物种的自然变异，加之分布区土壤内多种金属元素含量丰富而多样，促使莲瓣兰发生的变异更加绚丽多彩。这里所说的自然变异，是指野生兰花的植株、叶片或花的形态上发生了与正常植株有明显不同的、有规律的变异。而这些变异的性状是可以通过无性繁殖继承下去的，也就是该变异植株新发的苗，开的花也应具备同样的变异性状。我们称之为性状稳定的、可遗传的变异。

这些遗传变异可分为叶的变异和花的变异两个方面。

叶的变异有：

叶的变异包括叶片色彩的变异和叶片形状的变异两方面。色彩变异是指叶片上出现有规律的黄色或白色的变化。这些色彩的变异又可分为条状变异和斑块状变异。条状变异已发现的有镶边（覆轮）、缟、中透缟、嘴草等。如著名的花、叶双艺的‘翠晶红轮’、‘大丽之花’

以及中透缟草的‘北极星’等。斑块状变异有虎斑、曙、扫尾等，如产于维西的‘莲瓣虎斑’。叶片形状的变异有宽叶、叉叶、矮草、水晶等，如矮草‘大唐凤羽’、‘繁星’等。

花的变异有：

1. 素心：即唇瓣上没有通常出现的紫红色斑点、斑块。传统品种有‘小雪素’（‘苍山瑞雪’）、‘大雪素’以及数量众多的以白色为主的各类“莲瓣素”。其中以‘永怀素’、‘高品素’为最具观赏价值。还有黄花白舌的‘黄玉素’、红花白舌的‘红妆素’、‘红荷素’，绿花绿舌的‘绿玉素’、‘碧玉素’以及整个唇瓣从舌尖到舌根全为血红色的‘碧龙红素’等。

2. 红舌：唇瓣中央全为红色，仅周围一小圈为白色，如‘心心相印’、‘二红素’、‘雪里红’、‘丹心’、‘丹顶鹤’、‘龙女’等。

3. 蝶瓣花：蝶瓣花就是萼片或花瓣（主、副瓣或捧瓣）唇瓣化，其上出现类似唇瓣上的紫红色斑点、斑块或线条以及乳化现象，状如蝴蝶翅膀。蝶瓣花可分为主瓣蝶、副瓣蝶、捧瓣蝶三类。

主瓣蝶化如‘苍山奇蝶’。

副瓣蝶化多出现在副瓣的下部，所以也称副瓣下蝶或胡蝶，如‘剑阳蝶’、‘宝莲蝶’。

捧瓣蝶花又可分为捧瓣内蝶，如‘碧龙奇蝶’、‘苍山奇蝶’和捧瓣全蝶两类。捧瓣全蝶也称三星蝶、蕊蝶。近年来，产区兰友在野生莲瓣兰中选育出众多优秀的三星蝶品种，如‘丽江星蝶’、‘玉兔’、‘桃园蝶’、‘星海蝶’、‘三羊开泰’、‘满江红’、‘大唐凤羽’、‘二凤’、‘汗血宝马’、‘盛祥蝶’等。

莲瓣兰中所有蝶化变异，性状都是比较稳定的，唯‘苍山奇蝶’虽然主要表现为主瓣蝶和副瓣内蝶，却表现得极不稳定，且变幻无穷，不仅不同的年份表现出不同的蝶化性状，就是在同一植株也会开出不一致的蝶瓣花，所以兰友常戏称其为‘变脸蝶’。还应指出的是个别三星蝶品种蝶化变异性状的稳定程度较差，会因环境条件、栽培状况的改变而有所差异，每年开得花形态各异。

蝶化程度的高低是区别蝶瓣花品质优劣的主要依据。以‘三星蝶’为例，若两捧瓣蝶化程度高，则捧瓣形状、大小、色彩、线条、斑点斑块、乳化程度，甚至连喉管、褶片都和唇瓣一样，区分不出哪个是捧瓣，哪个是唇瓣，似乎变成了三个舌头，这样的三星蝶就是最高规格的三星蝶，如近年发掘的‘星海蝶’、‘三羊开泰’、‘大唐凤羽’、‘盛祥蝶’等。而有些品种的捧瓣仅表现为略有一些紫红色斑线、斑点，且常出现在捧瓣根部的中央，完全没有出现乳化等唇瓣化现象，这样的品种只能称为“彩捧”，而不能称为“三星蝶”。

有些蝶化现象蝶化程度高，彩色的斑点、斑块甚至会出现在植株新叶的先端、叶缘和部份叶片上，出现所谓“叶蝶”或“叶恋花”现象，如‘大唐凤羽’、‘玉兔’、‘汗血宝马’、‘二凤’等，给原本奇异的国兰更增添无限的神秘感。这种“叶蝶”现象，目前尚无法用生理学的观点来加以解释，但我们可以从大量的这种现象中总结出一些带普遍性的规律——凡是有“叶蝶”现象的都出现在“三星蝶”的品种中。反之，却不能说，凡是“三星蝶”品种都会出现“叶蝶”性状。

4. 多瓣花：兰花的花被数是六，三个为萼片，三个为花瓣。而有的一朵花有多达十余、二十余甚至更多的花瓣，状如菊花或牡丹。其中部份花瓣出现蝶化，呈现多瓣、多舌、多蕊柱于一身的现象，如‘剑湖菊’、‘玉菊’、‘雪菊’、‘碧龙菊’等。

有的多瓣花则主要表现为多舌花，如‘黄

金海岸'、'玲珑春'等。

5. 蕊柱分裂、瓣化成多个小的花瓣，如'奇花素'、'点苍麒麟'等。

6. 六出花：唇瓣没有发生特化，形状和捧瓣一致，和主、副瓣一起呈六出状放射排列，如'剑湖奇'、'碧龙奇莲'、'丽江奇莲'等。

7. 抱杆花：花柄短缩，花朵紧抱花杆，有的呈无花柄、无子房状，如'粉荷'、'永昌梅'等。近年在保山施甸常发现此类品种。植株叶片直立，至 1/2 以上常扭转，不弯曲下垂。其花瓣多宽阔，呈荷瓣或荷形瓣，无花柄或花柄极短。

8. 少瓣、舞瓣、戟形瓣：如少瓣品种'雁南飞'。

9. 子母花：在每朵花的花柄基部又长出 1~2 朵小花，这些小花也会正常开花，只是花小一些，且多为三星蝶。有些小花不仅出现在花柄的基部，还会出现在萼片，即主、副瓣的基部，不仅小花都是蝶瓣花，主花也往往会出现多瓣、蝶化等性状。这类子母花盛开时，主花、子花一起开，状如绣球，十分壮观。如'奇花王'、'合家欢'（'炎黄子孙'）、'锦上添花'、'奔驰牡丹王'等。

10. 树形花：花序出现分枝，由总状花序演变成类似圆锥花序；花杆上出现数轮至多数苞片；苞片瓣化，状如花瓣；主花往往出现多瓣、蝶化等性状，如'金沙树菊'、'天女散花'、'天外天'、'玉树临风'等。

莲瓣兰品种繁多，国产兰属已发现的各种遗传变异，在莲瓣兰中也应有尽有。我们知道，有的遗传变异的优良性状是不会因环境的改变而发生变化的，如素心、多瓣、蝶瓣等。而有的优良性状如色彩、瓣形却往往因环境的变化，如温、湿度，光照的变化而发生某些改变。我们必须熟练掌握和控制能保持这些优良性状所需的各种环境条件，以使这些优良性状得以充分的展现。

四、代表品种介绍

（一）荷瓣代表品种

'荷之冠'（图 11），也名'绣荷鼎'，是莲瓣兰荷瓣的典型代表。20 世纪 90 年代初由云南保山养兰名家赵伟林发掘于保山潞江坝山林。叶长 30~50cm，宽约 1.8cm，叶型伟岸，气宇轩昂。花朵较大，香气清纯，主、副瓣宽圆起兜，为典型的荷瓣；蚌壳捧，合拢；半圆舌，白色，具 3~5 颗紫红色斑点；全花白色，略带粉红，主、副瓣和捧瓣上具 7~9 条紫红色脉纹。此品种被誉为莲瓣兰荷瓣花之冠。1995 年在第五届中国（昆明）兰花博览会上荣获特别金奖，后又多次荣获国内各类兰展的大奖。2001 年登录为中国兰花名品。

'千禧荷'（图 12），2000 年 2 月在大理荡山洲兰苑首次被发现，故名。叶长 30~40cm，宽 1~1.2cm。花色粉红；主、副瓣宽阔、起兜；蚌壳捧合拢；白色大圆舌上具散生紫红色圆点。

'药草'（图 13），又名'丹鼎荷'，因以草易药而得名。产于大理巍山，由大理养兰名家孙智勇选育。宽叶莲瓣兰，花型大，主、副瓣宽圆，花色粉红，比'荷之冠'更为鲜艳。因花色有如丹顶鹤之冠，故又名'丹荷鼎'，曾多次荣获国内展览的大奖。

'三喜荷'（图 14），原名'紫熹荷'，产于

云南保山，由宋志勇选育。叶长40~50cm，宽1.2~1.6cm。花红色略带浅黄，花瓣上具紫色脉纹；主、副瓣宽圆，收根细，端起兜，具小凸尖。

'粉荷'（图16），产于滇西，由大理养兰名家李红崟选育。因花色粉红，格外绚丽，故名'粉荷'。花序与花梗均短缩，花着生较密集。2004年和2005年荣获第十四届和第十五届中国兰花博览会特别金奖。2007年登录为中国兰花名品。

'碧龙荷'（图19），产于大理巍山。叶长30~40cm，宽1~1.2cm。花杆红色；花粉色，具鲜红色脉纹；主、副瓣较宽；白色唇瓣略小，中央具大块紫红色斑纹。本品种被曲靖兰友引种后，曾取名'珠源彩荷'。2002年登录为中国兰花名品。

'漂洋荷'（图27），产于云南保山。花色粉红；主、副瓣较宽阔，呈品字形排列；捧瓣较小，合拢；唇瓣略反卷，具大面积连成的紫红色斑块。2001年登录为中国兰花名品。

'朱丝玉荷'（图36），花瓣白色，质糯；主、副瓣中央脉纹朱红色，格外鲜艳、醒目。多次荣获各类展览大奖。

'荡山荷'（图44），株型健壮，叶长40~70cm，宽1~1.4cm，由大理荡山洲兰苑孙智勇自保山引种选育，故名。花粉白色，脉纹为浅青紫色；主、副瓣圆阔，结构端正，为正格荷瓣花；蚌壳捧，合拢，宽圆；半圆舌，白色，具大型紫红色鲜艳斑块。多次荣获各类兰展大奖。2006年登录为中国兰花名品。

'滇荷'（图46），由玉溪著名兰家晋小容、李安明选育。花色粉白；主、副瓣较宽圆，先端起兜。2005年登录为中国兰花名品。

'丽江星荷'，产于丽江老君山，1997年被引种栽培。叶长40~50cm，宽1~1.2cm，半直立。花桃红色，明快俏丽；主、副瓣宽圆、起兜，紫红色脉纹明显；蚌壳捧合拢；白色圆舌略反卷，具7~9颗紫红色斑点。曾获2006年第六届云南省（丽江）兰花博览会特别金奖。2002年登录为中国兰花名品。

（二）梅瓣

'滇梅'（图47），曾用名'包草'、'莲帝梅'、'盖世梅'。产于大理巍山，由兰家张包发掘。叶长30~60cm，宽0.3~0.9cm。花杆及花瓣脉纹呈紫红色，花瓣粉红色；主、副瓣端圆，起兜，收根放角；捧瓣为肉质状硬捧，端呈肉黄色；舌圆，略外翻，不卷，中央具一紫红色斑点或斑块。品种性状稳定，为莲瓣兰最具代表性的梅瓣品种。曾荣获第十二届中国（彭州）兰花博览会金奖，第十四届中国（玉溪）兰花博览会特别金奖。2003年登录为中国兰花名品。

'玉龙梅'（图48），产于云南昭通金沙江畔。叶长40~60cm，宽0.7~1.0cm，较直立。花容端庄，花色绿白，花瓣边缘着有紫红复色；主、副瓣端圆，起兜；捧瓣呈硬捧、加厚状；唇瓣为圆舌、白色，具2块紫红色斑块。2006年登录为中国兰花名品。

'千禧梅'（图49），产于大理洱源，2000年下山，故名'千禧梅'，由洱源杨光裕选育。叶长30~40cm，宽0.6~0.8cm。花色白里透红，梅瓣；硬捧，黄白色，起兜。2006年登录为中国兰花名品。

'云龙梅'（图55），产于大理云龙，由大理孙智勇选育。黄花梅瓣，一杆2~3花。主、副瓣收根放角，起兜，质厚；捧瓣端略加厚，半硬捧。全花金黄色，格外鲜艳悦目，有香气。

'点苍梅'（图57），曾用名'长脚梅'、'狗头梅'，产于大理巍山，20世纪90年代由兰友苏玉成选育。叶长40~60cm，宽0.8~1cm。全花呈粉红色，花容美观；主、副瓣为长脚梅瓣，端圆，起兜，收根放角；捧瓣为蚌壳捧，捧端略加厚；圆舌白色，具大块紫红色斑。曾获第七届中国（北海）兰花博览会铜奖，第十三届中国（大理）兰花博览会金奖。1999 年登录为中国兰花名品。

‘碧龙寿梅’（图 66），产于滇西三江流域，由李映龙命名登录。叶长 40~60cm，宽 0.6~1cm，半直立。花杆粗壮、红色；苞片厚水晶状；花朵较小，厚质；主、副瓣呈仙桃型，瓣尖带水晶，紧边、起兜，色玉绿;捧瓣为硬捧，全肉质化，肉黄色；唇瓣较小，龙吞舌。本品种曾荣获第八届中国（中山）兰花博览会金奖。2000 年登录为中国兰花名品。

‘碧龙星梅’，叶长 40~60cm，宽 1~1.3cm。全花粉白色，具红色脉纹；主、副瓣近梅形，略起兜;半硬捧,捧瓣端稍肉质化;唇瓣较小,具“U”形紫红色斑块。曾获第二届云南省（玉溪）兰花博览会金奖。

‘玉堂春’，产于大理祥云，2003 年由昆明马新龙选育。植株高大挺拔，直立。花色粉白，具浅褐色条纹;主、副瓣近端处各有一红色彩点;主、副瓣为典型梅瓣，收根放角，起兜，端圆，有凹缺；半硬捧；龙吞舌。

‘红蜻蜓’,长脚梅瓣。主、副瓣外侧紫红色，内侧黄褐色；捧瓣乳黄色，中部具一条紫红色斑线，恰似蜻蜓眼睛，故名，形象而生动。主、副瓣收根放角，紧边起兜；硬捧，乳化程度高；小龙吞舌。

‘胭脂梅’，长脚梅瓣。花瓣胭脂红色，中部各具一浅黄色条块;主、副瓣宽阔，收根放角，副瓣一字肩，端部略向内反卷；硬捧，端部肉黄色，乳化程度高；小龙吞舌。

（三）素心代表品种

‘永怀素’（图 69）,正格荷瓣白花莲瓣素心，由大理王永怀选育。花色洁白无瑕，花容端庄秀丽，为目前云南莲瓣素心之最高品。曾多次荣获国内各类展览大奖。

‘高品素’（图 71），产于滇西怒江，由大理王永怀选育。花葶高出叶面。全花素净，通体净白，清新淡雅。曾多次荣获各类展览大奖。2002 年登录为中国兰花名品。

‘碧龙洁’（图 74），曾用名‘冰美人’，产于滇西北峡谷。白花莲瓣素心，通体洁白，晶莹剔透。

‘娇月’（图 79）,麻壳莲瓣素心。花瓣荷形，黄白色，具褐色脉纹；大圆舌洁白，全素，状如满月，熠熠生辉。

‘庆麟素’（图 81），也称‘曲靖一号’，由云南曲靖苏力选育。荷形莲瓣素心。花绿色，格外俏丽。

‘人面桃花’（图 82），产于滇西，俗称‘麻壳素’，由昆明杨树堃选育。花桃红色，大圆舌白色、素心，色彩鲜艳悦目。

‘大雪素’（图 84）,宽叶莲瓣兰,白花素心，为滇兰四大传统名品之首。已有数百年栽培历史，因花期在岁初春节之前，故也名‘元旦兰’。成书于 1423 年的《南中幽芳录》载：“大雪素：段氏名花。多产于无量山。正月开花，着花 3~4 朵，叶七分，宽四分，长尺余，为绵绵垂柳，莛淡白如玉，粗如箸，挺拔为上品，荷瓣，洁白如雪，人字肩，宽两寸，舌淡白如腊而娟秀，花清香。”曾多次荣获中国兰花博览会金奖，1987 年在日本东京举办的十二届世界兰展中荣获金奖。

‘苍山瑞雪’（图 85），也称‘小雪素’、‘素心兰’，云南四大传统名兰之一，已有六百余年栽培历史,主产大理洱源。从野生莲瓣兰中选育，白花素心，全花洁白无瑕。曾多次获中国兰花博览会金、银奖。1995 年登录为中国兰花名品。

‘滇荷素’，曾用名‘雪人’、‘宝姬’，产于滇西北高黎贡山。叶长 60~70cm,宽 1~1 4cm。主、副瓣荷形，绿白色，具青色脉纹;圆舌反卷，素心。

‘碧龙玉素’，曾用名‘碧玉素’、‘云麟素’，莲瓣素心，产于大理洱源。叶长40~60cm，宽0.8~1cm。花色绿白。曾获第七届中国（北海）兰花博览会金奖。2002年登录为中国兰花名品。

‘素荷鼎’，荷瓣，素心。花绿白色，具绿色脉纹；主、副瓣圆润，起兜，紧边；大圆舌，白色，全素。

‘金黄素’，水仙瓣，一字肩。花色金黄；唇瓣白色，全素。

‘翠荷素’，荷瓣，素心。全花绿色，唇瓣白色；主、副瓣圆阔，紧边，略起兜，一字肩；蚌壳捧合拢；圆舌，素心，无斑点。

‘红荷素’，花瓣水红色，双面透红，花色俏丽、动人；主、副瓣近荷形；蚌壳捧合拢；大如意舌白色，素心，尖端有一小凸尖。

‘红妆素’，荷瓣，素心。花粉红色，具深红色脉纹；大圆舌，白色略带粉红，素心，娟美动人；主、副瓣较宽，端渐尖。

（四）红舌、红素

‘碧龙红素’（图94），曾用名‘红素’、‘大理红素’。产于大理云龙澜沧江畔，1991年由云龙赵树德发掘。叶长40~60cm，宽0.7~1.0cm。主、副瓣为水仙瓣，品字形排列，黄白色，具褐色脉纹，瓣片中央具红色条状斑纹；剪刀捧，除瓣缘为白色外，中间全为红色；唇瓣全部紫红色，中央色更深，故称红素。曾多次荣获各类展览大奖。2007年登录为中国兰花名品。

‘心心相印’（图95），曾取名‘宝钗’、‘观音献宝’，产于云南保山。叶长30~50cm，宽0.5~0.8cm。主、副瓣荷形，粉红色，具紫红色脉纹；唇瓣仅边缘一圈为白色，中央部分全为紫红色，呈大块的心脏形，故名‘心心相印’，是莲瓣兰红舌的代表品种，多次荣获各类奖项。2006年登录为中国兰花名品。

‘二红素’（图96），产于滇西北三江并流区域。主、副瓣为水仙瓣，白色，具褐色脉纹，中央一条为浅紫色；唇瓣较宽大，仅边缘有少许白色外，全部为深红色。全花红、白相映，格外鲜艳醒目。

‘雪里红’，主、副瓣条状，一字肩，白色，具浅色脉纹；唇瓣反卷，仅两侧有少许白色，其余全为红色，色彩对比鲜明、醒目。

‘爱心’，主、副瓣较狭长，呈品字形，白色，具浅色脉纹；唇瓣白色，中央具大块心形鲜红色斑。盛花时，白花丛中颗颗红心映照其间，格外醒目。

（五）蝶瓣花

‘剑阳蝶’（图97），产于滇西北老君山，由大理李福鸿发掘。叶长40~60cm，宽0.6~1.1cm。副瓣下蝶，性状稳定；主、副瓣宽阔，荷形，端尖；花白色，略带粉红，具紫红色脉纹；副瓣下部蝶化程度高，白色，肉质加厚，着生大块紫红色斑块，格外鲜艳悦目。此品种极易着花，莲瓣兰副瓣蝶的典型代表，性强健，易栽培，被誉为“天下第一副瓣蝶”。多次荣获全国兰博会金奖，2006年在第十六届中国（贵阳）兰花博览会上获特别金奖。1993年登录为中国兰花名品，是莲瓣兰第一个登录的名品。

‘中意蝶’（图98），副瓣下蝶。植株强健，半立叶。花较‘剑阳蝶’略大；主、副瓣宽大，端尖；副瓣下部彩斑艳丽；唇瓣为大圆舌，不反卷，其上红色斑线、斑块十分艳丽。

‘玉兔’（图99），也名‘玉兔彩蝶’，捧瓣全蝶（三星蝶），产于迪庆州维西县，1990年由昆明纪家祥选育。叶长30~40cm，宽0.5~0.7cm，半直立；主、副瓣较狭长，粉白色，具彩色脉纹；剪刀捧，斜上直立，白色，酷似兔耳，着大小不等的鲜红色斑线斑块，先端色块特别大，鲜艳夺目。‘玉兔’有“叶蝶”现象出现，常在新苗嫩叶先端或叶缘出现紫红色斑点。曾多次荣获各类展览大奖。2004 年登录为中国兰花名品。

‘星海蝶’（图 100），也名‘馨海蝶’，产于大理永平，由永平彭圆顺、张雷选育。叶长 25~30cm，宽 0.5~0.7cm。主、副瓣为水仙瓣，淡黄绿色，具浅色脉纹，中央脉纹为红色，鲜艳醒目；猫耳捧，白色，蝶化程度高，着紫红色斑块、斑线，格外醒目，端部大块红斑呈半圈形状，下部有类似唇瓣的喉管与褶片。曾荣获第十四届中国（玉溪）兰花博览会和第十五届中国（乐山）兰花博览会金奖。2005 年登录为中国兰花名品。

‘汗血宝马’（图 101），捧瓣全蝶（三星蝶），疑似莲瓣兰与豆瓣兰的自然杂交种，产于滇西北澜沧江畔。“叶蝶”明显，新叶长至 5~7 叶时，出现“叶蝶”现象，白色水晶状叶尖和叶缘出现红色斑点。叶长 40~50cm，宽 0.6~0.8cm。主、副瓣黄绿色，肉质，具深绿色脉纹；捧瓣蝶化程度较高，绿白色，着紫红色斑点、斑块，具类似唇瓣的喉管等。曾多次荣获国家及省级兰博会金奖。2006 年登录为中国兰花名品。

‘丽江星蝶’（图 102），捧瓣全蝶（三星蝶），产于云南丽江，由丽江杨振华选育。叶长 40~50cm，宽 0.7~0.9cm。主、副瓣狭长，黄白色，具褐色脉纹；猫耳捧，斜上生长，着鲜红色斑块，色彩艳丽，蝶化程度较高。曾获第十一届中国（贵阳）、第十四届中国（玉溪）兰花博览会金奖。2006 年登录为中国兰花名品。

‘凉山星蝶’（图 103），捧瓣全蝶（三星蝶），产于四川凉山，2002 年由四川杨小龙选育。主、副瓣黄白色，边缘具红晕，具褐色脉纹；捧瓣三角状，与唇瓣形状相似，白色捧瓣上着紫红色斑点、斑块，端部斑块连成片，格外鲜艳悦目；捧瓣蝶化程度高，不仅与唇瓣形似，还具有类似唇瓣的喉管等，很难把二者区分开来。

‘二凤’（图 106），捧瓣全蝶（三星蝶），“叶蝶”现象格外明显。产于滇西北三江并流区域，由黄德敏发掘、命名。叶长 40~60cm，宽 0.6~0.9cm。新芽长到 5 片叶时就开始出现“叶蝶”，通常在白色的叶端和叶缘，出现散生的红色斑块、斑点，格外鲜艳悦目。捧瓣着生紫红色斑线、斑块，但蝶化程度不及‘大唐凤羽’高。

‘碧龙奇蝶’（图 108），捧瓣内蝶，产于大理洱源，1993 年发掘。叶长 40~60cm，宽 0.6~0.8cm。花杆细长，花银白色带红晕；捧瓣内侧下部肉质化加厚，呈圆块状凸出。曾获第六届中国（汕头）兰花博览会金奖。1996 年登录为中国兰花名品。

‘苍山奇蝶’（图 110），曾用名‘碧龙蝶’、‘云甸奇蝶’、‘啸天豹’等。集捧瓣为蝶、主瓣蝶、多舌于一身，被称为‘变脸蝶’、‘千面观音’。产于大理云龙，1992 年发掘。花色紫红。其特点是变异的性状不稳定，同一杆花上会出现不同性状的变异，不同的年份也会开出不同变异的花。但都是属于变异花，而不会出现正常花，这在莲瓣兰中是绝无仅有的。1998 年获第八届中国（中山）兰花博览会金奖。1993 年登录为中国兰花名品。

‘梁祝’（图 112），捧瓣全蝶（三星蝶）。株型秀美。花型较大；主、副瓣较狭长，端渐尖；花色粉白，具红色脉纹；猫耳捧，白色，具紫红色斑点、斑线，蝶化程度较低。

‘盛祥蝶’（图 113），捧瓣全蝶（三星蝶），“叶蝶”明显，产于怒江州兰坪县，2001 年由大理张玉祥发掘。主、副瓣白色，具绿色脉纹；捧瓣较宽圆，端部反卷，白色捧瓣上着紫红色斑点、斑块，其形状、色彩均与唇瓣相似，也有类似唇瓣的喉管等，蝶化程度高。“叶蝶”色彩鲜艳，彩块分布均匀，对比鲜明，且新老苗都会出现“叶蝶”现象，持续时间长，不易消退。

‘三羊开泰’（图 114），捧瓣全蝶（三星蝶）。

主、副瓣狭长，黄白色，中脉紫红色；捧瓣宽圆，形似唇瓣，白色，上部具紫红色“U”形斑块，色彩对比鲜明，蝶化程度高。

‘云溪蝶’（图115），又名‘桃园蝶’、‘虎山蝶’，捧瓣全蝶（三星蝶），产于大理云龙，由张雄翔发掘。叶长30~50cm，宽0.5~0.7cm，株型下垂。花型较大；主、副瓣狭长，白色，具青色脉纹；捧瓣白色，着紫红色斑线、斑块，蝶化程度一般。曾获第十三届中国（大理）兰花博览会、第十五届中国（乐山）兰花博览会金奖。

‘大唐凤羽’（图117），捧瓣全蝶（三星蝶）。矮种莲瓣兰，“叶蝶”现象明显。产于云南澜沧江畔，2001年由巍山黄德敏选育。叶长15~30cm，宽0.5~0.8cm，新芽长出5片叶后开始出现“叶蝶”。叶半垂，略扭曲，叶尖带红水晶，每株“叶蝶”达2~3片叶，乳化的白色衬底上，出现不规则鸡血红斑块。捧瓣半圆形，蝶化程度高，外形、色彩、斑块以及喉管等均与唇瓣极为相似。白底红斑格外鲜艳夺目，为莲瓣兰已发现的三星蝶中的珍贵变异，性状稳定。本品种曾获2005年第十五届中国（乐山）兰花博览会特别金奖。2006年登录为中国兰花名品。

‘宝莲蝶’，副瓣下蝶，产于云南昭通。形似‘剑阳蝶’，惟花色略带黄白，副瓣下部蝶化部份根部各有一圆状凸起，质厚，乳化程度高。

‘满江红’，捧瓣全蝶（三星蝶），产于滇西北三江流域，2003年由云龙姜兴云等从兰坪县花农手中购得。叶长30~40cm，宽0.7~0.9cm，有“叶蝶”现象，新苗长至4~6片叶时出现“叶蝶”。花盖叶；主、副瓣近荷形，白色，具绿色脉纹，朝天开放；捧瓣形状与唇瓣相似，蝶化程度高；白色捧瓣着紫红色斑点、斑块，鲜艳悦目，端反卷，具类似唇瓣的喉管。

（六）多瓣花

‘剑湖菊’（图119），菊型多瓣奇花，莲瓣兰多瓣变异的典型代表。产于大理剑川，由剑川陈述新选育。叶长25~35cm，宽0.5~0.7cm，植株矮化，叶片扭曲，叶面起皱褶，叶尖有透明的水晶体。一花10~20余片花瓣，集多瓣、多舌、多蕊柱、蝶化、水晶、矮种于一身。曾荣获云南省第二届（玉溪）兰花博览会金奖，第十一届中国（贵阳）兰花博览会金奖。2001年登录为中国兰花名品。

‘碧龙菊’（图120），菊型多瓣奇花，产于滇西北三江并流峡谷区。叶长25~30cm，宽0.3~0.4cm，细叶型。全花集多瓣、多蕊柱、多舌于一身，花色粉红，俏丽。曾获第七届中国（北海）兰花博览会金奖，第九届中国（无锡）兰花博览会银奖。1997年登录为中国兰花名品。

‘雪菊’，菊型多瓣奇花。集多瓣、多舌于一身。花色洁白。唇瓣上具猩红色斑块，对比鲜明，俏丽、明快。

‘碧龙宝莲’，多瓣多舌奇花。数花聚簇于花杆的顶部，同时开放，呈莲花状，十分奇特。花色粉红，具深红色脉纹。曾荣获第十届中国（杭州）兰花博览会金奖。

‘大唐奇观’（图123），多舌奇花，产于怒江流域。叶长35~40cm，宽0.5~0.7cm，细叶型。主、副瓣和捧瓣呈五出状放射排列，构成外边一轮，中央为6个以上的唇瓣，里边一轮，正中间为一个蕊柱，排列整齐、美观。花色粉红，唇瓣白色，具红色斑点、斑块，鲜艳悦目。惟本品种同一花序上，部分为多舌变异花，而另一部分为正常花，说明此种变异尚不充分。2006年登录为中国兰花名品。

‘玲珑春’（图125），三舌奇花。株型纤细，秀丽。主、副瓣和捧瓣为正常花，粉红色。有三个白色圆舌，呈倒品字型排列，上具紫红色“U”

形斑块。

‘黄金海岸’（图 126），曾用名‘领带花’，多舌奇花。产于怒江州六库镇，1992 年昆明王乐清从六库花农手中购得。叶长 40~50cm，宽 0.7~0.9cm，半直立，叶质稍硬；主、副瓣和捧瓣为正常花，黄绿色，边缘带红晕；在捧瓣和蕊柱的基部长有多个唇瓣，唇瓣数可多达 30 余个。唇瓣白色，具鲜红色斑块，格外鲜艳，盛花时花团锦簇，为莲瓣兰多舌花的典型代表。曾多次荣获国家、省、州市兰展大奖。2006 年登录为中国兰花名品。

（七）六出花

指唇瓣未特化，与捧瓣类似，萼片（主、副瓣）和花瓣呈放射状排列。

‘碧龙奇莲’（图 128），产于迪庆州维西县。叶长 40~60cm，宽 0.6~0.7cm。唇瓣未特化，与主、副瓣和捧瓣在形状与色彩上相似，呈六出状放射排列成两轮。全花桃红色，俏丽娇艳。曾获第十一届中国（贵阳）兰花博览会银奖。2001 年登录为中国兰花名品。

‘剑湖奇’（图 129），产于大理剑川，由剑川陈述新选育。唇瓣未特化，与主、副瓣和捧瓣形似，呈六出、放射状排列。全花绿白色，具浅褐色脉纹。蕊柱顶端稍有分裂，没有蕊喙和花粉块。曾获云南省新千年兰博会金奖，第十一届、第十二届全国兰花博览会银奖。2001 年登录为中国兰花名品。

（八）蕊柱分裂或瓣化

‘奇花素’（图 130），产于大理祥云，由祥云县秋华和周中尚二位发掘。叶长 40~60cm，宽 0.8~1.2cm。唇瓣未特化，形状、色彩基本上与主、副瓣和捧瓣相似，没有彩色斑点、斑块，也缺乏唇瓣特有的喉管和褶片等，故称为素心，只是形状略小于其余花瓣；蕊柱重度分裂，有的变成了小的花瓣，所以有的兰友称其为素心多瓣变异；全花呈翠绿色。曾获第十三届中国（大理）兰花博览会金奖。2001 年登录为中国兰花名品。

‘点苍麒麟’，也称‘玉狮子’，产于大理点苍山。叶长 60~80cm，宽 0.8~1.0cm，半直立型。蕊柱深度分裂、乳化、膨大成肉质化球状体；全花黄白色，唇瓣白色，具紫红色“J”形斑块。2006 年登录为中国兰花名品。

（九）抱杆花

也即花朵紧贴花杆，无子房或子房极短。

‘永昌梅’，产于保山施甸。叶片直立或斜上生长，上部叶片扭转。花朵紧抱花杆，无子房；主、副瓣为荷瓣（说成梅瓣有误），宽阔，收根放角，端部渐尖；花色绿白，具深色脉纹。花容端庄、秀气。2006 年登录为中国兰花名品。

在保山施甸，已发现类似本品种的不同花色，花瓣近似荷瓣的很多抱杆花的不同品种。

（十）子母花

‘锦上添花’（图 133），产于滇西北三江并流区域，子母奇花，2001 年由巍山黄德敏选育。每个主花花梗的基部着生 1~2 朵小花，小花多瓣、蝶化；主花为正常花，水仙瓣，花色绿白，具深绿色脉纹。

‘奇花王’（图 134），子母奇花，由丽江兰友肖云选育。在每个主花花梗的基部着生 1~2 朵小花，小花呈三星蝶状，是莲瓣兰中最早发现的子母奇花品种之一。

‘合家欢’（图 135），也名‘炎黄子孙’、‘九鼎奇’，产于迪庆州维西县，子母奇花，由洱源杨泽华发掘。每个主花花梗的基部着生 1~2 朵小花，小花结构正常，而主花偶有多瓣（多舌）现象；全花黄白色，略带红色。

‘母子携游’（图 136），子母奇花。在每个主花花梗的基部着生 1~2 朵小花，花粉白色。

‘奔驰牡丹王’，子母奇花，由保山张玉明

选育。花杆粗壮，花朵较大。在每个主花花梗的基部着生数朵小花，小花为三星蝶；而在主花花瓣的基部也会长出小花，出现两轮子花的现象；主花则为多瓣花，每朵花常多出 1~2 个花瓣；花瓣宽阔，近荷形，黄白色，具红色条纹。

（十一）树形花

此类花的花序出现分枝，由总状花序演变成类似圆锥花序。花杆上的苞片多数，呈现瓣化现象；而主花则往往是多瓣奇花。

‘金沙树菊’（图 137），曾用名‘千手观音’，产于四川会理金沙江畔，2005 年由会理李永有发掘。叶长 50~60cm，宽 0.8~1.2cm。花序分枝；苞片多数，瓣化，其形状、色彩与花瓣相同；花朵为菊型多瓣花，且有带水晶和肉质化现象。全花粉白色，花瓣中央红色主脉明显。曾获 2006 年云南省第六届（丽江）兰花博览会特别金奖。2006 年登录为中国兰花名品。

‘天女散花’，产于滇西北三江并流区域。植株和叶片较‘金沙树菊’要细小，树形奇花。花序分枝，多苞片，主花多瓣；苞片瓣化，多数，散生在花杆上，全花黄白色。

‘天外天’，产于四川西昌。叶长 50~60cm，宽 0.8~1.0cm，株型直立。花序分枝，苞片瓣化，数量较多；主花多瓣，有蝶化现象，全花粉白色。2002 年获第十二届中国（彭州）兰花博览会金奖。2002 年登录为中国兰花名品。从植株形态观察，本品种疑似春剑与莲瓣兰的自然杂交种。

（十二）叶艺

‘彩晶红轮’（图 138），这是莲瓣兰较早发现的叶艺品种。叶缘有白色镶边，即白覆轮。花瓣则具有红色镶边，也即红覆轮。变异性状稳定，曾多次荣获各类奖项。

‘大丽之花’（图 139），产于迪庆州维西县，由丽江杨泽选育。植株矮小，叶片略扭曲，具白色中透缟艺。花为菊型多瓣花，白色，具红色脉纹。本品种集矮种、中透叶艺、多瓣奇花于一身，曾获第十四届中国（玉溪）兰花博览会和第十五届中国（乐山）兰花博览会特别金奖。

‘北极星’（图 140），白中透缟艺，产于巍山，1993 年由大理谢时生选育。叶长 50~60cm，宽 1~1.2cm，半直立，白中透缟艺，镶绿色叶缘，色彩对比鲜明、醒目，性状稳定。曾获 2007 年首届中国（昆明）兰花叶艺暨兰文化博览会特别金奖。

（十三）矮草

‘繁星’（图 141），产于滇西北三江并流区域，矮种奇花。株型矮缩，叶片短小，扭曲，叶质加厚，沿中脉对折明显。花序短缩成类似伞形花序，5~7 朵小花聚簇成绣球状，十分奇特。每朵花呈现多瓣、多舌变异，且主、副瓣宽阔，荷形；花色粉红，明快俏丽。曾荣获第十四届中国（玉溪）兰花博览会特别金奖。

五、莲瓣兰常见品种

图 1	图 2	图 3
图 4	图 5	图 6
图 7	图 8	图 9

图 1 点苍红莲 *Cymb. tortisepalum* ‘Dian Cang Hong Lian’
图 2 复色莲瓣 *Cymb. tortisepalum* ‘Fu Se Lian Ban’
图 3 胭脂红 *Cymb. tortisepalum* ‘Yan Zhi Hong’
图 4 朱丝金莲 *Cymb. tortisepalum* ‘Zhu Si Jin Lian’
图 5 红莲瓣（1）*Cymb. tortisepalum* ‘Hong Lian Ban’
图 6 映山红 *Cymb. tortisepalum* ‘Ying Shan Hong’
图 7 黑奇素 *Cymb. tortisepalum* ‘Hei Qi Su’
图 8 肉质黄莲瓣 *Cymb. tortisepalum* ‘Rou Zhi Huang Lian Ban’
图 9 红花荷瓣 *Cymb. tortisepalum* ‘Hong Hua He Ban’

图 10	图 11	图 12
图 13	图 14	图 15
图 16	图 17	图 18

图 10 红莲瓣 (2) *Cymb. tortisepalum* 'Hong Lian Ban'
图 11 荷之冠 *Cymb. tortisepalum* 'He Zhi Guan'
图 12 千禧荷 *Cymb. tortisepalum* 'Qian Xi He'
图 13 药草 *Cymb. tortisepalum* 'Yao Cao'
图 14 三喜荷 *Cymb. tortisepalum* 'San Xi He'
图 15 木氏二荷 *Cymb. tortisepalum* 'Mu Shi Er He'
图 16 粉荷 *Cymb. tortisepalum* 'Fen He'
图 17 丽江荷 *Cymb. tortisepalum* 'Li Jiang He'
图 18 绣荷鼎 *Cymb. tortisepalum* 'Xiu He Ding'

图 19	图 20	图 21
图 22	图 23	图 24
图 25	图 26	图 27

图 19 碧龙荷 *Cymb. tortisepalum* 'Bi Long He'
图 20 虹荷 *Cymb. tortisepalum* 'Hong He'
图 21 老君荷 *Cymb. tortisepalum* 'Lao Jun He'
图 22 小新瓣 *Cymb. tortisepalum* 'Xiao Xin Ban'
图 23 玉宁荷 *Cymb. tortisepalum* 'Yu Ning He'
图 24 元溪梅 *Cymb. tortisepalum* 'Yuan Xi Mei'
图 25 隆阳景 *Cymb. tortisepalum* 'Long Yang Jing'
图 26 麻荷 *Cymb. tortisepalum* 'Ma He'
图 27 漂洋荷 *Cymb. tortisepalum* 'Piao Yang He'

图 28	图 29	图 30
图 31	图 32	图 33
图 34	图 35	图 36

图 28 素荷 (1) *Cymb. tortisepalum* 'Su He'
图 29 玉荷 *Cymb. tortisepalum* 'Yu He'
图 30 玉莲荷 *Cymb. tortisepalum* 'Yu Lian He'
图 31 玉水红荷 *Cymb. tortisepalum* 'Yu Shui Hong He'
图 32 丽江东巴荷 *Cymb. tortisepalum* 'Li Jiang Dong Ba He'
图 33 珍荷 *Cymb. tortisepalum* 'Zhen He'
图 34 高黎红荷 *Cymb. tortisepalum* 'Gao Li Hong He'
图 35 滇中荷 *Cymb. tortisepalum* 'Dian Zhong He'
图 36 朱丝玉荷 *Cymb. tortisepalum* 'Zhu Si Yu He'

图 37	图 38	图 39
图 40	图 41	图 42
图 43	图 44	图 45

图 37 丽江翠荷 *Cymb. tortisepalum* 'Li Jiang Cui He'
图 38 贡山大荷 *Cymb. tortisepalum* 'Gong Shan Da He'
图 39 梁荷 *Cymb. tortisepalum* 'Liang He'
图 40 甲壳虫 *Cymb. tortisepalum* 'Jia Ke Chong'
图 41 感通荷 *Cymb. tortisepalum* 'Gan Tong He'
图 42 圆润荷 *Cymb. tortisepalum* 'Yuan Run He'
图 43 玉氏荷 *Cymb. tortisepalum* 'Yu Shi He'
图 44 荡山荷 *Cymb. tortisepalum* 'Dang Shan He'
图 45 小荷瓣 *Cymb. tortisepalum* 'Xiao He Ban'

图 46	图 47	图 48
图 49	图 50	图 51
图 52	图 53	图 54

图 46 滇荷 *Cymb. tortisepalum* 'Dian He'
图 47 滇梅 *Cymb. tortisepalum* 'Dian Mei'
图 48 玉龙梅 *Cymb. tortisepalum* 'Yu Long Mei'
图 49 千禧梅 *Cymb. tortisepalum* 'Qian Xi Mei'
图 50 云岭佳梅 *Cymb. tortisepalum* 'Yun Ling Jia Mei'
图 51 彩梅 *Cymb. tortisepalum* 'Cai Mei'
图 52 福寿红梅 *Cymb. tortisepalum* 'Fu Shou Hong Mei'
图 53 苍龙黄梅 *Cymb. tortisepalum* 'Cang Long Huang Mei'
图 54 邛玞 *Cymb. tortisepalum* 'Qiong Fu'

图 55	图 56	图 57
图 58	图 59	图 60
图 61	图 62	图 63

图 55 云龙梅 *Cymb. tortisepalum* 'Yun Long Mei'
图 56 金猴梅 *Cymb. tortisepalum* 'Jin Hou Mei'
图 57 点苍梅 *Cymb. tortisepalum* 'Dian Cang Mei'
图 58 泉乡梅 *Cymb. tortisepalum* 'Quan Xiang Mei'
图 59 苍海一梅 *Cymb. tortisepalum* 'Cang Hai Yi Mei'
图 60 富贵梅 *Cymb. tortisepalum* 'Fu Gui Mei'
图 61 宝石梅 *Cymb. tortisepalum* 'Bao Shi Mei'
图 62 高黎黄梅 *Cymb. tortisepalum* 'Gao Li Huang Mei'
图 63 云鹤梅 *Cymb. tortisepalum* 'Yun He Mei'

图 64	图 65	图 66
图 67	图 68	图 69
图 70	图 71	图 72

图 64 水晶梅 *Cymb. tortisepalum* 'Shui Jing Mei'
图 65 玉蟾 *Cymb. tortisepalum* 'Yu Chan'
图 66 碧龙寿梅 *Cymb. tortisepalum* 'Bi Long Shou Mei'
图 67 如意素荷 *Cymb. tortisepalum* 'Ru Yi Su He'
图 68 白雪公主 *Cymb. tortisepalum* 'Bai Xue Gong Zhu'
图 69 永怀素 *Cymb. tortisepalum* 'Yong Huai Su'
图 70 莲瓣素心 *Cymb. tortisepalum* 'Lian Ban Su Xin'
图 71 高品素 *Cymb. tortisepalum* 'Gao Pin Su'
图 72 白马王子 *Cymb. tortisepalum* 'Bai Ma Wang Zi'

图 73	图 74	图 75
图 76	图 77	图 78
图 79	图 80	图 81

图 73 宝荷素 *Cymb. tortisepalum* 'Bao He Su'
图 74 碧龙洁 *Cymb. tortisepalum* 'Bi Long Jie'
图 75 宽叶莲瓣素 *Cymb. tortisepalum* 'Kuan Ye Lian Ban Su'
图 76 秀荷素 *Cymb. tortisepalum* 'Xiu He Su'
图 77 小荷素 *Cymb. tortisepalum* 'Xiao He Su'
图 78 素荷 (2) *Cymb. tortisepalum* 'Su He'
图 79 娇月 *Cymb. tortisepalum* 'Jiao Yue'
图 80 红荷莲瓣素 *Cymb. tortisepalum* 'Hong He Lian Ban Su'
图 81 庆麟素 *Cymb. tortisepalum* 'Qing Lin Su'

图 82	图 83	图 84
图 85	图 86	图 87
图 88	图 89	图 90

图 82 人面桃花 *Cymb. tortisepalum* 'Ren Mian Tao Hua'
图 83 三江红素 *Cymb. tortisepalum* 'San Jiang Hong Su'
图 84 大雪素 *Cymb. tortisepalum* 'Da Xue Su'
图 85 苍山瑞雪 *Cymb. tortisepalum* 'Cang Shan Rui Xue'
图 86 莲瓣素荷 *Cymb. tortisepalum* 'Lian Ban Su He'
图 87 白海鸥 *Cymb. tortisepalum* 'Bai Hai Ou'
图 88 红舌 *Cymb. tortisepalum* 'Hong She'
图 89 龙女 *Cymb. tortisepalum* 'Long Nu'
图 90 碧龙宝红 *Cymb. tortisepalum* 'Bi Long Bao Hong'

图 91	图 92	图 93
图 94	图 95	图 96
图 97	图 98	图 99

图 91 红霞 *Cymb. tortisepalum* 'Hong Xia'
图 92 怡馨红 *Cymb. tortisepalum* 'Yi Xin Hong'
图 93 三江红 *Cymb. tortisepalum* 'San Jiang Hong'
图 94 碧龙红素 *Cymb. tortisepalum* 'Bi Long Hong Su'
图 95 心心相印 *Cymb. tortisepalum* 'Xin Xin Xiang Yin'
图 96 二红素 *Cymb. tortisepalum* 'Er Hong Su'
图 97 剑阳蝶 *Cymb. tortisepalum* 'Jian Yang Die'
图 98 中意蝶 *Cymb. tortisepalum* 'Zhong Yi Die'
图 99 玉兔 *Cymb. tortisepalum* 'Yu Tu'

图 100	图 101	图 102
图 103	图 104	图 105
图 106	图 107	图 108

图 100 星海蝶 *Cymb. tortisepalum* 'Xing Hai Die'
图 101 汗血宝马 *Cymb. tortisepalum* 'Han Xue Bao Ma'
图 102 丽江星蝶 *Cymb. tortisepalum* 'Li Jiang Xing Die'
图 103 凉山星蝶 *Cymb. tortisepalum* 'Liang Shan Xing Die'
图 104 黑奇蝶 *Cymb. tortisepalum* 'Hei Qi Die'
图 105 世外三杰 *Cymb. tortisepalum* 'Shi Wai San Jie'
图 106 二凤 *Cymb. tortisepalum* 'Er Feng'
图 107 玉龙彩蝶 *Cymb. tortisepalum* 'Yu Long Cai Die'
图 108 碧龙奇蝶 *Cymb. tortisepalum* 'Bi Long Qi Die'

图 109	图 110	图 111
图 112	图 113	图 114
图 115	图 116	图 117

图 109 风花雪月 *Cymb. tortisepalum* 'Feng Hua Xue Yue'
图 110 苍山奇蝶 *Cymb. tortisepalum* 'Cang Shan Qi Die'
图 111 倚天奇蝶 *Cymb. tortisepalum* 'Yi Tian Qi Die'
图 112 梁祝 *Cymb. tortisepalum* 'Liang Zhu'
图 113 盛祥蝶 *Cymb. tortisepalum* 'Sheng Xiang Die'
图 114 三羊开泰 *Cymb. tortisepalum* 'San Yang Kai Tai'
图 115 云溪蝶 *Cymb. tortisepalum* 'Yun Xi Die'
图 116 多瓣蝶 *Cymb. tortisepalum* 'Duo Ban Die'
图 117 大唐凤羽 *Cymb. tortisepalum* 'Da Tang Feng Yu'

图 118	图 119	图 120
图 121	图 122	图 123
图 124	图 125	图 126

图 118 捧瓣蝶 *Cymb. tortisepalum* ‘Peng Ban Die’
图 119 剑湖菊 *Cymb. tortisepalum* ‘Jian Hu Ju’
图 120 碧龙菊 *Cymb. tortisepalum* ‘Bi Long Ju’
图 121 祥龙 *Cymb. tortisepalum* ‘Xiang Long’
图 122 红塔菊 *Cymb. tortisepalum* ‘Hong Ta Ju’
图 123 大唐奇观 *Cymb. tortisepalum* ‘Da Tang Qi Guan’
图 124 牡丹瓣 *Cymb. tortisepalum* ‘Mu Dan Ban’
图 125 玲珑春 *Cymb. tortisepalum* ‘Ling Long Chun’
图 126 黄金海岸 *Cymb. tortisepalum* ‘Huang Jin Hai An’

图 127	图 128	图 129
图 130	图 131	图 132
图 133	图 134	图 135

图 127 国色天香 *Cymb. tortisepalum* 'Guo Se Tian Xiang'
图 128 碧龙奇莲 *Cymb. tortisepalum* 'Bi Long Qi Lian'
图 129 剑湖奇 *Cymb. tortisepalum* 'Jian Hu Qi'
图 130 奇花素 *Cymb. tortisepalum* 'Qi Hua Su'
图 131 三江圣火 *Cymb. tortisepalum* 'San Jiang Sheng Huo'
图 132 雁南飞 *Cymb. tortisepalum* 'Yan Nan Fei'
图 133 锦上添花 *Cymb. tortisepalum* 'Jin Shang Tian Hua'
图 134 奇花王 *Cymb. tortisepalum* 'Qi Hua Wang'
图 135 合家欢 *Cymb. tortisepalum* 'He Jia Huan'

图 136	图 137	图 138
图 139	图 140	图 141

图 136 母子携游 *Cymb. tortisepalum* ‘Mu Zi Xie You’
图 137 金沙树菊 *Cymb. tortisepalum* ‘Jin Sha Shu Ju’
图 138 彩晶红轮 *Cymb. tortisepalum* ‘Chai Jing Hong Lun’
图 139 大丽之花 *Cymb. tortisepalum* ‘Da Li Zhi Hua’
图 140 北极星 *Cymb. tortisepalum* ‘Bei Ji Xing’
图 141 繁星 *Cymb. tortisepalum* ‘Fan Xing’

六、栽培管理

兰属植物中的地生种类，如春兰、蕙兰、建兰、寒兰、墨兰、春剑、莲瓣兰、豆瓣兰等，有着大致相近的生态习性。因此，栽培管理中对环境的选择与调控，选苗、选盆、用土、栽植方法，水肥管理，病虫防治等方法也有着大致相似的做法。这里仅就莲瓣兰产区群众一些有特点的习惯做法做简单介绍。

（一）用盆

滇西一带传统栽培莲瓣兰，通常使用一种黑色的腰鼓形瓦罐。盆高 35~45cm，腰部直径 30~35cm，盆口略小。这种盆质地薄，渗水，透气性能良好。莲瓣兰植株高大，根系特别发达粗壮，生长良好的植株根系长度可达 35~40cm，数十条根可以长满全盆。云南剑川是生产这种盆的主产地，同时剑川也是莲瓣兰的原产区和传统栽培地区之一。这种特殊兰盆的制作生产正是兰界先辈为满足莲瓣兰生长发育而专门制作的。但这种盆也有着明显的缺陷，就是比较笨重，也容易破损，不方便搬动等。近年当地制盆艺人借鉴塑料兰盆的优点，也在盆底加大底孔直径，有的还在盆的侧边近底部处制作了透水、透气的小圆孔，盆的质地变得更加轻薄、透气。应该说，这种兰盆的出现及发展完全是为了适应莲瓣兰的栽培，是滇西兰界先辈为国兰事业作出的一大贡献。

为了适应规模化种植的需要，目前使用最广泛的还是高筒状的塑料兰花专用盆。这种盆价格低，轻巧方便，不易破损，通风透气，适宜集约化生产等特点，越来越受到养兰户的欢迎。

（二）用土

也即栽培基质的配制。莲瓣兰原产地森林植被较好，林下以栎类为主的枯枝落叶层较厚。产区群众习惯用栎树叶配制莲瓣兰的栽培用土。栎树种类很多，目前习惯使用叶片较小，质地较厚的刺栎树叶者较多。这类栎树叶因质地较厚、较硬，上盆栽植后不易迅速腐熟分解，可保持较好的通气、透水性状。树叶采摘后暴晒数日，在使用前先用盆、缸等泡水沤制。为了达到消毒、灭菌的效果，目前常将沤制的树叶，放在锅炉或大甑子里蒸十数小时。蒸煮过的栎树叶，晾干后即可备用。除了刺栎叶以外，还常掺入栎树皮，加工成 1~2cm 见方的小块以及蛇木——树蕨茎的纤维，剪成 3~5cm 长的小段，同样的方法蒸煮后备用。有的还加入火烧红土、兰石等。配制的比例通常为刺栎叶 70%~80%，栎树皮、蛇木 5%~10%，火烧红土、兰石 10%~15%。这样配制的栽培基质，经过了严格的消毒，可以避免病菌的感染，其颗粒较粗，通风透气，可确保莲瓣兰粗壮根系的生长发育。刺栎树叶等在腐熟的过程中，不断有充足的养分提供兰花生长发育的需要。约经一年的栽培后，刺栎树叶已基本分解，这时颗粒变得细小，需要翻盆换土，更换新的栽培基质。

（三）改丛植为单株栽植

古话说“兰喜丛生”，在现代兰花栽培实践中，莲瓣兰产区养兰户却往往把价值高的优良品种分成单株栽植。这样做的主要目的是提高该兰株的发苗率、增值率以取得最大的经济效益。兰喜丛生的道理是对的，成丛的兰株能较好的适应外界环境，便于日常管理，能确保开花。但大丛的兰株压抑了株丛内部兰株假鳞茎上潜伏芽（或称休眠芽）萌发新苗的机会。每一个成熟兰株假鳞茎的“着叶痕”上都可能着

生 1~2 个潜伏芽，这些潜伏芽在适宜的环境条件下都有可能激活，萌发成新的植株。分成单株栽植，只要管理措施得当，单株栽植的壮苗当年即可萌发 1~2 代新苗。这样一年内一株兰苗可发新苗多至 5~9 苗，少则 3~5 苗是常见的现象。

另外，一个兰株的正常寿命大约是 3~5 年，然后就将逐渐老化，外叶片逐渐发黄、枯萎、脱落直到死亡。成丛的兰株中老化的兰株一般不可能萌发新芽，这是因为兰丛假鳞茎之间有一个互相紧密连接的横轴，老化的苗株叶片仍能进行光合作用，积累的营养物质向下输送，就通过这地下横轴不断输向新苗、新芽，以供它们的生长发育，这就是兰丛的“龙头方向”易发新苗的原因。如果我们把即将老化的老苗及时的掰下，单独栽植，那么这个老化植株进行光合作用所积累的养分就足以激活老株假鳞茎上潜伏芽的萌发，长成新的植株，这是广大兰户积累的宝贵经验。

（四）水、肥管理

传统养兰要求较高的空气湿度，而盆土要保持干润，即所谓“干兰湿菊”，以便于盆内维持通风、透气的状况。要求浇水要一次浇透，干透后再浇。两次浇水中间间隔的时间较长，通常在雨季可以是 1~ 2 周透浇一次，而干季每周一次即可。施追肥通常较少，树叶在腐熟过程中释放的养分已能基本满足兰花的需要，当然也有不少兰友使用市场上出售的复合肥或用有机肥配制的专用颗粒肥料，这些追肥通常肥分释放比较缓慢。

近年莲瓣兰产区兰友在栽培实践中，对水肥管理总结出一些完全不同的做法。例如大理兰友蒋理先生总结的“重水养兰法”：

所谓重水，一方面指每次浇水水量要大，要浇足、浇透；另一方面是指浇水的次数要多。重水养兰要掌握好“小盆、粗土、重水、阳光”四个环节，也即“看根选盆，看盆配土，重水管理，适度光照”。四个环节互为依赖，互为条件，不可割裂。首先，“看根选盆”就是要根据植株和根系的长短、发育状况等决定选择盆的大小，盆要修长（高筒盆），盆径宜小，以根系能自然放置于盆钵为适宜。“看盆配土”是植料配制以“通水透气”为原则，通常应用颗粒较粗的刺栎树叶和硬质颗粒植料。植料粒径的大小应以盆体大小而定，盆大用粗料，盆小用细料。“重水管理”是不限制浇水的量和次数。因为使用的是粗植料和小盆，那么浇水再多也不至于积留盆内而造成烂根。而浇透水的好处在于水流带动盆内气流，使盆内更新空气，促进根、菌共生。兰株上盆之初，植料遇水快速发酵，会产生高热量和很多废气，危害兰根，重水可以降低热量，冲刷废气。“重水管理”通常的做法是春、夏季一天可上 1 ~3 次水，秋冬季或阴冷天气可减至 3~5 天上一次水。同时掌握热天多浇，冷天少浇；晴天多浇，阴天少浇；新土多浇，旧土少浇；蒸发量大多浇，蒸发量小少浇的原则。“适度光照”要掌握“强光勿照、弱光不避”的原则，茁壮的植株、冬春季花芽萌动可适当增加光照。反之，瘦弱的植株及炎热夏季可适当减少光照。

在滇西“名兰之乡”鹤庆县，兰友们在兰花上盆时大量使用羊粪作为基肥。施用过羊粪的兰花，在一年的栽培周期中，只须浇水而不用施任何追肥。一年后翻盆换土，倒出的旧盆土内，羊粪已完全腐熟，但羊粪的颗粒仍在，没有分解。这说明羊粪的分解是很缓慢的，它可以在很长的时间内不断释放出养分供给兰株，而不致造成兰花根系的危害（烧根）。2007 年秋，笔者拜访鹤庆著名兰家李幼生先生，他亲自给我示范使用羊粪上盆的整个操作过程：

洗净、晾干的兰株根系置于盆内，盆底垫有

塑料泡沫块和大块的植料。左手握住根系假鳞茎处，右手不断把植料填入盆的中央以及根系内部间隙，至植株可以在盆内固定站立。然后用左手掌心向着根系，在根系和掌心间再填入植料，而在掌背和盆壁间填入羊粪，每盆抓 3~4 把羊粪，约 100~200 克左右。然后用植料覆盖盆面，摁紧表土，覆盖水苔，泡盆浇透水，完成上盆过程。根据李幼生先生介绍，上盆时使用的羊粪腐熟与否没有关系，只是要确保根系不要直接碰到羊粪即可。李先生用此法育兰，兰株茁壮成长，不仅发苗率高，且年年开花繁茂。他培育的名兰年年都获得全国、全省各类兰展的最高奖项，李幼生先生也被云南兰界一致公认为育兰高手。

（五）设施栽培中光、温、湿、通风条件的调控

近年高档莲瓣兰的栽培，自台湾引进全自动调控的温室技术。兰花栽培中光照(光的强度，光照时间)、温度，湿度（水分和空气湿度）以及通风状况（空气的流通和空气的质量）是极为重要的环境因子。它们互相关联，互相影响，互相制约。如何调控到一个最适合兰花生长发育的环境，包括兰花一年中不同生长发育阶段对环境因子的不同要求，兰友们根据栽培地区的自然环境条件，研制了各种控制上述四种生态因子的措施和设备。例如采取自动遮荫或自动补光（利用专用植物灯）措施，在温室顶部和底部分别设置自动通风设施，让温室内热空气从顶部散发出去，而新鲜的冷空气源源不断地从下部输入，促进温室内空气的流动，保持空气的清新。自动喷雾设施当空气湿度降到设立的低值时就会自动打开，而这些喷雾设施（喷雾器或水幕墙）多数设置在兰架的下部，保证喷雾形成的水滴不至掉落到兰株上。上述生态因子的调控都可以通过电脑设立，由微机来控制。

以上莲瓣兰养植中的传统做法和新的技术、新的措施，可能受到地域自然环境条件的限制和影响，仅供各地兰友参考，不宜盲目模仿。

第八章　春 剑

Cymbidium tortisepalum Fukuyama var. *longibracteatum* (Y. S. Wu et S. C. Chen) S. C. Chen et Z. J. Liu

春剑是国兰中的一颗璀璨明珠，以其植株雄伟潇洒，叶片柔中带刚，直如冲宵之剑而得名。加上花色艳丽，绰约多姿，香气袭人，深受世人喜爱，具有很高的观赏价值和经济价值。

一、形态特征与地理分布

（一）形态特征

春剑根长 15~30cm 或更长，粗径 0.7~1cm，首尾粗细均匀，无根毛。假鳞茎卵圆形或椭圆形，长 1~2.5cm，宽 1~1.7cm，常多个丛生，下面由一根很短的根状茎相连接。根状茎在不利的生长条件下可以伸得很长，直到遇到适合的条件再形成新芽、生根、长叶，并形成新的假鳞茎，这种根状茎称为“龙根”。由龙根生长出的兰苗又称为“龙根苗”。叶 4~7 枚，长 30~70cm，宽 0.8~1.5cm，直立性强，质地坚挺，边缘具细锯齿，无明显关节；基部的鞘长 9~15cm，薄革质，紧裹叶束，俗称“芭茅脚子”。花葶长 17~35cm，被长鞘 5~6 枚，通常具 2~5 花；花苞片长于花梗和子房，长 4~5.5cm；花直径一般 5~7cm，色泽多种多样，有浅绿、深绿、粉红、鲜红、紫红、褐绿、褐紫等，一般具有深色的脉纹和斑点，常有清淡、纯正的香气。蒴果通常呈长棒槌形，成熟后沿果棱纵向开裂。种子很小，数量数以万计，但镜检种皮内的胚多未成熟或发育不全，特别是盆栽所获得的种子更是如此，所以在常规条件下春剑的种子是很难萌发的。花期为 2~3 月；2 月下旬至 3 月上旬为盛花期。

性喜阴湿，常生长于稍荫蔽的山地、林间，以及能避光的山溪崖壁间；实际上它很喜光，只是不耐强光暴晒而已；对水分的要求与其他国兰也大同小异，既喜润又怕湿，要求“干而不燥，湿而不涝”；此外，还要通风透气，远离污染。

（二）地理分布

春剑主要分布于四川、重庆、贵州、云南、湖北，但以四川省内分布最广，资源最丰富，品种数量最多。

二、观赏特性

春剑的观赏，可分为花艺与叶艺两大类。花艺着重瓣型、色泽、蝶化和奇花；瓣型可分荷瓣、梅瓣和水仙瓣；色泽有彩心和素心两大类；前者有白花春剑、红花春剑、青花春剑和麻花春剑，后者则统称素心春剑或春剑素；蝶花则可分为副瓣（侧萼片）蝶化和捧瓣蝶化两类；奇花有多瓣、多舌等；叶艺则与其他国兰大同小异，也有斑纹、缟、爪、虎斑、覆轮、中透等。

1. 荷瓣：外三瓣（萼片）宽阔，瓣质厚糯，形似荷花的花瓣，长与宽的比例一般不超过 2∶1，即所谓 8 分长 4 分宽；捧瓣（花瓣）短圆，不起兜，无“白峰”，以蚌壳捧和短圆捧为上品，剪刀捧次之；舌（唇瓣）须圆正、丰满、舒展，或微卷；大圆舌或大刘海舌为上品。常见品种有‘天府荷’、‘梦荷’、‘邛州红荷’、‘一品荷’等。

2. 梅瓣：外三瓣短圆，有的瓣端有尖锋，稍向内起兜，形似梅花的花瓣，边缘紧边，收根平肩；捧瓣短圆、起兜，瓣端有白头，紧边致捧瓣增厚，以蚕蛾兜捧为上品，有硬兜与软兜之分，不起兜者不能称梅瓣；舌短圆，舒直不向后卷，以如意舌为上品。常见品种有‘玉海棠’、‘元宵梅’、‘邛州红梅’、‘鱼凫梅’、‘五彩梅’等。

3. 水仙瓣：外三瓣较梅瓣狭长，长脚者居多，瓣端稍尖，但收根放角；捧瓣起兜或微起兜，以观音捧和蒲扇捧为上品，捧端起兜有“白头”者称‘巧种’，浅兜或无“白头”者称‘官种’；舌下垂或微卷，多数较梅瓣的舌要大些，以大圆舌居多。

4. 色花和奇花：春剑的色花和奇花妖艳绮丽、千姿百态、五颜六色、赏心悦目，既有牡丹花的富丽堂皇，又有菊花的娇艳潇洒，还有梅花的傲霜雪气魄，在国兰中独树一帜。

三、代表品种介绍

（一）荷瓣或荷形花瓣类

1. 梦圆（图 1）*Cymb. tortisepalum* var. *longibracteatum* ‘Meng Yuan’

四川荣经 1992 年下山。为春剑中标准荷瓣。瓣片宽圆、厚糯；外三瓣收根放角，紧边起兜；短圆捧。曾获中国（成都）第四届兰花博览会金奖。

图 1

2. 天府荷（图 2）*Cymb. tortisepalum* var. *longibracteatum* ‘Tian Fu He’

花容端庄，花色翠绿；外三瓣收根放角，紧边起兜；短圆捧；圆舌。

图 2

3. 一品荷（图 3）*Cymb. tortisepalum* var. *longibracteatum* 'Yi Pin He'

四川通江 1992 年下山。叶形高大，直立或斜立。花色黄绿中透微红；瓣片宽阔、厚糯；外三瓣收根放角，紧边。

图 3

4. 金荷王（图 4）*Cymb. tortisepalum* var. *longibracteatum* 'Jin He Wang'

四川名山 1997 年下山。叶黄绿色，宽厚，叶芽初出时呈淡红色。花金黄色，大而质厚；外三瓣宽阔，收根放角；捧瓣短园；圆舌。

图 4

5. 永宁荷（图 5）*Cymb. tortisepalum* var. *longibracteatum* 'Yong Ning He'

四川叙永 1992 年下山。花鲜红色；外三瓣收根放角，紧边起兜，呈拱抱状；短圆捧；大圆舌。

图 5

6. 崃山荷（图 6）*Cymb. tortisepalum* var. *longibracteatum* 'Lai Shan He'

四川邛崃 2000 年下山。花红色，瓣片厚糯；外三瓣宽阔，收根放角，紧边起兜；蒲扇捧；刘海舌。

图 6

7. 学林荷（图 7）*Cymb. tortisepalum* var. *longibracteatum* 'Xue Lin He'

四川芦山 1991 年下山。花容端正，瓣片厚糯，外三瓣收根放角，紧边起兜；短圆捧；刘海舌。

图 7

8. 巴山荷（图 8）*Cymb. tortisepalum* var. *longibracteatum* 'Ba Shan He'

四川大巴山 1998 年下山。花黄白色，瓣片宽阔；外三瓣收根放角，紧边起兜；短圆捧；大铺舌，彩斑靓丽。

图 8

9. 五彩荷（图 9）*Cymb. tortisepalum* var. *longibracteatum* 'Wu Cai He'

四川都江堰 2000 年下山。花红色，多彩；外三瓣收根，紧边起兜；蚌壳捧；刘海舌。

图 9

10. 石龙红荷（图 10）*Cymb. tortisepalum* var. *longibracteatum* 'Shi Long Hong He'

四川荥经 1992 年下山。花容端庄，色泽鲜红，瓣片宽阔、厚糯；外三瓣收根放角，紧边起兜；短圆捧；圆舌。

图 10

11. 董荷（图 11）*Cymb. tortisepalum* var. *longibracteatum* 'Dong He'

四川通江 2001 年下山。花鲜红色，衬以白色，瓣片宽阔厚糯；外三瓣收根放角，紧边起兜；短圆捧；圆舌。

图 11

12. 双喜荷（图 12）*Cymb. tortisepalum* var. *longibracteatum* 'Shuang Xi He'

花容靓丽有灵气，红色；外三瓣收根放角，紧边起兜；短圆捧；白圆舌。

图 12

13. 丹霞荷（图 13）*Cymb. tortisepalum* var. *longibracteatum* 'Dan Xia He'

四川通江 1998 年下山。花红色或深红色，瓣片宽阔厚糯；外三瓣收根放角，紧边起兜；蒲扇捧；刘海舌，边缘白色。

图 13

14. 邛州红荷（图 14）*Cymb. tortisepalum* var. *longibracteatum* 'Qiong Zhou Hong He'

产于四川邛崃。花红色，有灵气；瓣片宽阔、厚糯；外三瓣收根放角，紧边起兜；短圆捧；圆舌洁白并具鲜红彩斑。

图 14

15. 中意荷（图 15）*Cymb. tortisepalum* var. *longibracteatum* 'Zhong Yi He'

花容端庄，嫩黄绿色，瓣片宽阔；外三瓣收根放角，紧边起兜；短圆捧；圆舌。

图 15

16. 荷仙姑（图 16）*Cymb. tortisepalum* var. *longibracteatum* 'He Xian Gu'

四川都江堰 1992 年下山。花金黄色；外三瓣收根，紧边起兜；蚌壳捧；方缺舌。

图 16

17. 满堂红（图 17）*Cymb. tortisepalum* var. *longibracteatum* 'Man Tang Hong'

四川都江堰 1998 年下山。花黄绿色；外三瓣收根，紧边起兜；蚌壳捧；圆舌全部鲜红，甚为珍奇。曾获中国（彭州）第十二届兰花博览会金奖。

图 17

（二）梅瓣或梅形花

1. 饮翠红梅（图 18）*Cymb. tortisepalum* var. *longibracteatum* 'Yin Cui Hong Mei'

四川通江1998年下山。花容端庄，色红质糯；外三瓣收根放角、紧边起兜；蚕蛾捧；刘海舌。

图 18

2. 玉海棠（图 19）*Cymb. tortisepalum* var. *longibracteatum* 'Yu Hai Tang'

四川通江1991年下山。植株高大，花型端庄，瓣质厚糯，色泽翠绿。外三瓣收根放角，紧边起兜；半硬蚕蛾捧；小刘海舌。为春剑梅瓣珍品，曾获中国（成都）第十二届兰花博览会金奖，中国（大理）第十三届兰花博览会金奖，中国（温州）第十八届兰花博览会特别金奖。

图 19

3. 元宵梅（图 20）*Cymb. tortisepalum* var. *longibracteatum* 'Yuan Xiao Mei'

花容端庄，瓣质厚糯，色泽红艳，为正格梅瓣；外三瓣收根放角，紧边起兜，观音捧；刘海舌。

图 20

4. 碧玉荷梅（图 21）*Cymb. tortisepalum* var. *longibracteatum* 'Bi Yu He Mei'

花容端庄，花姿潇洒，瓣质厚糯，色泽翠绿；外三瓣收根放角，紧边起兜；蚕蛾捧；刘海舌。

图 21

5. 中华荷梅（图 22）*Cymb. tortisepalum* var. *longibracteatum* 'Zhong Hua He Mei'

四川马边1996年下山。外三瓣收根放角，紧边起兜；主瓣盖帽；大铺舌。

图 22

6. 崇宁御梅（图 23）*Cymb. tortisepalum* var. *longibracteatum* 'Chong Ning Yu Mei'

四川通江1985年下山。花淡绿色，有神彩；外三瓣略呈三角形，紧边起兜；短圆捧；方缺舌，其上有鲜红色的斑块。

图 23

7. 宝光玉梅（图 24）*Cymb. tortisepalum* var. *longibracteatum* 'Bao Guang Yu Mei'

2002 年出自四川。花翠绿色；外三瓣收根，紧边起兜；短圆捧；刘海舌。

图 24

8. 仙桃梅（图 25）*Cymb. tortisepalum* var. *longibracteatum* 'Xian Tao Mei'

花嫩黄色；外三瓣长椭圆形，收根，紧边起兜，先端内卷呈钩状；蒲扇捧；大铺舌。

图 25

9. 中华雄狮（图 26）*Cymb. tortisepalum* var. *longibracteatum* 'Zhong Hua Xiong Shi'

四川古蔺 1999 年下山。花鲜红色间有嫩黄色，为斑斓的红黄复色梅瓣；由于层次分明，色泽绮丽，甚为美观。

图 26

10. 冰玉梅（图 27）*Cymb. tortisepalum* var. *longibracteatum* 'Bing Yu Mei'

产四川通江。叶半垂；外三瓣收根放角，质厚糯，翠绿如翡翠；观音捧；小刘海舌。

图 27

11. 中华龙梅（图 28）*Cymb. tortisepalum* var. *longibracteatum* 'Zhong Hua Long Mei'

四川通江 1995 年下山。花淡黄色；外三瓣微起兜，捧瓣退化，唇瓣短缩，花药异常，实际上也是一种奇花。

图 28

12. 丹城玉梅（图 29）*Cymb. tortisepalum* var. *longibracteatum* 'Dan Cheng Yu Mei'

花淡黄色；外三瓣收根放角、紧边起兜；短圆捧；刘海舌，白底红斑，显得格外靓丽。

图 29

13. 巴蜀红梅（图 30）*Cymb. tortisepalum* var. *longibracteatum* 'Ba Shu Hong Mei'

产四川通江。花容端庄；外三瓣收根放角，紧边起兜，呈拱抱状；短圆捧，有红色斑纹；刘海舌。

图 30

14. 娇子（图 31）*Cymb. tortisepalum* var. *longibracteatum* 'Jiao Zi'

花的外三瓣略呈三角形，收根放角，紧边起兜，拱抱状；蚕蛾捧，捧瓣前端呈半圆球形；刘海舌。

图 31

15. 春满园（图 32）*Cymb. tortisepalum* var. *longibracteatum* 'Chun Man Yuan'

产于四川通江。花黄绿色；外三瓣收根放角，紧边起兜；观音捧；龙吞舌。

图 32

16. 纯洁彩梅（图 33）*Cymb. tortisepalum* var. *longibracteatum* 'Chun Jie Cai Mei'

1996 年出自四川。花色艳丽，神态端庄，为彩红复色梅瓣；外三瓣收根，紧边起兜；蚕蛾捧；龙吞舌。晶莹靓丽，甚为美观。

图 33

17. 中华红梅（图 34）*Cymb. tortisepalum* var. *longibracteatum* 'Zhong Hua Hong Mei'

花与苞片均为深红色，鲜艳夺目；外三瓣收根，紧边起兜；蚕蛾捧；大铺舌。

图 34

18. 黄金甲（图 35）*Cymb. tortisepalum* var. *longibracteatum* 'Huang Jin Jia'

四川通江 1993 年下山。花淡绿染黄，色泽鲜艳；外三瓣收根，前端起兜；蚕蛾捧；圆舌。

图 35

19. 云梅（图 36）*Cymb. tortisepalum* var. *longibracteatum* 'Yun Mei'

春剑梅瓣珍品。叶片厚实。外三瓣宽阔，近圆形，肉质厚糯，有褐黑色粗线居瓣中央，向先端更明显；观音半硬捧，大刘海直舌。

图 36

20. 冠梅（图 37）*Cymb. tortisepalum* var. *longibracteatum* 'Guan Mei'

2002 年出自四川。花橙红色；外三瓣收根放角；短圆捧；大刘海舌。

图 37

21. 继惠梅（图 38）*Cymb. tortisepalum* var. *longibracteatum* 'Ji Hui Mei'

1998 年出自四川。花为梅形水仙，翠绿到嫩黄色；外三瓣短缩，略呈三角形，紧边；观音捧；大刘海舌。

图 38

22. 五彩梅（图 39）*Cymb. tortisepalum* var. *longibracteatum* 'Wu Cai Mei'

四川通江 1995 年下山。瓣片大而厚糯；外三瓣收根放角，紧边起兜，前端边缘有黄白色的覆轮，后端具鲜艳的橙红色晕；观音捧；刘海舌。

图 39

23. 嘉州梅（图 40）*Cymb. tortisepalum* var. *longibracteatum* 'Jia Zhou Mei'

四川乐山 2000 年下山。花色黄绿；蚕蛾捧；圆舌前部缀有鲜艳的大红斑块。

图 40

24. 诺水红梅（图 41）*Cymb. tortisepalum* var. *longibracteatum* 'Nuo Shui Hong Mei'

四川通江 2003 年下山。花及苞片均为橙红色；外三瓣收根放角；豆壳捧；大刘海舌，前部有鲜红色彩斑，颇似口红，格外艳丽。

图 41

25. 红梅（图 42）*Cymb. tortisepalum* var. *longibracteatum* 'Hong Mei'

产四川都江堰。花色泽鲜艳；瓣片近圆形；硬捧；小刘海舌。

图 42

26. 碧玉梅（图 43）*Cymb. tortisepalum* var. *longibracteatum* 'Bi Yu Mei'

四川通江 2001 年下山。花色艳丽，瓣质厚糯，形如碧玉；外三瓣收根放角，紧边起兜；短圆捧；大刘海舌，其上缀生一鲜艳的大红点。

图 43

27. 鑫晶梅（图 44）*Cymb. tortisepalum* var. *longibracteatum* 'Xin Jing Mei'

产四川通江。花苞片多而长；花较小；开时尚未完全挺出苞片之上，多为嫩黄色或白色，仅舌上有红色斑点。

图 44

28. 长寿玉梅（图 45）*Cymb. tortisepalum* var. *longibracteatum* 'Chang Shou Yu Mei'

又称'长寿梅'，2004年下山。花容端庄，花色嫩黄而含翠绿；外三瓣宽阔，收根，放角，紧边似汤勺，主瓣端正，副瓣平肩，盛开时三瓣呈拱抱状；软蚕蛾捧，合抱；如意舌。

图 45

29. 晶品梅（图 46）*Cymb. tortisepalum* var. *longibracteatum* 'Jing Pin Mei'

四川泸州 2000 年下山。花集梅瓣、水晶、复色为一体，花容、花姿、花色均甚独特，韵味无穷。

图 46

30. 聚花梅（图 47）*Cymb. tortisepalum* var. *longibracteatum* 'Ju Hua Mei'

多朵花聚集，浅绿至嫩白色；外瓣宽阔；观音捧；龙吞舌。

图 47

31. 唐王彩（图 48）*Cymb. tortisepalum* var. *longibracteatum* 'Tang Wang Cai'

四川大邑 1996 年下山。叶姿飘逸；花容端庄，靓丽多彩，清香纯正，为复色梅形水仙；外瓣圆阔；捧瓣浅兜，边缘蝶化。

图 48

32. 皇梅（图 49）*Cymb. tortisepalum* var. *longibracteatum* 'Huang Mei'

四川万源 1995 年下山。叶片墨绿，半下垂，宽约 1.4cm。花初开时由绿转白嫩；外三瓣呈汤勺状；捧瓣浑圆；舌厚实，生一鲜艳的大红点，如宝珠含口中。曾获中国（乐山）第十五届兰花博览会特别金奖。

图 49

33. 鱼凫梅（图 50）*Cymb. tortisepalum* var. *longibracteatum* 'Yu Fu Mei'

四川通江 2005 年下山。花容端庄大气，瓣片厚糯；外三瓣收根放角，紧边起兜，呈拱抱状；观音捧；大刘海舌。

图 50

（三）色花

1. 紫瑞（图 51）*Cymb. tortisepalum* var. *ongibracteatum* 'Zi Rui'

四川通江 2001 年下山。花紫红色，惟捧瓣有白色条纹，为剪刀捧；大铺舌白色，上具鲜红色彩纹。

图 51

2. 香城红玉（图 52）*Cymb. tortisepalum* var. *longibracteatum* 'Xiang Cheng Hong Yu'

四川珙县 1989 年下山。瓣片及苞片鲜红色，质地厚糯，为春剑中珍品。

图 52

3. 紫茑（图 53）*Cymb. tortisepalum* var. *longibracteatum* 'Zi Niao'

四川通江 2002 年下山。花色泽对比鲜明；外三瓣紫红色；捧瓣白色，为猫耳捧；大卷舌。

图 53

4. 华夏彩虹（图 54）*Cymb. tortisepalum* var. *longibracteatum* 'Hua Xia Cai Hong'

四川巴中 2000 年下山。花容端庄，橙红色；外三瓣宽阔，收根；观音捧；刘海舌。

图 54

5. 青城仙子（图 55）*Cymb. tortisepalum* var. *longibracteatum* 'Qing Cheng Xian Zi'

四川都江堰 2000 年下山。花箭粗壮；花为红白相间的复色花；瓣片宽阔而厚糯；猫耳捧；大圆舌。

图 55

6. 香城桃妃（图 56）*Cymb. tortisepalum* var. *longibracteatum* 'Xiang Cheng Tao Fei'

四川通江 1998 年下山。花橙红色，瓣片宽阔而厚糯；蒲扇捧；大铺舌。

图 56

7. 红艳佳人（图 57）*Cymb. tortisepalum* var. *longi-bracteatum* 'Hong Yan Jia Ren'

四川通江 2002 年下山。花容端庄，色泽艳丽，其中红者鲜红，白者洁白，二色相衬，格外醒目。

图 57

8. 柳城仙子（图 58）*Cymb. tortisepalum* var. *ongi-bracteatum* 'Liu Cheng Xian Zi'

四川通江 2000 年下山。该花从花梗、苞片到花均有鲜艳的深红色斑块相嵌；外三瓣内卷呈羊角状；内瓣抱合，具深红色斑纹，恰似仙子抱仙桃贡向上天。

图 58

9. 梦仙（图 59）*Cymb. tortisepalum* var. *longi-bracteatum* 'Meng Xian'

四川威远 2000 年下山。瓣片呈朱红色，兼有淡绿黄色，构成了鲜艳的复色花。

图 59

10. 蒲阳仙子（图 60）*Cymb. tortisepalum* var. *longibracteatum* 'Pu Yang Xian Zi'

四川浦江 1998 年下山的红色复色梅瓣。花容端庄；外三瓣收根放角；蚕蛾捧；小刘海舌。

图 60

11. 西部红牡丹（图 61）*Cymb. tortisepalum* var. *longibracteatum* 'Xi Bu Hong Mu Dan'

四川古蔺 1996 年下山。花桃红色，多瓣、多舌，蕊柱唇化并呈火炬形；色泽鲜艳且形姿优美。

图 61

12. 花蕊夫人（图 62）*Cymb. tortisepalum* var. *longibracteatum* 'Hua Rui Fu Ren'

四川通江下山。花形奇特，色泽绮丽，为多色相间的复色花。

图 62

13. 红鹦鹉（图 63） *Cymb. tortisepalum* var. *longibracteatum* 'Hong Ying Wu'

四川都江堰 1992 年下山。该品种是以朱红色为主体的复色梅瓣花。花容端庄，色泽艳丽；观音捧；刘海舌。

图 63

14. 青狮（图 64） *Cymb. tortisepalum* var. *longibracteatum* 'Qing Shi'

四川马边 1996 年下山。为嫩绿色素花品种。外三瓣收根；观音捧；如意舌。

图 64

15. 宝光墨神（图 65） *Cymb. tortisepalum* var. *longibracteatum* 'Bao Guang Mo Shen'

四川大巴山 2002 年下山。品种为极其罕见的墨色素花。

图 65

16. 宝光彩霞（图 66） *Cymb. tortisepalum* var. *longibracteatum* 'Bao Guang Cai Xia'

四川通江 1999 年下山。此品种具由红、白、黄、绿色相间组成的复色花；外三瓣及捧瓣时有蝶化块，色泽鲜艳、美观。

图 66

17. 雒城彩霞（图 67） *Cymb. tortisepalum* var. *longibracteatum* 'Luo Cheng Cai Xia'

四川通江 2000 年下山。此品种从花梗、苞片到花都以橙红色为主，衬以白色和黄色条纹或彩晕，使整个花朵显得格外艳丽。

图 67

18. 少女之心（图 68） *Cymb. tortisepalum* var. *longibracteatum* 'Shao Nu Zi Xin'

四川雅安 2002 年下山。该品种具红白相间的复色花；罄口捧；大铺舌，舌的前端有一大片红色斑块，显得格外醒目。

图 68

19. 龙凤彩燕（图 69） *Cymb. tortisepalum* var. *longibracteatum* 'Long Feng Cai Yan'

四川广元 2001 年下山的复色花。花色淡黄和白色，衬以鲜红色，显得格外靓丽。

图 69

20. 虞美人（图 70） *Cymb. tortisepalum* var. *longibracteatum* 'Yu Mei Ren'

产于四川。该品种的花梗、苞片为鲜艳的红色；花为红黄相间的复色；排列错落有致，色泽调配得当，颇似正在翩翩起舞的红衣少女。

图 70

21. 五彩祥龙（图 71）*Cymb. tortisepalum* var. *longibracteatum* 'Wu Cai Xiang Long'

四川通江 1996 年下山。该花造型独特，瓣片长而翻卷，均有明显可见的绿色和嫩黄色相间的复色条纹，像是祥龙在翻卷。

图 71

22. 香王彩虹（图 72）*Cymb. tortisepalum* var. *longibracteatum* 'Xiang Wang Cai Hong'

四川通江 1996 年下山的复色花。花容端庄，有灵气，红黄相间，色泽艳丽。

图 72

23. 现代小姐（图 73）*Cymb. tortisepalum* var. *longibracteatum* 'Xian Dai Xiao Jie'

四川大巴山 2000 年下山。花朵神态飘逸；外三瓣细长；唇瓣有鲜红彩斑，恰似唇着口红，姿势优美的苗条淑女在翩翩起舞。

图 73

24. 中华红素（图 74）*Cymb. tortisepalum* var. *longibracteatum* 'Zhong Hua Hong Su'

是春剑中难得一见的素色红花。花梗到苞片也同样为鲜艳的红色。

图 74

（四）蝶花

1. 怡蝶（图 75）*Cymb. tortisepalum* var. *longibracteatum* 'Yi Die'

2001 年四川下山的副瓣蝶化花。主瓣宽阔；副瓣蝶化达 2/3 以上，蝶化部分雪白，有鲜红色的彩斑，甚为美观。

图 75

2. 璞秀蝶（图 76）*Cymb. tortisepalum* var. *longibracteatum* 'Pu Xiu Die'

四川筠连 1996 年下山的副瓣蝶化花。花大，色泽红润、鲜艳；副瓣下侧蝶化部分大于 2/3，纯白色并具鲜红色大块斑点；唇瓣上有由大红点连接而成的“U”形斑。

图 76

3. 光明蝶（图 77）*Cymb. tortisepalum* var. *longibracteatum* 'Guang Ming Die'

2001 年四川下山的副瓣蝶化花。花粉红色；副瓣蝶化部分超过 2/3。

图 77

4. 庆缘蕊蝶（图 78）*Cymb. tortisepalum* var. *longibracteatum* 'Qing Yuan Rui Die'

2001 年四川下山的捧瓣蝶化花。捧瓣完全蝶化，与唇瓣构成三星状，但与唇瓣的形态稍有区别。

图 78

5. 蜀凤（图 79）*Cymb. tortisepalum* var. *longibracteatum* 'Shu Feng'

四川泸州 1999 年下山的副瓣蝶化花。花嫩黄色，瓣片厚糯；副瓣蝶化部分大于 2/3。

图 79

6. 富丽蝶（图 80）*Cymb. tortisepalum* var. *longibracteatum* 'Fu Li Die'

四川通江 2000 年下山的副瓣蝶化花。花粉红色；副瓣蝶化部分长度大于 2/3。

图 80

7. 喜蝶（图 81）*Cymb. tortisepalum* var. *longibracteatum* 'Xi Die'

四川邛崃 2001 年下山的副瓣蝶化花。花容端庄，质地厚糯，炯炯有神；蝶化部分宽而长，彩斑红色鲜艳，靓丽醒目。

图 81

8. 德缘（元）蝶（图 82）*Cymb. tortisepalum* var. *longibracteatum* 'De Yuan Die'

在四川下山的副瓣蝶化花。花容端庄，有灵气；瓣片宽阔、厚糯，彩斑鲜艳醒目。

图 82

9. 启明星（图 83）*Cymb. tortisepalum* var. *longibracteatum* 'Qi Ming Xing'

1999 年四川下山的捧瓣蝶化花。瓣片宽阔，呈星形排列，色泽鲜艳、靓丽，蝶化的捧瓣与唇瓣几无区别，斑斓的彩斑交互辉映，恰似一颗璀璨的“启明星”。

图 83

10. 绮丽蝶（图 84）*Cymb. tortisepalum* var. *longibracteatum* 'Qi Li Die'

1994 年四川下山的副瓣蝶化花。花橙红色；副瓣蝶化部分长度大于 2/3，绮丽美观。

图 84

11. 龙凤彩蝶（图 85）*Cymb. tortisepalum* var. *longibracteatum* 'Long Feng Cai Die'

四川广元 2000 年下山的副瓣蝶化花。花色靓丽美观，瓣片宽阔、厚糯。

图 85

12. 相思蝶（图 86）*Cymb. tortisepalum* var. *longibracteatum* 'Xiang Si Die'

在四川下山的副瓣蝶化花。蝶化的副瓣与唇瓣白底红斑，颇为艳丽。

图 86

13. 将军蝶（图 87）*Cymb. tortisepalum* var. *longibracteatum* 'Jiang Jun Die'

四川通江 2003 年下山的捧瓣蝶化花。外三瓣灰绿色，衬托着色泽凝重的蝶化捧瓣，颇似久经沙场的战将，矗立在蔚蓝的天空下。

图 87

14. 桃园三结义（图 88）*Cymb. tortisepalum* var. *longibracteatum* 'Tao Yuan San Jie Yi'

四川马边 1997 年下山的捧瓣蝶化花。叶 4~6 片，中心叶蝶化。初开时外瓣为桃红色，后逐渐变成玫瑰红色；两捧瓣完全蝶化，与唇瓣构成等径三星。该品种为蝶花中珍品。曾获中国（无锡）第九届兰花博览金奖，中国（贵阳）第十一兰花博览会金奖和中国（武汉）第十七届兰花博览会金奖。

图 88

（五）多瓣奇花

1. 繁花似锦（图 89）*Cymb. tortisepalum* var. *longibracteatum* 'Fan Hua Shi Jin'

多瓣多舌奇花。瓣片数量大增并蝶化，辅以鲜红色的彩点、彩块、彩斑，显得格外艳丽壮观。

图 89

2. 奥迪牡丹（图 90）*Cymb. tortisepalum* var. *longibracteatum* 'Ao Di Mu Dan'

2004 年发现的多瓣奇花。花径约 8cm，瓣片多达 20 余个；外三瓣根部两侧蝶化，并带红复轮边；内瓣多瓣、唇瓣化；蕊柱雄蕊化；颇似牡丹。

图 90

3. 富贵满堂（图 91）*Cymb. tortisepalum* var. *longibracteatum* 'Fu Gui Man Tang'

多瓣多舌奇花，外瓣宽阔、厚糯；内瓣宽阔，数量多，具朱红色的彩斑。

图 91

4. 盖世牡丹（图 92）*Cymb. tortisepalum* var. *longibracteatum* 'Gai Shi Mu Dan'

多瓣多舌奇花。外瓣宽阔，内瓣数量多且大多蝶化。曾获中国（温州）第十八届兰花博览会特别金奖。

图 92

5. 三国兰图（图 93）*Cymb. tortisepalum* var. *longibracteatum* 'San Guo Lan Tu'

四川大巴山 2000 年下山的多瓣多舌奇花。

图 93

6. 阳光灿烂（图 94）*Cymb. tortisepalum* var. *longibracteatum* 'Yang Guang Can Lan'

四川通江 2003 年下山的复色、多瓣奇花。花瓣狭，呈苞片状，为斑斓的深红色。

图 94

7. 中华奇珍（图 95）*Cymb. tortisepalum* var. *longibracteatum* 'Zhong Hua Qi Zhen'

四川通江 1989 年下山的多瓣复色奇花。花姿飘逸，色泽橙红，颇似随风舞动的彩带。

图 95

8. 博鳌牡丹（图 96）*Cymb. tortisepalum* var. *longibracteatum* 'Bo Ao Mu Dan'

多瓣奇花。外瓣宽阔、深绿，边缘部分蝶化；内瓣拱卷、蝶化，白底红斑。

图 96

9. 三星遗魂（图 97）*Cymb. tortisepalum* var. *longibracteatum* 'San Xing Yi Hun'

四川通江下山的多瓣多舌奇花。花盛开时，形似出土的古人头像。

图 97

10. 五彩麒麟（图 98）*Cymb. tortisepalum* var. *longibracteatum* 'Wu Cai Qi Lin'

四川南江 1994 年下山的多瓣奇蝶珍品。瓣片多达 20~30 或更多，大多蝶化，色泽鲜艳。曾获中国（武汉）第十七届兰花博览会特别金奖。

图 98

（六）剑缟艺

1. 银丝雪玉（图 99）*Cymb. tortisepalum* var. *longibracteatum* 'Yin Si Xue Yu'

1999 年出自四川。春剑缟草素心花。

图 99

2. 饮翠双艺（图 100）*Cymb. tortisepalum* var. *longibracteatum* 'Yin Cui Shuang Yi'

四川通江 2000 年下山。春剑缟草水晶缟花。

图 100

3. 彝山晶凤（图 101）*Cymb. tortisepalum* var. *longibracteatum* 'Yi Shan Jing Feng'

四川马边 1998 年下山。春剑奇花绿水晶。

图 101

4. 裕美人（图 102）*Cymb. tortisepalum* var. *longibracteatum* 'Yu Mei Ren'

四川蒲江 1997 年下山。

图 102

5. 白龙（图 103）*Cymb. tortisepalum* var. *longibracteatum* 'Bai Long'

四川通江 2002 年下山。春剑高级白缟艺。

图 103

6. 中华白龙（图 104）*Cymb. tortisepalum* var. *longibracteatum* 'Zhong Hua Bai Long'

四川通江 2002 年下山。春剑高级缟艺。

图 104

7. 西蜀道光变异艺（图 105）*Cymb. tortisepalum* var. *longibracteatum* 'Xi Shu Dao Guang Bian Yi Yi'

出自四川都江堰。原西蜀道光变异植株。

图 105

8. 日月双辉（图 106）*Cymb. tortisepalum* var. *longibracteatum* 'Ri Yue Shuang Hui'

春剑双艺。

图 106

9. 雅州佛光（图 107） *Cymb. tortisepalum* var. *longibracteatum* 'Ya Zhou Fu Guang'

春剑缟艺草。

图 107

10. 新缟艺（图 108） *Cymb. tortisepalum* var. *longibracteatum* 'Xin Gao Yi'

四川邛崃 2000 年下山。

图 108

11. 中斑缟艺（图 109） *Cymb. tortisepalum* var. *longibracteatum* 'Zhong Ban Gao Yi'

四川通江 2003 年下山。

图 109

12. 新叶艺（图 110） *Cymb. tortisepalum* var. *longibracteatum* 'Xin Ye Yi'

四川大巴山 2002 年下山。

图 110

13. 高级缟艺（图 111） *Cymb. tortisepalum* var. *longibracteatum* ' Gao Ji Gao Yi'

四川大巴山 2002 年下山。

图 111

四、春剑常见品种

图 112 | 图 113 | 图 114

图 112 众采荷 *Cymb. tortisepalum* var. *longibracteatum* 'Zhong Cai He'
图 113 朝阳荷 *Cymb. tortisepalum* var. *longibracteatum* 'Zhao Yang He'
图 114 今世缘 *Cymb. tortisepalum* var. *longibracteatum* 'Jin Shi Yuan'

图 115	图 116	图 117
图 118	图 119	图 120
图 121	图 122	图 123

图 115 老荷瓣 *Cymb. tortisepalum* var. *longibracteatum* 'Lao He Ban'
图 116 千佛荷 *Cymb. tortisepalum* var. *longibracteatum* 'Qian Fu He'
图 117 仁荷 *Cymb. tortisepalum* var. *longibracteatum* 'Ren He'
图 118 帅荷 *Cymb. tortisepalum* var. *longibracteatum* 'Shuai He'
图 119 铁嘴金荷 *Cymb. tortisepalum* var. *longibracteatum* 'Tie Zui Jin He'
图 120 远明荷 *Cymb. tortisepalum* var. *longibracteatum* 'Yuan Ming He'
图 121 典荷 *Cymb. tortisepalum* var. *longibracteatum* 'Dian He'
图 122 蒙顶红荷 *Cymb. tortisepalum* var. *longibracteatum* 'Meng Ding Hong He'
图 123 蒙山旺荷 *Cymb. tortisepalum* var. *longibracteatum* 'Meng Shan Wang He'

图 124	图 125	图 126
图 127	图 128	图 129
图 130	图 131	图 132

图 124 腊梅 *Cymb. tortisepalum* var. *longibracteatum* 'La Mei'
图 125 金元宝 *Cymb. tortisepalum* var. *longibracteatum* 'Jin Yuan Bao'
图 126 丹峰丽梅 *Cymb. tortisepalum* var. *longibracteatum* 'Dan Feng Li Mei'
图 127 丹峰梅 *Cymb. tortisepalum* var. *longibracteatum* 'Dan Feng Mei'
图 128 凤凰梅 *Cymb. tortisepalum* var. *longibracteatum* 'Feng Huang Mei'
图 129 红梅冠 *Cymb. tortisepalum* var. *longibracteatum* 'Hong Mei Guan'
图 130 金红梅 *Cymb. tortisepalum* var. *longibracteatum* 'Jin Hong Mei'
图 131 梅蝶 *Cymb. tortisepalum* var. *longibracteatum* 'Mei Die'
图 132 圣仙梅 *Cymb. tortisepalum* var. *longibracteatum* 'Sheng Xian Mei'

图 133	图 134	图 135
图 136	图 137	图 138
图 139	图 140	图 141

图 133 双喜梅 *Cymb. tortisepalum* var. *longibracteatum* 'Shuang Xi Mei'
图 134 西蜀红梅 *Cymb. tortisepalum* var. *longibracteatum* 'Xi Shu Hong Mei'
图 135 玉蚕蛾 *Cymb. tortisepalum* var. *longibracteatum* 'Yu Can E'
图 136 中华明珠 *Cymb. tortisepalum* var. *longibracteatum* 'Zhong Hua Ming Zhu'
图 137 紫彩梅 *Cymb. tortisepalum* var. *longibracteatum* 'Zi Cai Mei'
图 138 梦幻仙子 *Cymb. tortisepalum* var. *longibracteatum* 'Meng Huan Xian Zi'
图 139 水晶梅 *Cymb. tortisepalum* var. *longibracteatum* 'Shui Jing Mei'
图 140 天府红梅 *Cymb. tortisepalum* var. *longibracteatum* 'Tian Fu Hong Mei'
图 141 新品白梅 *Cymb. tortisepalum* var. *longibracteatum* 'Xin Pin Bai Mei'

图 142	图 143	图 144
图 145	图 146	图 147
图 148	图 149	图 150

图 142 玉黄梅 *Cymb. tortisepalum* var. *longibracteatum* 'Yu Huang Mei'
图 143 古镇红蝶 *Cymb. tortisepalum var. longibracteatum* 'Gu Zhen Hong Die'
图 144 粉蝶 *Cymb. tortisepalum var. longibracteatum* 'Fen Die'
图 145 福星蕊蝶 *Cymb. tortisepalum* var. *longibracteatum* 'Fu Xing Rui Die'
图 146 富贵蝶 *Cymb. tortisepalum* var. *longibracteatum* 'Fu Gui Die'
图 147 冠蝶 *Cymb. tortisepalum* var. *longibracteatum* 'Guan Die'
图 148 航天星蝶 *Cymb. tortisepalum* var. *longibracteatum* 'Hang Tian Xing Die'
图 149 红荷奇蝶 *Cymb. tortisepalum* var. *longibracteatum* 'Hong He Qi Die'
图 150 红花蝶花 *Cymb. tortisepalum* var. *longibracteatum* 'Hong Hua Die Hua'

图 151	图 152	图 153
图 154	图 155	图 156
图 157	图 158	图 159

图 151 华超蝶 *Cymb. tortisepalum* var. *longibracteatum* 'Hua Chao Die'
图 152 化蝶 *Cymb. tortisepalum* var. *longibracteatum* 'Hua Die'
图 153 皇冠蝶 *Cymb. tortisepalum* var. *longibracteatum* 'Huang Guan Die'
图 154 龙泉蝶 *Cymb. tortisepalum* var. *longibracteatum* 'Long Quan Die'
图 155 品蝶 *Cymb. tortisepalum* var. *longibracteatum* 'Pin Die'
图 156 如意三宝 *Cymb. tortisepalum* var. *longibracteatum* 'Ru Yi San Bao'
图 157 鱼凫晶蕊 *Cymb. tortisepalum* var. *longibracteatum* 'Yu Fu Jing Rui'
图 158 鱼凫星蝶 *Cymb. tortisepalum* var. *longibracteatum* 'Yu Fu Xing Die'
图 159 中华全叶蝶 *Cymb. tortisepalum* var. *longibracteatum* 'Zhong Hua Quan Ye Die'

图 160	图 161	图 162
图 163	图 164	图 165
图 166	图 167	图 168

图 160 雨城蕊蝶 *Cymb. tortisepalum* var. *longibracteatum* 'Yu Cheng Rui Die'
图 161 圣麒麟 *Cymb. tortisepalum* var. *longibracteatum* 'Sheng Qi Lin'
图 162 四海国庆 *Cymb. tortisepalum* var. *longibracteatum* 'Si Hai Guo Qing'
图 163 古堰麒麟 *Cymb. tortisepalum* var. *longibracteatum* 'Gu Yan Qi Lin'
图 164 金玉满堂 *Cymb. tortisepalum* var. *longibracteatum* 'Jin Yu Man Tang'
图 165 蒙顶奇珍 *Cymb. tortisepalum* var. *longibracteatum* 'Meng Ding Qi Zhen'
图 166 祥云 *Cymb. tortisepalum* var. *longibracteatum* 'Xiang Yun'
图 167 心花怒放 *Cymb. tortisepalum* var. *longibracteatum* 'Xin Hua Nu Fang'
图 168 玉玺天骄 *Cymb. tortisepalum* var. *longibracteatum* 'Yu Xi Tian Jiao'

第九章　蕙　兰

Cymbidium faberi Rolfe

一、形态特征与地理分布

（一）形态特征

蕙兰在古时人们因其花期在春末夏初又称为“夏兰”，或又因其每一花葶上一朵朵小花好像一节节的样子而称为“九节兰”。其他不同的地区也有称其为“巴茅兰”（四川）、“火烧兰”（云南）、“一茎九华”（江浙）等。

蕙兰假鳞茎小，不显著；根粗而长。叶 5~7（~9）枚，直立性强，长 30~100cm，宽 7~14 mm，中脉与主要侧脉透亮，边缘有粗锯齿。花葶近直立或稍外倾，长 25~75cm，具 5~11 或更多的花；花苞片通常中等长，最下面 1 枚略长于花梗和子房，中部至上部的约为其长度的一半；花直径 5~6cm，大多为浅黄绿色，但唇瓣有紫红色斑，通常香味较浓；萼片长 2.5~4cm，宽 6~9mm；花瓣较短；唇瓣不明显 3 裂，侧裂片与中裂片上均密生有乳突状毛，边缘常皱波状；蕊柱长 1.2~1.6cm，稍弧曲，具狭翅。蒴果狭椭圆形，长 4.5~5.5cm。花期一般在谷雨至立夏前后，常因温度的差异可分早花、晚花两个类型。

（二）地理分布

蕙兰比较耐寒，广泛分布于秦岭以南的地区，但不见于海南。海拔可上升到 3000m。生长于林下、林缘、灌丛中或杂草荆棘丛生之地，但需要透光和排水良好的条件。

二、观赏特性

蕙兰的栽培有着悠久的历史。对它的欣赏常伴随着浓郁的兰文化，并与春兰相辅相伴，有“兰如美人、蕙似大夫”之说。江浙兰界对于春兰和蕙兰的品赏侧重略有不同。蕙兰的品赏更重风韵与神气，由远而近。先远观其有无精神和风韵，然后才近看细部姿态和品味。由于蕙兰叶姿苍劲、潇洒，花色高雅、美观，颇受历代文士、画家的青睐。以蕙兰为题材的诗词与画卷更是为数甚多，影响日增，再加上资源丰富，花形、色泽变异大，在民间拥有广泛的爱好者。

传统蕙兰的观赏主要是从“色、香、形”三方面进行的。所谓“色”，主要指花朵，也包括其他有关器官，如花葶、苞片、子房、花梗等；“香”指花朵释放的香气；“形”指花朵的整体姿态及其中萼片（主、副瓣或外三瓣）、花瓣（捧瓣或捧心）、唇瓣（舌瓣或舌）与蕊柱（鼻头）的形状和排列方式。

对蕙兰花色的传统看法是：嫩绿第一、老绿第二、先赤而转绿者更次。也有对蕙兰苞壳颜色和上面分布的砂晕、筋纹作更为具体的分类；苞壳（苞片）也可以根据色泽划分为绿壳类、白绿壳类、赤转绿壳类、水银红壳类、赤壳类、青麻

绿壳类、深紫壳类等。人们还习惯把花色和秆色结合起来赏评，如："青秆青花为上，紫秆青花为佳，紫秆紫花为次"之说。

蕙兰的香型不属于春兰的幽香。蕙兰一茎多花，其香气浓烈；有些蕙兰奇花甚至还带有怪的香味。古话说：蕙兰虽逊于兰，而清馥之气，固未有殊。一种远闻则香，近嗅则有汗气，此香浓之故，较香淡者多供三四日清赏。故在香型的鉴赏中有"兰王蕙相"和"兰兄蕙弟"之说。

根据蕙兰萼片和花瓣形状的不同可分为荷瓣、梅瓣、水仙瓣、蝴蝶瓣（蕊蝶瓣、多瓣、奇瓣）及素心等类型。梅瓣型是"外三瓣结圆，捧瓣起兜有白头，舌瓣短圆舒展而不卷，形似早春寒梅"；并以捧瓣的蝶化程度的不同，分成硬捧梅瓣、半硬捧梅瓣和软捧梅瓣。水仙瓣型是"外三瓣起尖，捧心有兜而舌下垂者谓水仙"。而荷瓣型则是外三瓣短圆，收根放角，紧边，形似荷花花瓣。在蕙兰中荷瓣型品种非常难得，常见的一些大瓣子的荷形严格意义上还是够不上荷瓣型的标准。所谓蝴蝶瓣型（此处的蝴蝶瓣是广义的，应含有蕊蝶瓣、多瓣、奇瓣等类型）则包含凡副瓣和捧瓣唇瓣化、多瓣、多唇、缺瓣或其他不规则变化的。亦即所谓"寻常蕙瓣，而捧心不异者，正也。捧心异于蕙瓣，所谓巧花者，奇也"。历史上蕙兰除按梅、荷、水仙、素、奇等分类外，还认为"灰壳素、紫壳素，皆素之变格也"。唇瓣习惯称舌，一般蕙兰的舌（唇瓣）多红点，但以绿舌为稀贵。如有红点，则以均匀的鲜红色为绝品。

蕙兰的花在花葶上的排列称为排铃。古时以一梗九花作"正铃"，七、八花称"副铃"，十铃以外和不及七、八铃的就作下品，至于二十铃以上者就更差了。花葶一般以细长者为好，称为"灯心草"，短而粗糙的则称为"木梗"。对叶片的要求则一苗应有四片叶以上才算完整；传统对叶的鉴赏要求飘逸舒展，油润滋糯，柔中有刚，健壮无病；使植株完整、端庄、秀丽，亦即古人所说的"叶以收根，细糯短阔，垂软为上，如士大夫气概。真品评也"。但近代人们更重视叶片性状的变异，如斑纹、矮种、水晶等，常被作为珍贵品种收藏。

三、蕙兰品种分类方法

一般采用二级品种分类法。首先依据花葶的色泽进行分类，如绿葶绿花的称绿蕙，赤葶赤花的称赤蕙，赤葶绿花的称赤转绿蕙。然后再根据不同的瓣型分类，如绿蕙荷瓣、绿蕙梅瓣、绿蕙水仙瓣，赤蕙荷瓣、赤蕙梅瓣、赤蕙水仙瓣、赤转绿蕙荷瓣、赤转绿蕙梅瓣、赤转绿蕙水仙瓣以及蝴蝶瓣（蕊蝶瓣、多瓣、奇瓣）和素心、色花等类型。

（一）赤蕙类

荷瓣：传统品种有'郑孝荷'、'团子荷'等；常见品种有'胜利大荷'（'曹荣大荷'）、'华林荷素'、'上方荷'、'响洪荷'、'关鼎'、'大福奇'、'赤小荷'、'常乐荷'、'奇翠荷'、'九畹荷'、'神农蕙荷'、'文秀荷'、'夏大富贵'、'赵荷'、'华字荷'、'新孝荷'、'红心荷鼎'、'吉美圆荷'、'环球荷'、'大福荷'、'红猫荷'、'玄武荷'、'蔡氏新荷'、'建庆荷'、'叶孝荷'、'宝瓶荷'、'秦岭绿荷'、'大荷'、'银荷'等。

梅瓣：传统品种有'程梅'（'程字梅'）、'关顶'（'万和梅'）、'秀字'、'虞山梅'、'长寿梅'、'适圆'、'南阳梅'、'常元梅'、'永春梅'、'瑞华梅'（'萃华梅'）、'浙顶'、'赤蜂巧'等；常见品种有'夏集圆'、'天锡梅'、'赤一品'、'万顷含翠'、'碧如梅'、'涵碧梅'、'俞梅'、'森梅'、'发扬梅'、'碧霞'、'申一梅'、'姑苏梅'、'武林文蕙梅'、'元霁梅'、'平江梅'、'桐坞梅'、'粲花梅'、'山阴之秀'('山阴梅')、'越州之光'、'长庆梅'、'德勤梅'、'阳泉梅'、'雨前梅'、'听雨梅'、'翠桃献寿'、'黄大仙梅'、'仙荷梅'、'红梅'、'晶云梅'、'红宝石'、'宫灯梅'、'虞小梅'、'钱塘梅'、'功德梅'、'钟山梅'、'逢春梅'、'朱华梅'、'萃蕙梅'、'赤翠蟾'、'天宝梅'、'高梅'、'致祥梅'、'碧螺'、'方桃梅'、'华宝梅'、'贺梅'、'俊巧'('赛海鸥')、'红蜂巧'、'无锡梅'、'荆楚新梅'、'彩云梅'、'凌二夏花'、'汉梅'、'丰梅'、'新春梅'、'四州梅'、'红新梅'、'华良梅'、'中华信梅'、'江南新梅'、'二回梅'、'新蜂巧'、'铁蜂巧'、'虞松梅'、'越荷梅'、'翠桃'、'翠逸'、'夫子梅'、'江干圆梅'、'金鼎梅'、'仝蜂梅'、'欣雄梅'、'珍梅'、'云山梅'、'强如松'、'碧玉梅'、'泉州梅'、'越台梅'、'文顺梅'、'金彩如意梅'、'元绿梅'、'月河蟾'、'湖州梅'等。

水仙瓣:传统品种有'元字'、'老染字'('阮字')等;常见品种有'冠群'、'鹤令仙'、'席一字'、'小一字'、'俊阳'、'成字'、'逸仙'、'桂花染字'、'和字'、'瑞字'、'王字'、'鹤渠仙'、'天目仙'、'荡口盖字仙'、'夏冬水仙'、'夏新水仙'、'德字'、'赛朵云'('荆溪彩云')、'流云'、'天目彩云'、'凌云'、'颠仙'、'金朵云'、'五峰仙'、'新芳仙'、'谈氏晶英'、'荷仙鼎'、'翔凤'、'翠云荷巧'、'天堂彩云'、'金祥云'、'欣云'、'红菱艳'、'华东极品'、'杂样锦'、'晨日'、'建仙'、'武当仙'等。

(二)赤转绿蕙类

荷瓣:传统品种有'丁小荷'等;常见品种有'松江大荷'、'大绿荷'、'东方蕙'、'祥荷'、'回归荷'、'一竖金荷'、'大荷'、'迎驾荷'、'山城荷'、'圆丁荷'、'红运荷'、'盛荷'等。

梅瓣:传统品种有'崔梅'、'端蕙梅'、'江南新极品'、'端梅'、'解佩梅'('江皋梅')、'庚泉梅'('珍品')、'瑾梅'、'荣梅'('锡顶')、'仙蜨'、'东山梅'等;常见品种有'叶梅'、'戚氏第一梅'、'文元梅'、'衢梅'、'仙蝶'、'登科梅'、'五圆'、'定阳梅'、'蛾蜂梅'、'玉蝶'、'荆溪梅'、'玲梅'、'翠迪'、'常熟新梅'('虞山之光')、'新朵云'('荆溪彩云')、'虞光'、'留春'、'玲龙梅'、'宝绿梅'、'乐乐梅'、'富贵梅'、'龙鼎梅'、'海棠'、'神桃'、'延陵梅'、'郜顺梅'、'松翠'、'永艳'、'明州梅'、'新崔梅'、'蟹钳梅'、'霍山梅'、'冠梅'、'瑞芬梅'、'海巧梅'、'八法梅'、'秀州圣梅'、'荷梅'、'环球第一梅'、'一点梅'、'拾泉梅'、'华东极品'、'四明之秀'、'黔秀梅'、'神龙梅'等。

水仙瓣:传统品种有'大陈字'('赤砚字')、'文华仙'等;常见品种有'和字'、'聚珍'、'大刀'('宜兴仙')、'一点红'、'仙荷极品'、'玉玲珑'、'明珠仙'、'芮氏祥云'、'不群'、'彩凤凰'、'佳人'、'武进仙'、'胡氏仙'等。

(三)绿蕙类

荷瓣:传统品种有'秦淮绿荷花'、'绿蕙荷鼎'、'华字'等;常见品种有'碧莲'、'绿寇荷'、'绿魁'、'翠华'、'琴川荷'、'圣荷'、'碧荷花'、'第一荷'、'松江大瓣'、'东皋翠荷'、'凤鸣荷'、'常州绿荷鼎'、'菰城荷'、'霍山新荷'、'望月荷'、'大洋绿荷'、'月小荷'、'玉荷'、'天玥'、'天仗荷'、'无极'等。

梅瓣:传统品种有'蜂巧梅'('老蜂巧')、'潘绿梅'、'上海梅'、'后翠蟾'、'申顶'、'老极品'、'绿蜂巧'('新蜂巧')、'庆华梅'、'朵云'、'翠萼'、'刘梅'、'陈留绿梅'('陈绿梅')等;常见品种有'洞庭春'、'翠如意'、'万年梅'、'凝绿梅'、'宪梅'、'蕙莲'、'冠蕙'、'双舌梅'、'逸梅'、'新昌梅'、'新华梅'、'会稽之春'、'金蟾梅'、'比倩'('九畹梅')、'秋字'、'仙蟾'、'桥字'、'四梅'、'鉴湖之美'、'绿陵蝶'、'翠蟾'、'文鸾'、'昂梅'、'占魁'、'随州梅'、

‘鋆乐梅’、‘板桥梅’、‘玖捌绿梅’、‘欣陆梅’、‘翠芬梅’、‘泉梅’、‘二笑梅’、‘七女梅’、‘一走梅’、‘菰城梅’、‘夏山梅’、‘夏兰新梅’、‘越州素梅’、‘佳韵’、‘鑫梅’、‘马年新梅’、‘中华新梅’、‘凝碧’、‘陆泉梅’、‘飞龙梅’、‘玉龙梅’、‘荣华梅’、‘相氏仙’、‘柯桥梅’、‘楚韵梅’、‘苍岩梅’、‘龙凤梅’、‘袖珍梅’、‘象神梅’等。

水仙瓣：传统品种有‘大一品’、‘仙绿’（‘后上海梅’，‘宜兴新梅’）、‘荡字’（‘小塘字仙’）、‘楼梅’（‘留梅’）、‘叠翠’、‘培仙’、‘东麓金鸡’等；常见品种有‘海鸥’、‘厉志’、‘凤鸣’、‘翠鸾’（‘后荡字’）、‘菱角’、‘岳字’、‘六园’、‘洞庭绿’、‘虞顶’、‘金水仙’、‘心螺’、‘夏二友’、‘袁字仙’、‘张绿仙’、‘通祥仙’、‘南翔张仙’、‘不羡仙’、‘毕节仙’、‘蔡字’、‘重翠仙’、‘盛世鸿云’、‘神龙蕙仙’、‘绿蕙翠一品’、‘善泉风云’、‘华海仙’、‘碧凤仙’、‘棠棣梅’、‘乐山水仙’、‘一片红’、‘赵字绿天使’、‘绿仙鹤’等。

（四）素心和色花类

素心：传统品种有‘金岙素’（‘泰素’）、‘王明阳素’、‘温州素’、‘翠淀荷素’（‘宝蕙素’）、‘如意素’、‘金华素’、‘江山素’、‘顾氏大魁素’、‘梁溪素’、‘衢州素’等；常见品种有‘寒山’、‘君子’、‘朱砂素’、‘素十八’、‘赵氏荷素’、‘雪鸥’、‘十五岙素’、‘二友素’、‘天门素’、‘极品素荷’、‘琥珀冰心’、‘韵荷素’、‘崂山素’、‘汤氏素’、‘崂山素’、‘秦巴风黄素蕙’、‘聚光素’、‘月光素’、‘白花素’、‘濑江素’、‘郃蕙素’、‘宝蕙素’、‘玉印素’、‘玫瑰素’、‘笑意素’、‘红舌素荷’、‘水仙素’、‘红梗素’、‘秦岭素荷’、‘西施’、‘水晶素’、‘翔云素蝶’、‘看不够’、‘鋆素荷’、‘荷塘月色’、‘马州奇素’等。

色花：

1. 白色：‘岭南白鹤’、‘文秀仙子’、‘白玉娇’等；

2. 红色：‘大红素’、‘红舌素’、‘丹心’、‘人面桃花’、‘红鹤’、‘红花素’、‘大红霞’等；

3. 紫色：‘紫鹃’、‘碧玉娇’等；

4. 黄色：‘越王梅’、‘黄花红舌素’、‘毕节黄梅’、‘金铃’、‘翠仙’、‘红尘’、‘夏金荷’、‘黄绣球’、‘郑氏黄蕙素’等；

5. 覆轮花：‘白云’、‘新仙霞’、‘水晶花’、‘千禧双艺’、‘鋆双复’、‘金丝猫’、‘金碧辉煌’、‘瑞银复’、‘金铃’、‘白云’、‘马年九华’、‘水晶梅’、‘赫章黔奇’、‘汤飞仙’、‘月华’、‘玉玲珑’、‘东海神龙’等；

（五）蝶瓣类（广义）

主要包括副瓣（侧萼片）蝶化（即唇瓣化）和捧瓣（花瓣）蝶化（即唇瓣化）两类。前者称蝶瓣，后者则称蕊蝶，其所包括的主要品种如下：

蝶瓣：‘彩蝶’（‘翠蝶’）、‘彩虹’、‘舞蝶’、‘金银蝶’、‘钱氏蝶’、‘洛阳蝶’、‘夏阳荷蝶’、‘和蝶’、‘财神蝶’、‘蝶蕙’、‘华阳蝶’、‘蝴蜨’、‘绿蝶’、‘大叠彩’、‘桐柏蝶’、‘板桥翠蝶’、‘板桥麒’、‘仁蝶’、‘兴蝶’、‘梅蝶’、‘忠艺玉蝶’、‘溢翠蝶’、‘英蝶’、‘夏穗蝶’、‘富平蝶’、‘鋆蝶’、‘渚山蝶’、‘赤荷蝶’、‘新绿蝶’、‘绿林豹蝶’、‘福荷蝶’、‘昂扬蝶’、‘金蝴蝶’、‘诸氏蝶’、‘月小龙’、‘五福圣蝶’、‘徐氏翠蝶’、‘五彩蝶’、‘阳山蕊蝶’、‘圆蝶梅’、‘月河翠蝶’、‘朝天蝶’、‘蝶舞翩跹’、‘良蝶’、‘银龙蝶’、‘群英蝶’、‘赤朵云外蝶’、‘天冠蝶’、‘雄蝶’、‘群花芸舞’等。

蕊蝶：‘绿蕙素蕊蝶’、‘五彩多多蝶’、‘红珊瑚’、‘清心蝶’、‘紫砂星’、‘谈氏蕊蝶’、‘虎啸蝶’、‘绿蕙三星蝶’、‘赤蕙三星蝶’、‘良蕊蝶’、‘蕙素里蝶’、‘翠妍蕊蝶’、‘蕙蕊蝶’、‘卢氏蕊蝶’、‘宝来彩蝶’、‘华蝶’、‘小蕊蝶’、‘张氏蕊蝶’、‘办兴蕊蝶’、‘鑫蝶’、‘千岛之星’、‘福禄寿蝶’、‘赤花牛角蝶’、‘丹露’、‘丽蝶’、‘福祥内蝶’、‘飞蝶’、‘谈氏奇蝶’、‘弄影’、‘董氏蕊蝶’、‘春华蕊蝶’、‘红龙蝶’、‘红韵蝶’、‘梁溪之春’、‘南林蕊蝶’等。

奇瓣：其中多瓣类有‘五福圣蝶’、‘杨氏绿菊'、'绿云'、'皇牡丹'、'板桥牡丹'、'玉树牡丹'、'珍珠塔'、'绿宝珠'、'东方狮子'、'白龙爪'、'四喜牡丹'、'霸王牡丹'、'云顶牡丹'、'富贵牡丹'、'龙凤牡丹'、'绿牡丹'、'玉牡丹'、'越州奇蕙'、'绿蕙奇蝶'、'赤蕙奇蝶'、'兴花奇蝶'、'群英之光'、'杨氏绿蕙'、'狮子头'、'神州素奇'、'榭水聚轩'、'千禧良缘'、'双龙蝶'、'六合双龙'、'狮蝶'、'菊水仙'、'楼台蝶'、'九州彩球'、'玉树临风'、'三龙出海'、'陆壹奇蝶'、'步步高'、'天娇牡丹'、'素龙女'、'海渚奇蕙'、'夏绿云'、'多瓣蝶'、'远东麒麟'、'远东奇蝶'、'温州国香'、'菊香满园'、'狮舞'、'十样牡丹'、'海渚菊'、'菊香'、'天女牡丹'、'牡丹兰'、'彩云舞'、'千手观音'、'金溪牡丹'、'国色牡丹'、'锦上添花'、'六彩奇珍'、'绿麒麟'、'龙城奇'、'群英荟萃'、'谈氏奇英'、'徐氏牡丹'、'欣雄牡丹'、'建青菊'、'荣菊'、'蕙云菊'、'华馨牡丹'、'千手如来'、'淮源蛟龙'、'锦绣奇蝶'、'旺神'、'奥运菊'、'翠玉牡丹'、'东部雄狮'、'翡翠牡丹'、'长安多层奇蝶'、'红艳牡丹'、'九畹奇素'、'四星上将'、'中华飞龙'、'中华锦绣'、'韬云牡丹' 等。蕊艺及其他有'贵妃出洛'、'花中花'、'玉树龙须'、'落山奇'、'亭台阁'、'九州彩珠'、'七仙女'、'奇蕙素'、'菰城神雕'、'水晶玉'、'顶天珍珠'、'素蕊奇花'、'珍珠梅'、'舟山奇梅'、'夏瑞梅'、'海蚌含珠'、'佛手'、'玉麒麟'、'白玉狮子'、'洒金宝珠' 等。

（六）线艺类

'仙霞'、'赤虎'、'金边蕙'、'松翠'、'永艳'、'冠玉'、'双艺'、'黔缟蕙'、'尖晶蕙'、'水晶矮蕙'、'道光'、'青春'、'秦岭金辉'、'千禧龙蕙'、'金银荷' 等。

四、代表品种介绍

据《第一香笔记》、《兰言述略》、《兰蕙同心录》、《兰蕙小史》等古代兰谱中所记载的传统蕙兰品种有 160 种左右之多；唯历代流失较多，现存世的蕙兰传统品种大约只有数十种。但近代也有不少新品，兹介绍如下：

1. 老蜂巧（图 1）*Cymb. faberi* 'Lao Feng Qiao'

绿蕙梅瓣，又称'蜂巧梅'。清康熙年间由上海朱家角市民选出。传说当时苏州金姓者非常钟爱此花，求买遭拒后嘱贼偷出，为此引起诉讼，直告至康熙皇帝。此花送京观看赏时，恰巧有一只蜜蜂飞落到花朵上，皇帝即兴命名为蜂巧。为旧传名种之珍品，目前流传极少。本图片顾树棨、殷继山提供。

图 1

2. 老极品（图 2）*Cymb. faberi* 'Lao Ji Pin'

绿蕙梅瓣。花葶具 12~13 花；捧瓣端有兜。清光绪年间杭州冯长生选育。

图 2

3. 上海梅（图 3）*Cymb. faberi* 'Shang Hai Mei'

绿蕙梅瓣。外三瓣质厚；捧瓣端有兜。清嘉庆元年由上海李良宾选育。

图 3

4. 常州蜂巧（图 4）*Cymb. faberi* 'Chang Zhou Feng Qiao'

绿蕙梅瓣。花葶细长；外三瓣翠绿、瓣端起飘皱；捧瓣端有兜；舌瓣短小；花形与'老蜂巧'十分相似。

图 4

5. 潘绿梅（图 5）*Cymb. faberi* 'Pan Lu Mei'

绿蕙梅瓣。花疏列；捧瓣厚实，有兜。清乾隆年间由江苏宜兴潘姓兰友选出。

图 5

6. 庆华梅（图 6）*Cymb. faberi* 'Qing Hua Mei'

绿蕙梅瓣。外三瓣厚实；捧瓣端有兜。1911 年由浙江绍兴兰农车庆选出。

图 6

7. 楼梅（图 7）*Cymb. faberi* 'Lou Mei'

绿蕙梅瓣。叶有光泽。清光绪年间由浙江绍兴楼氏选出。

图 7

8. 翠萼（图 8）*Cymb. faberi* 'Cui E'

绿蕙梅瓣。花葶高于叶架；捧瓣有硬兜。民国初年由江苏无锡荣文卿选育。

图 8

9. 朵云（图 9）*Cymb. faberi* 'Duo Yun'

绿蕙梅瓣。捧瓣近中心有一细圆淡黄色硬点。新中国成立前由江苏无锡沈渊如选出。

图 9

10. 刘梅（图 10）*Cymb. faberi* 'Liu Mei'

绿蕙梅瓣。花葶细长；外三瓣质厚实，捧瓣端有软兜。1912 年由浙江绍兴刘氏选出。

图 10

11. 大一品（图 11）*Cymb. faberi* 'Da Yi Pin'

绿蕙荷形瓣。叶宽。花葶具 9~12 花；鞘及苞片嫩绿色；花较大。清嘉庆年间发现于浙江富阳县。

图 11

12. 荡字（图 12）*Cymb. faberi* 'Dang Zi'

又称'小荡'，绿蕙水仙瓣。外三瓣质厚；捧瓣端有兜。清道光年间江苏南部选出。

图 12

13. 仙绿（图 13）*Cymb. faberi* 'Xian Lu'

又名'宜兴梅'、'后上海梅'，绿蕙水仙瓣。外三瓣质厚；捧瓣端有浅软兜。民国初年发现于江苏宜兴。

图 13

14. 江南新极品（图 14）*Cymb. faberi* 'Jiang Nan Xin Ji Pin'

赤转绿蕙梅瓣。1915 年由江苏无锡杨干卿选出。

图 14

15. 崔梅（图 15）*Cymb. faberi* 'Cui Mei'

赤转绿蕙梅瓣。外三瓣厚实；捧瓣端有兜；舌瓣伸长。在抗战前由杭州崔氏选出。

图 15

16. 端梅（图 16）*Cymb. faberi* 'Duan Mei'

赤转绿蕙梅瓣。叶阔。花葶密生 10 余花；捧瓣端有兜；舌瓣质硬。1913 年由杭州卢长寿选出。

图 16

17. 端蕙梅（图 17）*Cymb. faberi* 'Duan Hui Mei'

赤转绿蕙梅瓣。花葶疏列 6~9 花；外三瓣质厚；捧瓣端有兜。民国初年由浙江渚长生选出。

图 17

18. 荣梅（图 18）*Cymb. faberi* 'Rong Mei'

又名'锡顶'，赤转绿蕙梅瓣。捧瓣厚实，端有兜。1908 年由江苏无锡朱文卿选育。

图 18

19. 解佩梅（图 19）*Cymb. faberi* 'Jie Pei Mei'

赤转绿蕙梅瓣。叶细、环垂。捧瓣质硬，端有浅兜。1919 年由上海张姓选育。

图 19

20. 庚泉梅（图 20）*Cymb. faberi* 'Geng Quan Mei'

又名'珍品'，赤转绿蕙梅瓣。叶细狭，直立；花葶绿；花梗长；外三瓣紧边、收根；捧瓣端起软兜；舌瓣小。1930 年由江苏苏州朱庚泉选育。

图 20

21. 瑾梅（图 21）*Cymb. faberi* 'Jin Mei'

赤转绿蕙梅瓣。花葶挺拔，着花 6~9 朵；捧瓣端起硬兜，舌瓣小。1948 年由江苏无锡蒋瑾怀选出。

图 21

22. 荆溪梅（图 22）*Cymb. faberi* 'Jing Xi Mei'

赤转绿蕙梅瓣。20 世纪 40 年代由江苏宜兴米行车老板选出（一说为宜兴汤医生选出）。

图 22

23. 丁小荷（图 23）*Cymb. faberi* 'Ding Xiao He'

赤转绿蕙荷形水仙瓣。花形挺拔；外三瓣厚实，长圆收根；舌瓣端截平并有凹缺。清咸丰年间由丁氏选出。

图 23

24. 大陈字（图 24）*Cymb. faberi* 'Da Chen Zi'

又名'赤砚字'，赤转绿蕙大荷花水仙瓣。捧瓣端有软兜。清乾隆年间浙江嘉兴陈砚耕选育。

图 24

25. 程梅（图 25）*Cymb. faberi* 'Cheng Mei'

又名'程字梅'，赤蕙梅瓣。叶较阔。外三瓣质厚实；捧瓣端有兜。清乾隆年间由江苏常熟程姓医生选育。

图 25

26. 关顶（图 26）*Cymb. faberi* 'Guan Ding'

赤蕙梅瓣。叶宽阔。外三瓣与捧瓣阔圆、厚实。清乾隆年间由江苏浒关万和酒店店主选出。

图 26

27. 老染字（图 27）*Cymb. faberi* 'Lao Ran Zi'

又名'阮字'，赤蕙梅瓣。叶多，短阔。外三瓣质厚；捧瓣有软兜。清道光年间浙江嘉善阮姓兰友选出。

图 27

28. 虞山梅（图 28）*Cymb. faberi* 'Yu Shan Mei'

又名'常熟梅'，赤蕙梅瓣。外三瓣质厚；捧瓣有兜。民国时期出自常熟虞山。

图 28

29. 长寿梅（图 29）*Cymb. faberi* 'Chang Shou Mei'

赤蕙梅瓣。外三瓣质厚；捧瓣端有软兜。初名'寿眉'，后江苏溧阳唐驼改为现名。

图 29

30. 浙顶（图 30）*Cymb. faberi* 'Zhe Ding'

赤蕙梅瓣。花大；捧瓣端起兜。清光绪年间杭州吴恩元选出。

图 30

31. 适圆（图 31）*Cymb. faberi* 'Shi Yuan'

赤蕙梅瓣传统品种。叶短，半立。萼片质厚；捧瓣端起兜。20 世纪 20 年代选育。

图 31

32. 瑞华梅（图 32）*Cymb. faberi* 'Rui Hua Mei'

赤蕙梅形水仙瓣。叶斜立，花葶细长、着花数朵；外三瓣收根紧边；捧瓣端有兜。1936 年由江苏无锡沈渊如选出。

图 32

33. 元字（图 33）*Cymb. faberi* 'Yuan Zi'

又名'元字仙'，赤蕙水仙瓣。叶较阔。花大；外三瓣厚实；舌瓣长，有大红点。清道光年间由苏州兰友选出。

图 33

34. 金岙素（图 34）*Cymb. faberi* 'Jin Ao Su'

又称'泰素'。花葶细长，黄绿色；外三瓣绿色；舌瓣绿白色；易开花。相传在清道光年间选于浙江余姚金岙山，是传统蕙兰素心中的最佳品种。

图 34

35. 温州素（图 35）*Cymb. faberi* 'Wen Zhou Su'

叶阔。花葶淡绿；外三瓣黄绿色；舌瓣白色。民国初年产于浙江温州。

图 35

36. 翠定荷素（图 36）*Cymb. faberi* 'Cui Ding He Su'

花葶细长，高出叶架；外三瓣翠绿色；舌瓣黄白色。原产中国，1935 年传至日本。

图 36

37. 如意素（图 37）*Cymb. faberi* 'Ru Yi Su'

素心类传统品种。花大，浅黄绿色。选育历史不详，1937 年流往日本，后"返回"中国。

图 37

38. 天门素（图 38）*Cymb. faberi* 'Tian Men Su'

花翠绿色，但舌瓣白色。

图 38

39. 江山素（图 39）*Cymb. faberi* 'Jiang Shan Su'

民国初年采于浙江江山，1931 年流往日本。叶宽，弯垂。外三瓣淡黄绿色；舌瓣淡黄色。

图 39

40. 新昌梅（图 40）*Cymb. faberi* 'Xin Chang Mei'

绿蕙梅瓣。花葶高挺；外三瓣质厚；捧瓣端有软兜。近期由浙江新昌兰友选育。

图 40

41. 逸梅（图 41）*Cymb. faberi* 'Yi Mei'

绿蕙梅瓣。叶环形。花疏列，嫩绿色；捧瓣质硬、端起兜。江苏省蕙兰展中多次获奖。近年由南通张逸民选育。

图 41

42. 新华梅（图 42）*Cymb. faberi* 'Xin Hua Mei'

绿蕙梅瓣，花略似上海梅。外三瓣圆阔，收根极细；捧瓣端有硬兜。1998 年由浙江新昌梁本洪选出。

图 42

43. 皇梅（图 43）*Cymb. faberi* 'Huang Mei'

绿蕙梅瓣。捧瓣端起软兜。2002 年湖北随州下山，由简旭东购得。

图 43

44. 随州梅（图 44）*Cymb. faberi* 'Sui Zhou Mei'

绿蕙梅瓣。叶环垂。花葶高挺；捧瓣端起软兜。2004 年湖北随州下山，南京刘小鋆栽培。

图 44

45. 鋆乐梅（图 45）Cymb. faberi 'Yun Le Mei'

绿蕙梅瓣。外三瓣质厚；捧瓣端起兜。2000 年河南桐柏下山，南京刘小鋆栽培。

图 45

46. 鑫梅（图 46）*Cymb. faberi* 'Xin Mei'

绿蕙梅瓣。捧瓣端起兜；舌瓣圆。2003 年浙江安吉下山，无锡陶建鑫购得。

图 46

47. 板桥梅（图 47）*Cymb. faberi* 'Ban Qiao Mei'

绿蕙梅瓣。花色翠绿；捧瓣端有兜。1998 年于湖北与安徽交界山区下山，由江苏兴化刘为东栽培。

图 47

48. 欣陆梅（图 48）*Cymb. faberi* 'Xin Lu Mei'

绿蕙梅瓣。花色绿；捧瓣端略有小兜。为上海王东芳选育。

图 48

49. 佳韵（图 49）*Cymb. faberi* 'Jia Yun'

绿蕙梅瓣。外三瓣厚实；捧瓣端起兜，舌瓣小、舒直。2001 年湖北下山，由江苏宜兴吴佳能选育。

图 49

50. 善卷梅（图 50）*Cymb. faberi* 'Shan Juan Mei'

绿蕙梅瓣。外三瓣端尖收根；捧瓣端有兜；舌瓣短，舒直。2006 年湖北下山，由江苏宜兴吴佳能选育。

图 50

51. 毕节仙（图 51）*Cymb. faberi* 'Bi Jie Xian'

绿蕙水仙瓣。2004 年贵州毕节下山，南京刘小鋆栽培。

图 51

52. 东方蕙（图 52）*Cymb. faberi* 'Dong Fang Hui'

赤转绿蕙小型荷瓣。花似春兰'翠盖荷'。原产大别山，1998 年上海王东芳选育。

图 52

53. 上方荷（图 53）*Cymb. faberi* 'Shang Fang He'

赤转绿蕙荷瓣。产浙江富阳，1998 年绍兴孟立波栽培。

图 53

54. 金鋆荷（图 54）*Cymb. faberi* 'Jin Yun He'

赤转绿蕙荷瓣新品种。获全国第十二届兰博会金奖。

图 54

55. 祥荷（图 55）*Cymb. faberi* 'Xiang He'

赤转绿荷型。叶环垂。捧瓣端有浅兜。2000 年从湖北下山，江苏常州杨源源栽培。

图 55

56. 德勤梅（图 56）*Cymb. faberi* 'De Qin Mei'

赤转绿蕙梅瓣。叶半垂。花葶高挺、着花 5~8 朵；外三瓣厚实，瓣端有尖锋；捧瓣端起兜；舌瓣小，有密集紫红斑。1979 年由江苏宜兴杨德持选出。

图 56

57. 荆溪彩云（新朵云）（图 57）*Cymb. faberi* 'Jing Xi Cai Yun'

赤转绿蕙梅瓣。叶直立。花色艳丽；瓣片波状、飘逸；外三瓣短阔、收根；捧瓣有蝶化黄斑。1987 年江苏宜兴邰顺大选出。

图 57

58. 雨前梅（图 58）*Cymb. faberi* 'Yu Qian Mei'

赤转绿蕙梅瓣。花大，色嫩绿；捧瓣质厚、端起兜。1988 年江苏宜兴俞雨前选育。

图 58

59. 宝绿梅（图 59） *Cymb. faberi* 'Bao Lu Mei'

赤转绿蕙梅瓣。捧瓣端有兜。2002 年由绍兴诸建庆在湖北随州购得，在浙江省蕙兰展屡获金奖。

图 59

60. 阳羡新梅（图 60） *Cymb. faberi* 'Yang Xian Xin Mei'

赤转绿蕙梅瓣。花葶粗壮；花色稍绿；外三瓣质厚；捧瓣端微有兜；舌瓣短、有紫红色斑。2005 年湖北下山，由江苏宜兴吴佳能选育。

图 60

61. 富贵梅（图 61） *Cymb. faberi* 'Fu Gui Mei'

赤转绿蕙梅瓣。花色俏绿；捧瓣端起兜。2006 年河南南阳下山，南京兰香园栽培。

图 61

62. 乐乐梅（图 62） *Cymb. faberi* 'Le Le Mei'

赤转绿蕙梅瓣。叶环垂。捧瓣质厚，端起硬兜。1999 年浙江绍兴诸建庆从湖北随州购得。

图 62

63. 龙鼎梅（图 63） *Cymb. faberi* 'Long Ding Mei'

赤转绿梅瓣。捧瓣端起浅兜。2001 年从湖北下山，江苏常州杨源源栽培，曾获江苏省蕙兰展金奖。

图 63

64. 新蜂巧（图 64） *Cymb. faberi* 'Xin Feng Qiao'

赤转绿蕙，因花似'老蜂巧'而名。捧瓣先端有浅兜。原产湖北，1994 年绍兴赵银泉、章洪刚栽培。

图 64

65. 玲梅（图 65） *Cymb. faberi* 'Ling Mei'

赤转绿蕙水仙瓣。花葶细高；外三瓣厚实；捧瓣端起兜。20 世纪 70 年代常熟钱恃云选育。

图 65

66. 仙荷极品（图 66） *Cymb. faberi* 'Xian He Ji Pin'

赤转绿蕙荷形水仙瓣。捧瓣端有兜。由湖州陈冠山莳养。

图 66

67. 一点红（图 67）*Cymb. faberi* 'Yi Dian Hong'

赤转绿蕙水仙瓣。捧瓣端起兜；舌瓣中间有一大红斑点。2001 年湖北洪山下山草，浙江杭州兰友购得。

图 67

68. 梁溪新水仙（图 68）*Cymb. faberi* 'Liang Xi Xin Shui Xian'

赤转绿蕙水仙瓣。叶柔软，环垂。外三瓣厚实紧边。2005 年由无锡陈耀明在宜兴购得。

图 68

69. 龙城仙（图 69）*Cymb. faberi* 'Long Cheng Xian'

赤转绿蕙水仙瓣。花葶粗壮、着花 6 朵；外三瓣质厚、收根；捧瓣端有浅兜；舌瓣小。2004 年湖北大别山下山，常州徐仁良栽培。

图 69

70. 蔡氏新荷（图 70）*Cymb. faberi* 'Cai Shi Xin He'

赤蕙荷瓣。2005 年下山新草。

图 70

71. 夏大富贵（图 71）*Cymb. faberi* 'Xia Da Fu Gui'

赤蕙荷瓣新品种。花色翠绿。

图 71

72. 强如松（图 72）*Cymb. faberi* 'Qiang Ru Song'

赤蕙梅瓣新品种。捧瓣端起兜。

图 72

73. 方桃梅（图 73）*Cymb. faberi* 'Fang Tao Mei'

赤蕙梅瓣。花色净绿；捧瓣端增厚并蝶化，合抱于蕊柱。2000 年浙江舟山方和平在定海山采得。

图 73

74. 海棠（图 74）*Cymb. faberi* 'Hai Tang'

赤蕙梅瓣。捧瓣端起硬兜、包合于舌瓣之上。2002 年下山，由常州叶人杰栽培。

图 74

75. 星梅（图 75）*Cymb. faberi* 'Xing Mei'

赤蕙梅瓣。花葶粗壮；具十余花；外三瓣紧边；瓣端有小尖峰；捧瓣端起硬兜。近期由江苏宜兴杨长明选育。

图 75

76. 禅梅（图 76）*Cymb. faberi* 'Chan Mei'

赤蕙梅瓣。花葶细圆，外三瓣厚实，收根、端尖；捧瓣端有兜。近期由江苏宜兴王胤先选育。

图 76

77. 新芳仙（图 77）*Cymb. faberi* 'Xin Fang Xian'

赤蕙水仙瓣。捧瓣有轻微蝶化。2001 年由无锡杨文彬选出，2005 年获江苏省蕙兰展金奖。

图 77

78. 金朵云（图 78）*Cymb. faberi* 'Jin Duo Yun'

赤蕙水仙瓣。花色黄。2003 年购自湖北随州。

图 78

79. 明珠仙（图 79）*Cymb. faberi* 'Ming Zhu Xian'

赤蕙荷形水仙瓣。2000 年从安徽下山，由常州贺忠栽培。

图 79

80. 紫圆（图 80）*Cymb. faberi* 'Zi Yuan'

赤蕙水仙瓣。捧瓣端起软兜。近期由江苏宜兴王胤先选育。

图 80

81. 东麓金鸡（图 81）*Cymb. faberi* 'Dong Lu Jin Ji'

绿蕙水仙瓣。叶幅宽，垂环；花葶长；花黄色。

图 81

82. 赵氏荷素（图 82）*Cymb. faberi* 'Zhao Shi He Su'

素心品种，花翠绿色。产浙江余姚，1989 年绍兴赵银泉选育。

图 82

83. 极品素荷（图 83）*Cymb. faberi* 'Ji Pin Su He'

蕙兰素心。花色净绿白色。2003 年汉中下山，南京刘小鋆栽培。

图 83

84. 素十八（图 84）*Cymb. faberi* 'Su Shi Ba'

素心品种。花葶和花均为素黄色。原产武当山脉，1996 年上海戴仙禽、沈心宝发现。

图 84

85. 国荷素（图 85）*Cymb. faberi* 'Guo He Su'

素心新品种。花色俏绿；舌瓣黄绿色。近期由江苏宜兴王胤先选育。

图 85

86. 琥珀冰心（图 86）*Cymb. faberi* 'Hu Po Bing Xin'

素心品种。外三瓣为竹叶瓣，与捧瓣均呈淡琥珀色；舌瓣玉色。2003 年湖北下山，由江苏常州杨源源栽培。

图 86

87. 群英之花（图 87）*Cymb. faberi* 'Qun Ying Zhi Hua'

素心品种。原产湖北随州，1999 年绍兴诸建庆栽培。

图 87

88. 白龙爪（图 88）*Cymb. faberi* 'Bai Long Zhua'

素心品种。花瓣增生多瓣，龙爪状，为素心奇花。原产湖北随州，1999 年绍兴孟立波栽培。

图 88

89. 七仙女（图 89）*Cymb. faberi* 'Qi Xian Nu'

绿蕙奇瓣。全花黄绿色；舌瓣呈捧瓣状。2001 年陕西汉中下山，南京刘小鋆栽培。

图 89

90. 岭南白鹤（图 90）*Cymb. faberi* 'Ling Nan Bai He'

花葶、外三瓣、捧瓣均乳白色，舌瓣白色而有鲜红斑，为色花中的极佳品种。

图 90

91. 毕节黄梅（图 91）*Cymb. faberi* 'Bi Jie Huang Mei'

梅瓣。花葶有花十余朵；花大、呈金黄色；捧瓣端有兜。2003 年贵州毕节下山，南京刘小鋆栽培。

图 91

92. 丹心（图 92）*Cymb. faberi* 'Dan Xin'

赤转绿蕙。大卷舌全红。原产安徽，1995 年临海许先兴栽培。

图 92

93. 郑氏黄蕙素（图 93）*Cymb. faberi* 'Zheng Shi Huang Hui Su'

花芽黄色。产安庆，2000 年 4 月下山，浙江长兴郑国梁栽培。

图 93

94. 东海神龙（图 94）*Cymb. faberi* 'Dong Hai Shen Long'

捧瓣有黑筋黑晕；舌瓣黑色。产舟山群岛，裘彭年发现。

图 94

95. 人面桃花（图 95）*Cymb. faberi* 'Ren Mian Tao Hua'

花葶紫红色；花色艳丽；外三瓣竹叶瓣，桃红色。常州叶人杰栽培。

图 95

96. 孔雀开屏（图 96）*Cymb. faberi* 'Kong Que Kai Ping'

色花新品种。花均为复色花；瓣片前端与周围边缘绿色，基部紫红色。2001 年湖北下山，由江苏宜兴施正满、周小仁选育。

图 96

97. 谈氏彩虹素（图 97）*Cymb. faberi* 'Tan Shi Cai Hong Su'

色花新品种。花葶具十余花；花色覆轮；外三瓣和捧瓣前端黄绿色，基部紫红色；舌瓣菜黄色。由江苏宜兴谈岳明选育。

图 97

98. 大叠彩（图 98）*Cymb. faberi* 'Da Die Cai'

蝶花。捧瓣蝶化，蝶化部位呈深紫色。20 世纪 90 年代由浙江舟山兰友选出。

图 98

99. 云燕蝶（图 99）*Cymb. faberi* 'Yun Yan Die'

赤蕙蝶瓣。叶宽、环垂。副瓣蝶化达 2/3。2005 年河南信阳下山，无锡奚志宏购得。

图 99

100. 龙凤蝶（图 100）*Cymb. faberi* 'Long Feng Die'

绿蕙蝶瓣。副瓣蝶化达 2/3。由江苏兴化余剑秋选出。

图 100

101. 五福圣蝶（图 101）*Cymb. faberi* 'Wu Fu Sheng Die'

赤蕙奇瓣。花大，其外三瓣和捧瓣都有不同程度之蝶化。2005 年在金坛首届蕙兰展中展出。

图 101

102. 夏阳荷蝶（图 102）*Cymb. faberi* 'Xia Yang He Die'

赤转绿蕙荷形蝶瓣。副瓣下缘蝶化；捧瓣端无兜。1999 年绍兴孟立波栽培。

图 102

103. 财神蝶（图 103）*Cymb. faberi* 'Cai Shen Die'

二瓣二舌对称蕊蝶，呈元宝形。每莛有两花，只开一瓣一舌。原产河南桐柏，1997 年绍兴孟立波购得。

图 103

104. 桐柏蝶（图 104）*Cymb. faberi* 'Tong Bai Die'

绿蕙蝶瓣。叶环垂。副瓣下缘 1/2 蝶化、与舌瓣相同，布有紫红色斑点（块）。2002 年河南桐柏下山，南京刘小鋆栽培，曾多次获奖。

图 104

105. 板桥麒（图 105）*Cymb. faberi* 'Ban Qiao Qi'

赤转绿蕙蝶花。花莛有花 14 朵；捧瓣内侧的 1/2 蝶化，舌瓣与蝶化的捧瓣均有紫红斑块。2002 年下山，江苏兴化单家欣栽培。

图 105

106. 板桥翠蝶（图 106）*Cymb. faberi* 'Ban Qiao Cui Die'

绿蕙蝶形。副瓣下缘 2/3 蝶化，舌瓣与蝶化的副瓣均布有紫红色斑块（点）。2003 年下山，由江苏兴化刘为东栽培。

图 106

107. 仁蝶（图 107）*Cymb. faberi* 'Ren Die'

赤蕙蝶瓣。副瓣 2/3 呈蝶化，与舌瓣均密布紫红斑点（块）。2006 年从大别山下山，常州徐仁良栽培。

图 107

108. 恋蝶（图 108）*Cymb. faberi* 'Lian Die'

赤蕙蝶瓣。多舌少瓣。2005 年 4 月下山，常州杨源源栽培。

图 108

109. 兴蝶（图 109）*Cymb. faberi* 'Xing Die'

赤蕙奇瓣。外三瓣和捧瓣蝶化，向上开放。2000 年湖北下山，由江苏吴佳能、杨源源栽培。

图 109

110. 溢翠蝶（图 110）*Cymb. faberi* 'Yi Cui Die'

绿蕙蝶瓣。花色淡绿色；荷形副瓣下缘 1/2 蝶化。1995 年浙江下山，由常州叶人杰栽培。

图 110

111. 蝶蕙（图 111）*Cymb. faberi* 'Die Hui'

赤蕙蝶瓣。副瓣下缘蝶化，有紫色斑纹。产浙江天目山，1995 年绍兴刘金山发现，吴书福栽培。

图 111

112. 梁溪之春（图 112）*Cymb. faberi* 'Liang Xi Zhi Chun'

赤蕙蕊蝶。捧瓣和舌瓣蝶化充分，且布满红块、鲜艳夺目。1994 年由无锡周仁林选出。

图 112

113. 海鑫蝶（图 113）*Cymb. faberi* 'Hai Xin Die'

蕙兰蕊蝶。捧瓣和舌头充分蝶化，红块鲜艳醒目，且根部有绿色丝绒块状。20 世纪 90 年代初由无锡陶建鑫选出。

图 113

114. 谈氏蕊蝶（图 114）*Cymb. faberi* 'Tan Shi Rui Die'

绿蕙蕊蝶。花大；捧瓣出现不同程度蝶化。2005 年在江苏蕙兰展中首次展出。

图 114

115. 绿砂星（图 115）*Cymb. faberi* 'Lu Sha Xing'

绿蕙蝶花。外三瓣为竹叶瓣；捧瓣蝶化。2001 年湖北下山，由江苏宜兴吴佳能选育。

图 115

116. 紫砂星（图 116）*Cymb. faberi* 'Zi Sha Xing'

奇花品种。叶半垂，花葶淡紫褐色、具 8~10 花，外三瓣飘逸反折；捧瓣呈舌瓣状。近期由江苏宜兴吴佳能选育。

图 116

117. 阳山蕊蝶（图 117）*Cymb. faberi* 'Yang Shan Rui Die'

赤转绿蕙蝶花。花葶粗壮；捧瓣蝶化并反折，与舌瓣呈规则排列。近期由江苏宜兴王胤先选育。

图 117

118. 良蕊蝶（图 118）*Cymb. faberi* 'Liang Rui Die'

赤转绿蕙蝶瓣。捧瓣蝶化并自 1/2 处向后反翘，与舌瓣均有紫红色斑点。产湖北大别山，2000 年由江苏常州徐仁良引种。

图 118

119. 绿蕙素蕊蝶（图 119）*Cymb. faberi* 'Lu Hui Su Rui Die'

绿蕙蝶瓣。捧瓣蝶化，自 2/3 处向后反折呈蕊蝶状；舌瓣净色素心。原产湖北大别山，1998 年上海王东芳选育。

图 119

120. 绿蕙三星蝶（图 120）*Cymb. faberi* 'Lu Hui San Xing Die'

蝶瓣。捧瓣蝶化，自 1/2 处向后反卷。2003 年贵州毕节下山，南京刘小鋆栽培。

图 120

121. 赤蕙三星蝶（图 121）*Cymb. faberi* 'Chi Hui San Xing Die'

赤蕙奇瓣。叶环垂。外三瓣蝶化。2001 年陕西汉中下山，南京兰香园栽培。

图 121

122. 绿蕙奇蝶（图 122）*Cymb. faberi* 'Lu Hui Qi Die'

绿蕙奇瓣。叶垂环。花葶俏绿；各小花捧瓣和舌瓣增生多枚，且捧瓣有蝶化。2006 年河南桐柏地区下山，南京刘小鋆栽培。

图 122

123. 赤蕙奇蝶（图 123）*Cymb. faberi* 'Chi Hui Qi Die'

赤蕙奇瓣。花被片增生多枚，并有不同程度之蝶化。2002 年下山，南京刘小鋆栽培。

图 123

124. 狮子头（图 124）*Cymb. faberi* 'Shi Zi Tou'

绿蕙奇瓣。叶环垂。主副瓣、捧瓣和舌瓣增生多枚并出现蝶化或蕊化现象、呈球状聚生。2006 年河南桐柏下山，南京刘小鋆栽培。

图 124

125. 霸王牡丹（图 125）*Cymb. faberi* 'Ba Wang Mu Dan'

赤转绿蕙奇瓣。捧瓣、舌瓣增生为多数，且捧瓣有不同程度的蝶化。2004 年湖北随州下山，南京兰香园栽培，曾多次获奖。

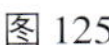
图 125

126. 云顶牡丹（图 126）*Cymb. faberi* 'Yun Ding Mu Dan'

绿蕙奇瓣。每花中各有 2~3 朵小花，且每小花的萼片和花瓣有蝶化。2004 年下山，南京刘小鋆栽培。

图 126

127. 富贵牡丹（图 127）*Cymb. faberi* 'Fu Gui Mu Dan'

赤转绿奇瓣。主副瓣、捧瓣和舌瓣增生为多数，捧瓣和舌瓣有蝶化。1999 年湖北随州下山，南京兰香园栽培。

图 127

128. 龙凤牡丹（图 128）*Cymb. faberi* 'Long Feng Mu Dan'

绿蕙奇瓣。花葶绿色；花呈树状，增生并蝶化。2003 年河南桐柏下山，南京刘小鋆栽培。

图 128

129. 板桥牡丹（图 129）*Cymb. faberi* 'Ban Qiao Mu Dan'

赤转绿蕙奇瓣。捧瓣、唇瓣增多，出现花中花，并呈不规则蝶化。河南 2001 年下山，由江苏兴化刘为东栽培。

图 129

130. 杨氏绿菊（图 130）*Cymb. faberi* 'Yang Shi Lu Ju'

绿蕙奇瓣。主、副瓣增生多数，呈菊状。2003 年 4 月湖北下山，由常州杨源源栽培，多次获江苏省蕙兰展金奖。

图 130

131. 玉树牡丹（图 131）*Cymb. faberi* 'Yu Shu Mu Dan'

绿蕙奇瓣。叶环垂。主副瓣、捧瓣和舌瓣增多，出现花中花。从湖北下山，由江苏常州杨源源栽培，曾获 2008 年上海蕙兰展金奖。

图 131

132. 珍珠塔（图 132）*Cymb. faberi* 'Zhen Zhu Ta'

赤蕙奇瓣。外三瓣增生为多枚、金黄色。原产武当山脉，1999 年湖北随州梁建伍发现。

图 132

133. 绿牡丹（图 133）*Cymb. faberi* 'Lu Mu Dan'

赤蕙奇花。蕊柱变异，增生出多枚蝶化小瓣，呈牡丹状排列。原产湖北随州，1999 年绍兴诸建庆栽培，曾获浙江省蕙兰展金奖。

图 133

134. 越州奇蕙（图 134）*Cymb. faberi* 'Yue Zhou Qi Hui'

赤蕙奇花。花如春兰'余蝴蝶'。原产湖北，1999 年绍兴叶华良栽培。

图 134

135. 玉麒麟（图 135）*Cymb. faberi* 'Yu Qi Lin'

绿蕙奇花。花葶粗壮、着花 10 朵左右；花的瓣片，特别是蕊柱增生多枚，并有不同程度之蝶化或蕊化，或呈花中花排列。1998 年湖北下山，由江苏宜兴唐勤培育。

图 135

136. 翡翠牡丹（图 136）*Cymb. faberi* 'Fei Cui Mu Dan'

赤转绿蕙奇花。花的主副瓣、捧瓣和舌瓣均增生为多枚，呈牡丹状。近期由宜兴谈岳明选育。

图 136

137. 谈氏牡丹（图 137）*Cymb. faberi* 'Tan Shi Mu Dan'

赤转绿蕙奇花。花的捧瓣和舌瓣呈多枚聚生。近期由江苏宜兴谈岳明选育。

图 137

138. 看不够（图 138）*Cymb. faberi* 'Kan Bu Gou'

奇瓣新品种。花色淡绿色；舌瓣与捧瓣、外三瓣同形。

图 138

139. 狮舞（图 139）*Cymb. faberi* 'Shi Wu'

赤蕙奇瓣。立叶。外三瓣、捧瓣、舌瓣和蕊柱均增生多数。河南卢氏下山草。

图 139

140. 千禧良缘（图 140）*Cymb. faberi* 'Qian Xi Liang Yuan'

赤惠奇瓣新品种。花被片增生为多枚。北京华云兰园栽培。

图 140

141. 新仙霞（图 141） *Cymb. faberi* 'Xin Xian Xia'

赤蕙覆色花。叶片镶有黄白色边。花香气浓；外三瓣镶有黄边。产浙江嵊州，1996 年嵊州钱汉巨发现。

图 141

142. 马年九华（图 142）*Cymb. faberi* 'Ma Nian Jiu Hua'

赤蕙线艺新品种。叶中透。外三瓣覆轮，为水晶珍品。

图 142

143. 金丝猫（图 143）*Cymb. faberi* 'Jin Si Mao'

艺叶复色花新品种。叶的金边覆轮宽达 1mm。花色绿泛红晕，外三瓣与捧心有粉红色覆轮，十分鲜艳醒目。产湖北随州，湖州关文昌栽培。

图 143

144. 仙霞（图 144）*Cymb. faberi* 'Xian Xia'

叶艺品种。叶边缘有白色镶边。花大，外三瓣与捧瓣都有黄白色复轮。

图 144

145. 忠艺玉蝶（图 145）*Cymb. faberi* 'Zhong Yi Yu Die'

赤蕙线艺蝶瓣。叶环垂，缘镶银边。花色呈覆轮；副瓣下缘蝶化。1999 年浙江下山，由常州贺忠、朱玉林栽培。

图 145

五、栽培管理

（一）盆钵

野生蕙兰的根系粗壮、肥厚，常分布于不深于 20cm 的表土层中。表土层富含腐殖质，肥沃、疏松、蓄水、透气，能满足蕙兰根系的生长需要。但从总体上看，蕙兰比春兰的根部要发达得多。正如《兰花四说》所说："春兰，夏蕙行根各有不同；兰根细而多横；蕙根粗而多直，故种兰之盆宜浅，种蕙之盆宜深，均以口宽盆大为妙。"因此在栽种蕙兰时就应该选用盆口宽大的盆钵。此外，江浙地区对蕙兰的盆栽，在考虑发草繁衍的同时，也要考虑盆栽整体的美感，故有"栽植兰花须配备专用的花盆"一说。专用兰盆大多选择圆形的盆、以备起花后可随意转动取其最佳角度观赏，且盆体的色彩要求素洁淡雅，不取大红大紫的盆，以免与兰花争艳。

（二）栽种

对蕙兰的传统栽种，古兰谱曾有过论述"春分之前，天气尚冷，蕙花栽植宜迟，若早栽将水洗透，恐防冻伤。蕙喜浅，兰更喜浅，此培植之方也"；"至于盆面之泥，当中高而旁低，使成馒头形。根部入土之深浅，兰蕙有别。兰不妨稍浅，蕙不妨略深"《兰言述略》；"种花不宜深亦不宜浅，以兰根上浮土二三分，蕙根上浮土四五分为度"《兰艺秘诀》；《兰花四说》也说，"与春兰相比，栽植的时间宜迟一些，种植的深度可略深一些"。此外，蕙兰性喜润中带干，故在基质选择时以颗粒稍粗为佳。

（三）光照和肥料

古人对蕙兰与春兰的光照也有较多的论述，认为："蕙性喜阳，须得上半日三时之晒，若冷天，久晒亦可……蕙喜干燥而向阳，兰喜干润而向阴"《第一香笔记》；"兰生阴，蕙生阳，此物性所赋也……蕙晒三时，兰晒二时，可多不可少……兰宜带润，蕙宜带干，而皆忌雪，春雪尤是"《兰言述略》"……新种之花畏日，兰必十日，蕙必七日，始可见阳光"《兰花四说》。与春兰相比，蕙兰是需要较多光照的。一般在生长季节遮光相对要少些，到了冬季就无须遮荫了。

当然，不同的蕙兰品种对光照的要求也会有差异的，例如赤蕙类一般要比绿蕙类需要更多的光照，特别是早晨的阳光；素心类也宜少受些阳光。但也有个别品种例外，如'潘绿梅'需要多些阳光才能开花。

蕙兰的假鳞茎很小，花序又具有较多的花，因此，要满足其正常的生长发育和孕蕾开花，是需要较多的肥料来保证的。在传统的地生国兰中，蕙兰可以说是需要肥量最多的种类之一。但也同样要注意"淡而勤"，也就是说施淡肥的次数多一些而已，因为浓肥对任何兰花都是不可取的。

（四）分株

对蕙兰的分株不可太勤、分切的株丛不可太小。因为大多数国兰都有群生的习性，有"喜聚族而畏离母"《兰易十二翼》之说，而蕙兰可能是国兰中群生习性最强的种类。兜丛越多，叶片也会越壮，花芽也越容易形成。古兰谱《第一香笔记》中有"蕙兰植盆，惟得大块，亦须根叶好者，次年方得有花"。此外运用常规和传统的栽培方法，蕙兰的新苗一般须 3 年方可长成成熟株丛，若以观赏为主而同时兼顾其发芽率，则一丛要有 8~9 株才能分。在一般情况下，引种单株蕙兰苗，其风险是很大的，必须一丛 2~3 苗才比较可靠。

第十章 国兰叶艺观赏——叶艺兰

一、国兰中叶艺兰的概念

国兰赏点较多，有以赏花为主的，也有以赏叶、赏株为主的。以观赏兰叶上的色线、色斑、叶状变异、株型变异为主的兰，统称为叶艺兰。这类兰的叶面色线、色斑或黄色或白色，或如丝绸、锦缎，或如虎豹斑纹，其株型由于叶状的变异，或矮钝化，或叶面增厚隆起扭曲化，更见株型的劲健、灵动、奇巧，表现出艺术性的内涵和观赏价值。叶艺兰在植物界的观叶植物中赏点特多，变化无穷，在某种意义上也可说是观叶植物之冠（图 1）。

图 1 墨兰‘绿云’（白缟艺）*Cymb. sinense* ‘Lu Yun’

二、叶艺兰的观赏史

翻阅有关国兰的古籍，在清代、民国时期的兰书中，已有零星的关于兰叶有色线、色斑的记载。如清末区金策的《岭海兰言》中就有建兰‘金丝马尾’（叶面有如马尾般的黄细线）（图 2）、墨兰‘冷金素’（叶面有零星的金黄色点）等的记述，但书中只是将其作为这种兰的奇特的植物特征来记载，并未将之视为叶艺兰一类来鉴赏。书中所述的兰花鉴赏，也没有叶上的线艺、斑艺一类的内容。至于南宋《金漳兰谱》中所述的“金棱边”，称其“映日如金线”，实乃叶脉也，正如蕙兰叶脉映日如银线一样。这些绝不是叶艺兰所说的色线，不入叶艺兰之列。叶艺兰之色线无须映日即可见到。

将兰叶上的色线、色斑（日本人称之为“柄物”，一片兰叶称“一柄”，柄上之物也）作为具有艺术的特殊价值来观赏，将其作为赏叶中的线艺一类兰来推广的还是始于日本。

在距今 200 多年前，日本的第一个风传的叶

艺兰品种是由一位铁匠从青叶建兰中培育出来的，命名为‘加冶屋’(铁匠之家的意思)(图3)。至1904年，日本人大河内丰吉在中国台湾三义车站前的竹林里发现了一株叶面有深绿色爪帽、白色中斑线艺的墨兰，传到日本，被命名为‘真鹤’(图4)。日本人认为其叶艺丰富，比原来的‘加冶屋’更具观赏价值，以重金争购，于是出现了叶艺兰热。从此，在我国台湾和日本栽培观赏叶艺兰者日见增多，其栽培品种也日众。先后出现了‘龙凤呈祥’系列(图5、图6)和‘达摩’系列(图7、图8)等叶艺兰，将叶艺兰热推向高潮。并出现了从赏兰叶的色线、色斑扩展到赏兰叶的叶色、叶状的变异，诸如赏兰株的矮种(叶短而钝)、兰叶的行龙(叶面增厚隆起扭曲)(图9、图10)等，直到20世纪末赏兰叶上出现的水晶状物(称“水晶兰”)(图11)和紫红彩色蝶斑(称“叶蝶”)(图12)。至此，叶艺兰蔚为大观，差不多所有国兰的品种都可找到各种各样的叶艺，争奇斗艳，国兰因之成为观叶植物之冠。

图2 建兰‘金丝马尾’
Cymb. ensifolium ‘Jin Si Ma Wei’

图3 建兰‘加冶屋’(后代)
Cymb. ensifolium ‘Jia Ye Wo’

图4 墨兰‘真鹤’
Cymb. sinense ‘Zhen He’

图5 墨兰‘龙凤呈祥’
Cymb. sinense ‘Long Feng Cheng Xiang’

图 6 墨兰‘龙凤呈祥’
Cymb. sinense ‘Long Feng Cheng Xiang’

图 7 墨兰‘达摩爪斑缟艺’
Cymb. sinense ‘Da Mo Zhuan Ban Gao Yi’

图 8 墨兰‘达摩锦艺’
Cymb. sinense ‘Da Mo Jin Yi ’

图 9 建兰‘奇龙’（行龙叶）
Cymb. ensifolium ‘Qi Long’

图 10 建兰‘蟠龙’（行龙叶）
Cymb. ensifolium ‘Pan Long’

图 11 墨兰‘中国水晶’
Cymb. sinense ‘Zhong Guo Shui Jing’

图 12 春兰‘大地春光’（叶蝶）
Cymb. goeringii ‘Da Di Chun Guang’

三、叶艺兰鉴赏要点

国兰在其审美形态上，亦即对其花朵形态、色彩的审美，基本上是一种静态的审美。同一国兰品种的花朵形态、色彩，基本上是年年一样的，具有较强的稳定性，而对于叶艺的品赏，则基本上是一种动态的审美。叶艺兰从出芽到长成老叶常是一直处于叶艺的变化之中。一株叶艺兰在栽培过程中，也常是年年变，处处变。有的越变越美丽，叫“俏艺”；有的去年出的芽叶有艺，今年出的却全然成为青叶品，叫“走艺”；过几年也许又会出叶艺，叫“回艺”。人们在叶艺兰栽培过程中常充满期待，很重视对叶艺兰的预期鉴别。从叶艺兰受鉴赏伊始，至今的 200 多年历史中，人们积累了很多经验，主要如下：

1. 兰叶较润实，叶面、叶背遍布白雾状的沉积物（俗名叫“银”）者，其叶艺初时虽只有一两条细线，其后较可能会出大量的线艺，预后好（图 13）。

2. 叶面全为浅黄色或白色者，俗称“幽灵芽”（图 14），常在成长过程中出现焦尾，从叶尾焦烂起，以至整片叶焦枯，因无叶绿素制造营养，预后不好。如这类芽叶的叶尾叶边有些许绿色线，亦即有叶绿素，则不致焦叶，预后较好。

3. 一般来说，叶上出细色线较之出粗色条者预后较好。如整片叶一边全为绿色，另一边全为黄色或白色者俗称“晃艺”，或“片缟”，较不稳定。叶上出的线色很浅，叫“水线”的，预后也差，难成叶艺兰。

4. 从叶上的线艺或斑艺的颜色看，纯白色（俗称“银”）且较雅洁明亮者，其观赏价值比纯黄色

图 13　墨兰‘中斑缟艺’（两面具“银”）
Cymb. sinense ‘Zhong Ban Gao Yi’

图 14　春兰‘幽灵芽’
Cymb. goeringii ‘You Ling Ya’

图 15　春兰‘荡山春矮’（矮种）
Cymb. goeringii ‘Dang Shan Chun Ai’

图 16　墨兰‘慈龙’（中矮种）
Cymb. sinense ‘Ci Long’

（俗称“金”，色较暗）者高。叶艺兰的色线有的随芽先出，长成老叶后色线逐渐消失，叫“先明”；有的色线随叶的长成才慢慢出现叫“后明”；“后明”较稳定。

5. 国兰是草本植物，其株型一般取决于叶型，有什么样的叶型就有什么样的株型。如矮种株型，其叶片长与宽的比例小于 5∶1（图 15），则呈现出叶短润，株矮墩，以茁壮劲健见赏。其比例大于 5∶1 而小于 8∶1 者为中矮（图 16），次之。中矮、矮种以其叶片厚实、叶尾急尖、圆钝或呈匙形者为佳，叶尾渐尖者为次。

6. 叶片呈波浪状或扭曲状，厚实有隆起的褶绉者，状如龙腾，称“行龙叶”，其表现突出者，观赏价值也高。

7. 叶片的尖端、边缘或中部半透明状如水晶体者称“水晶兰”。以其“水晶体”的大小，洁白程度区别观赏价值的高低。

8. 叶片上出现像蝶花中的蝶斑（紫红色的斑点）者称“叶蝶”。叶蝶以在同一株兰中多片叶均出现者为佳，色彩明艳、色斑多者更佳。若色点只是隐隐约约见到，或色点刚出现就焦了的不能算是叶蝶。叶蝶和花蝶同时出现在一株兰上的（其花蝶多为正格三星蝶）称“花叶双蝶”，特别高贵。

图 17 建兰‘梅蝶双彩’（多艺品）
Cymb. ensifolium ‘Mei Die Shuang Cai’

9. 叶片上的赏点繁多，同一株兰叶上具有越多赏点且表现突出的就越显得名贵（图 17）。例如，达摩兰若出白中透斑艺，又出水晶艺，其本身又是矮种，再加上典型的行龙叶，那就特别名贵了。

四、叶艺兰的主要品种

（一）线艺、斑艺叶艺兰（叶上有色线、色斑）

1. 叶尾上的色艺，亦即色线、色斑出在叶尾。

国兰叶尾上的艺主要有扫尾艺、爪艺、深爪艺、冠艺、鹤艺、鸡头艺等。

扫尾艺：叶尾出现从叶尖向叶中走向的、长短不齐或疏密不同的丝状散射线，其线的颜色多为黄色或白色（图 18）。

爪艺：在叶尾尖端边缘出现色艺，使叶尾看起来像鸟爪，故称爪艺；又因为也像鸟嘴，故又称“嘴”，如为黄色则雅称金嘴，白色则雅称银嘴。爪色以黄、白为主，也有深墨绿色的（图 19）。

深爪艺：在叶尾尖端边缘出现比爪艺略长而宽的色艺（图 20）。

冠艺：上述深爪艺、扫尾艺占叶尾面积 1/3 以上，且叶尾有成片的色艺者，颇似在叶尾套上一顶帽子一样，故称冠艺。其色泽多为黄冠或白冠，也有深绿色的，后者称“绀（即绿色）帽”（图 21）。

鹤艺：在冠艺的基础上，色艺遍及整个叶尾，且叶质增厚，呈黄色或白色的鹤嘴状，并有转覆轮的边艺者（图 22）。

鸡头艺：不但叶尾出现深爪、冠或鹤艺，且质感和形态都有别于一般兰叶的叶尾，亦即叶尾厚实，增宽、增大成钝尖或放角、急尖，刚劲硬实，

状如鸡头，故称鸡头艺。一般指达摩兰冠艺、鹤艺中的高级品（图 23）。

2. 叶边上的色艺，亦即叶边出色线，也叫覆轮艺。

标准的覆轮艺应是整株兰中的每片叶从叶尾沿着叶两侧边缘延伸至叶的基部均出色艺，其色艺像将整片叶子的边缘全部包镶住一样，甚为美观。有的地方将这种艺兰称边草。有时整株兰中 2/3 以上的叶片均出现 2/3 以上长度的色边，虽色边未延伸至叶基，也称覆轮艺。艺色一般为黄色或白色，雅称金边兰或银边兰；也有深绿色边的（图 24~ 图 26）。

3. 叶面上的色艺，亦即色线、色斑出现在叶面上。

① 中透艺

色艺成片出现在叶面上，且涵盖中脉和侧脉，只留叶尾绀爪或绀帽、叶边绿覆轮、叶中零星绿线或绿斑者，称中透艺。色艺为黄色者称黄中透艺，白色者称白中透艺（图 27~ 图 29）。

② 中缟艺、中斑艺、中斑缟艺、片缟艺（晃艺）

中缟艺：缟，原意为白绢，引申为织物和织物上的线纹，指兰叶中间（非叶尾）出现色线，或白或黄，像织物的丝线（图 30）。

中斑艺、中斑缟艺：兰叶中间（非叶尾）出现色块，常与色线叠织出现。色块较多者，称中斑艺（图 31、图 32）；缟线较多者称中斑缟艺（图 33~ 图 35）。

片缟艺（晃艺）：兰叶中间的缟与斑连片自上而下陆续出现，有时半边自上而下连片，有时 1/3 左右在一边或在中间自上而下连片，其色艺有如日光晃动，故称片缟艺或晃艺；多为黄色或白色（图 36）。

③ 斑艺、宝艺、粉斑艺、曙艺、锦艺、三色艺、蛇皮斑艺

斑艺：兰叶中间（非叶尾与叶边）出现斑点状、点块状的色艺，呈不规则或不甚规则分布，形成斑斑点点的黄色、白色或青苔色的色艺，称黄斑、白斑、青苔斑。其形与色如虎皮者称虎斑（图 37、图 38），如蛇皮者称蛇皮斑。

宝艺：斑点细小浓密，缟线散碎，或沉或浮，

图 18 建兰‘娇鹤’（白扫尾艺）
Cymb. ensifolium ‘Jiao He’

图 19 墨兰‘金华山’（爪艺）
Cymb. sinense ‘Jin Hua Shan’

图 20 墨兰‘闪电’（深爪艺）
Cymb. sinense ‘Shan Dian’

图 21 墨兰‘达摩冠艺’
Cymb. sinense ‘Da Mo Guan Yi’

图 22 墨兰‘金太阳’（鹤艺）
Cymb. sinense ‘Jin Tai Yang’

图 23 墨兰‘达摩鸡头艺’
Cymb. sinense ‘Da Mo Ji Tou Yi’

图 24 墨兰‘银拖’（银边覆轮艺）
Cymb. sinense ‘Yin Tuo’

图 25 蕙兰‘银边矮种’（覆轮艺）
Cymb. faberi ‘Yin Bian Ai Zhong’

布满整片叶者称宝艺；多为黄色斑，也有黄白兼具者（图 39）。

粉斑艺：斑大而成片，有如云雾状弥漫，不规则地分布于叶面上（图 40）。

曙艺：斑大而成片，其色艺从纯白色、纯黄色到夹杂散碎细绿丛、小绿斑，遍布叶面大部分，如曙光初透（图 41）。

锦艺：整片叶子布满细密的斑缟艺。叶片较厚实，颜色艳丽，叶尾常有爪色艺，一如织就的缎锦（图 42、图 43）。

三色艺：叶上有绿、黄、白三种颜色的线（图 44）。

蛇皮斑艺：叶面斑纹如蛇皮（图 45）。

④ 叶蝶艺，指叶面上出现紫红色斑点，一如蝶花上的蝶斑（图 46）。

此类兰花，花上的紫红色蝶斑居然跑到叶边、叶面上来，给人以兰花的变异神鬼莫测的惊喜，成为高价值的品种。此类名品的鉴赏应注意下列几点：

（1）花蝶和叶蝶色点亮丽，轮廓清晰，且其蝶斑较多者，通常较为稳定，为上品。

（2）只出花蝶，叶蝶不清楚者或只出叶蝶，花蝶未见者为花叶双蝶的期待品。只出叶蝶者也只能叫蝶草，不能叫花叶双蝶品。蝶草是否都会出蝶花，还难以论定，但一般认为是会出蝶花的。

（3）叶蝶色彩极少、极淡，或出后短时间内即转黑，成黑斑、黑点者不能称为花叶双蝶品，也不可能成为蝶草。

（二）水晶艺、琥珀艺

水晶艺：叶尾、叶边或叶中间出现乳白色或银白色半透明的水晶状体，且该部分叶质增厚、隆起，可根据水晶体部位称水晶嘴、水晶边、水晶龙，合称水晶艺（图 47~ 图 52）。

琥珀艺：叶中间出现不规则横切线、横切块，其线体、块体半透明，有琥珀光泽（图 53）。

（三）矮种、行龙叶艺、奇叶艺

矮种：株型明显比一般同种兰的株型矮。其叶的

图 26 建兰‘银边大贡素’（覆轮艺）
Cymb. ensifolium ‘Yin Bian Da Gong Su’

图 27 春兰‘无名’（中透艺）
Cymb. goeringii (a nameless cultivar)

图 28 墨兰‘中国王子’（中透艺）
Cymb. sinense ‘Zhong Guo Wang Zi’

图 29 莲瓣兰‘北极星’（中透艺）
Cymb. tortisepalum ‘Bei Ji Xing’

图 30 墨兰‘金乌’（中缟艺）
Cymb. sinense ‘Jin Niao’

图 31 墨兰‘十八学士’（中斑艺）
Cymb. sinense ‘Shi Ba Xue Shi’

图 32 墨兰‘新娘’（中斑艺）
Cymb. sinense ‘Xin Niang’

图 33 蕙兰 无名（中斑缟艺）
Cymb. faberi (a nameless cultivar)

图 34 建兰‘福隆’（中斑缟艺）
Cymb. ensifolium ‘Fu Long’

图 35　建兰‘峨眉雪’（中斑缟艺）
Cymb. ensifolium ‘E Mei Xue’

图 36　送春 无名（片缟艺）
Cymb. cyperifolium var. *szechuanicum* (a nameless cultivar)

图 37　寒兰 无名（虎斑艺）
Cymb. kanran (a nameless cultivar)

图 38　莲瓣兰 无名（虎斑艺）
Cymb. tortisepalum (a nameless cultivar)

图 39　墨兰‘金岛之花’（宝艺）
Cymb. sinense ‘Jin Dao Zi Hua’

图 40　建兰 无名（粉斑艺）
Cymb. ensifolium (a nameless cultivar)

图 41 春兰‘大雪岭’（曙艺）
Cymb. goeringii ‘Da Xue Ling’

图 42 墨兰‘旭晃锦’（锦艺）
Cymb. sinense ‘Xu Huang Jin’

图 43 墨兰‘宜丰锦’（锦艺）
Cymb. sinense ‘Yi Feng Jin’

图 44 墨兰‘石门冠’（三色艺）
Cymb. sinense ‘Shi Men Guan’

图 45 春兰‘守龙门’（蛇皮斑艺）
Cymb. goeringii ‘Shou Long Men’

图 46 春剑‘桃园三结义’（叶蝶艺）
Cymb. tortisepalum var. longibracteatum ‘Tao Yuan San Jie Yi’

宽与长之比一般在 1∶5 之内。矮种一般叶片厚实，刚劲有力，株型茁壮、稳健、紧凑，有其特殊的观赏价值（图 54）。明显比一般同种兰的株型矮，又比一般矮种略高者，称中矮种（图 55）。

行龙叶艺：叶片明显增厚，颜色也沉实，有的起纵形的褶皱，有的具隆起的纵棱纹，有的叶片有增生部分。整叶有时呈扭曲状，一如游龙，称行龙叶（图 56、图 57）。这类叶奇巧、壮实，有观赏价值。

奇叶艺：叶片虽不是明显行龙叶，但有的旋转扭曲，有的集束而生，有的旁弋斜出，有的变钩探垂，有的重叠或增生，有的特宽、特大，有的特窄而细。此种叶不同于常见的兰叶，形状奇特，具独特的观赏价值（图 58）。

图 47 墨兰‘水晶龙’（水晶艺）
Cymb. sinense ‘Shui Jing Long’

图 48 墨兰‘凤来朝’（水晶艺）
Cymb. sinense ‘Feng Lai Chao’

图 49 墨兰‘翡翠水晶’（水晶艺）
Cymb. sinense ‘Fei Cui Shui Jing’

图 50 墨兰‘奇异水晶’（水晶艺）
Cymb. sinense ‘Qi Yi Shui Jing’

图 51 蕙兰 无名（水晶艺）
Cymb. faberi (a nameless cultivar)

图 52 春兰‘白银水晶’（水晶艺）
Cymb. goeringii ‘Bai Yin Shui Jing’

图 53 墨兰‘琥珀金龙’（琥珀艺）
Cymb. sinense ‘Hu Po Jin Long’

图 54 墨兰‘矮种’（中斑缟艺）
Cymb. sinense ‘Ai Zhong’

图 55 墨兰‘中矮种’
Cymb. sinense ‘Zhong Ai Zhong’

图 56 墨兰‘达摩行龙叶艺’
Cymb. sinense ‘Da Mo Xing Long Ye Yi’

图 57 墨兰‘文山佳龙’（行龙叶艺）
Cymb. sinense ‘Wen Shan Jia Long’

图 58 春剑‘凤舞’（奇叶艺）
Cymb. tortisepalum var. *longibracteatum* ‘Feng Wu’

第十一章　国兰的栽培与繁殖

一、国兰的栽培管理

（一）盆具

栽培国兰的花盆多种多样，制作的材料、形状等也各不相同。兰盆的选择应根据兰花的种类、大小、长势和栽培目的等综合考虑，除花盆外，盆架、盆托等也要配套。

1. 陶盆

又称瓦盆，是用粘土烧制而成的，通常有灰色和红色两种。陶盆价格低、耐用，与其他盆比较透气性好，有利于兰花根系的生长发育，适合于大量栽培使用。陶盆底部的排水孔一般都比较小，使用时应适当扩大。但这种盆的缺点是不甚美观。

2. 紫砂盆

紫砂盆也是陶盆的一种，多产于华东地区，以宜兴产的紫砂盆在国兰栽培中使用较多，故又名宜兴盆。尤其以杭州、无锡、苏州、绍兴、上海等地使用最为普遍。此种盆的保水能力强，造型美观、形式多样，并多刻花题字，典雅大方，具有典型的东方容器的特点，较受养兰人的欢迎。其缺点是透气性较普通陶盆稍差，且一般价格较高。

上述两类花盆均矮而宽，兰花的根系有较大的活动空间，适于用培养土（腐叶土）栽培兰花，是我国传统的兰花栽培用盆。唯台湾省受日本养兰技术影响较大，多使用细而高的兰盆。后者逐渐为中国大陆国兰市场所接受并日趋流行。

3. 塑料盆

塑料盆造型美观、色彩鲜艳、规格齐全而标准，且价格便宜，轻便耐用，长途运输不易破损。其缺点是容易老化，在阳光下只能使用两年左右。塑料不透水，不透气，故盆栽方法、盆栽基质和管理都不同于瓦盆，基质应当更加疏松、透气，排水要好，盆底和侧面应多设透气孔。目前，塑料盆在生产中已大量应用，在一定程度上取代了前两类花盆。

4. 瓷盆

瓷盆的透气、透水性能差，对兰花的根呼吸不利。一般不用来直接栽种兰花，但其外形美观大方，非常适合陈列摆放，多用作套盆使用。

5. 套盆

是底部没有排水孔和不透水的容器，用来套在花盆的外面，防止盆栽浇水时多余的水弄湿地面或家具，也可把普通陶盆遮挡起来，使盆栽植株更加美观。套盆必须与标准形状的花盆配套使用，形状大小都有一定的限制，通常要求美观。通常由玻璃钢、金属丝、塑料、陶瓷、木材、藤料及金属等材料制作而成。目前国内大量使用的套盆是由玻璃钢制成。特点是重量较轻，表面光洁，外面多为洁白色，里面黑色，上口向内反卷，呈圆形，造型美观、庄重、大方。

盆托（或盆垫）是常用来代替套盆的用具。形状像盘子，多用塑料制成。直径 10~30cm，多数是与塑料盆配套使用，也可与陶盆、紫砂盆一起使用。

6. 盆内添加物

指垫在盆底的垫子。例如市售的专门的疏水罩，或一种专门加工的多孔小盆，称“盆底”，盖在排水孔上。也可自己制作，用不锈钢细网卷成漏斗形或者用矿泉水瓶做成多孔的盆垫等，既可防止基质流失，又能保证良好的透气性。

7. 盆架

主要指大量栽培国兰时摆放兰盆的设施，其高度以方便人工操作和日常管理为宜。盆架不但可以避免浇水或下雨时泥土溅到叶面，而且有利于排水和通风，防止害虫从盆底部进入盆内。若用于国兰展出和居家摆放，则应注意陈设风格，与周围的环境相衬托，最好能具有东方文化特征，例如用中国古典式的红木或仿红木的几架等。

此外，花盆的选择还应当注意大小和形状。花盆的大小与兰株要协调。在比例协调的情况下，宜选用相对较小的花盆。这样，栽培基质在浇透水后，就不会长时间过于潮湿以致引起根系腐烂。

花盆的形状可以是方形、多角形、圆形，也有称为腰鼓盆、斜桶盆和喇叭盆的。例如，腰鼓盆中上部宽，多在云南丽江、大理等地用以栽植莲瓣兰。具体选择根据养兰者的喜好而定。现在多选择深盆或高筒盆。这种盆占栽培场地小，并且兰花根系有较大的发展空间，适宜目前家庭栽培用。但选择高盆，要充分考虑通气透水条件，要求在盆底留有较大的孔和具有高举盆底的盆脚。在华南多雨地区，可在离盆面高度一半以下的盆周围设小孔，透水通气性能更好。

（二）盆栽基质

国兰属地生兰类，多生于森林下面的腐殖土上。由于其根系为粗大的肉质根，一般喜疏松透气、排水良好、富含腐殖质的微酸性土壤（pH 值在 6.0~6.5）。在兰花的栽培中，应根据不同的种类和各地区的实际情况配制相应的盆栽基质来满足其生长要求。

我国传统盆栽兰花多用其原产地林下的腐殖土，在浙江、江苏称为“兰花泥”。它腐殖质含量丰富，疏松而无粘着性，常呈微酸性，是栽培兰花的优良盆栽用土。但因资源少，价格高，不能满足兰花栽培的需要。

在北方使用优良的泥炭土和自己堆制的阔叶树腐叶土，添加少量的河沙及基肥，栽培兰花也比较成功。北方阔叶林下的腐殖土，尤其是栗树林下的腐叶土是十分理想的兰花盆栽用土。它的腐殖质含量高、疏松、透气、排水和保水性能均好，故北方养兰不必到南方去运兰花土。

广东和福建地区用塘泥块和火烧土加工成 0.3~1.5cm 的颗粒作为盆栽基质，栽培兰花也很成功。好的塘泥质地较硬而细腻，青黑色，浸水数月也不会溶化，其疏水、吸水、保水性能都很好，且肥沃、无粘着性，非常适合于当地多雨潮湿的气候条件下使用。目前市场上有专门烧制成不同规格的圆形粘土颗粒，用作兰花盆栽基质，使用效果非常好。有的塘泥因质地松脆易溶化，上盆浇水数月后即溶化或板结，则不宜用来种兰。火烧土不宜烧得过透，太透则干燥，兰根不易生长。土经火烧后不易黏稠，其透水、保水性能都佳，是很好的兰花盆栽基质。

用颗粒状的树皮块在华南地区盆栽墨兰和建兰十分成功，可以在树皮块中添加少量的珍珠岩。其盆栽的方法近似于大花蕙兰的栽法。大量栽培时，用黑色软塑料盆，降低了成本价。这种方法十分适合于华南多雨潮湿的气候，生长非常好，已大量投入生产。

日本多用破碎成不同直径颗粒的风化火山岩石作盆栽基质。盆底部颗粒大，越往上越小，盆上面最细。风化火山岩石本身孔隙较多，能吸收部分水分，颗粒之间排水透气均好，用于盆栽兰

花也十分成功。目前,国内花市上有售,常称为“金兰石”，有国产和进口两种。

峨眉仙土是近年新开发的用土，破碎成颗粒状,分大中小 3 种,本身保水能力强,颗粒间排水、透气性能好，有利于发根，十分适合用于兰花栽培，尤其多雨地区。北方地区应用此种土，但它极易干燥，需把握好浇水频率。

国兰单独用苔藓或添加部分颗粒状的碎砖块等物进行盆栽也十分成功。苔藓以白色的为好,若尘土多且呈茶褐色的质量较差。苔藓的通气性和吸水力均佳，故有利于根系和芽的生长。但苔藓本身缺乏营养，需注意施肥。随着使用时间加长，吸水能力降低，透气性变差，极易导致根部腐烂。通常苔藓使用时间不可超过 1 年。若能将苔藓、木炭块、碎砖块或蕨根混合使用，则可以延长至两年左右，不必每年更换盆栽材料。我国苔藓资源十分丰富，云贵高原和东北林区的林下都生长有大量的优质苔藓，已开发供出口和国内花卉园艺业使用。

每种基质均有其不同的特点，任何一种基质均可以栽培好兰花。只是因为基质的不同，要有不同的管理方法。如颗粒状的基质需要浇水和施肥的次数增多；苔藓必须看干湿的情况浇水等。总之，管理方法必须适合基质的要求。

（三）盆栽方法

兰花盆栽是项技术性较强的工作，要求盆栽后既能适合于兰花的生长，又要美观。因此，在盆栽前应根据盆的大小、形状，选定几丛兰苗，拼成与盆相称的一撮苗。拼苗时要注意使有新芽的部分向着盆沿。栽植时要给 2~3 年内出生的新芽留出空位。

栽培兰花用的花盆底部应有一个或几个较大的排水孔。如果使用的瓦盆排水孔不够大，可以事先将孔扩大，以利根部透气和排水；塑料盆要选有几个排水孔的盆。

盆栽时，排水孔上面盖以一种专门加工的多孔小盆（称作“盆底”）或碎盆片；其上约为盆深的 1/5~1/4 处，填充碎盆片、砖块（直径为 0.3cm、0.6cm 和 1cm），较粗大的填在最下面，细粒的放在上面，作为排水层。这一层的厚度常因兰花种类不同有所变化。要求根部透气性强的建兰、墨兰，可以适当厚些;春兰和蕙兰稍薄些。要特别注意，盆土的排水和透气是栽培兰花成功的关键之一。透水层上面是培养土。可先将培养土加至盆深的一半，然后用伸开五指的手掌，掌心向下稍用力将土压实，使盆中央的土稍高于四周。再将拼好的兰苗置于盆中心，逐步添加培养土。根据兰苗栽植的深浅向上轻提兰苗，以便把兰花的根系在盆中舒展，并同时将根系间的空隙填满土、压紧。盆土高度，因各地气候条件不同而异。在浙江绍兴,盆土呈馒头状塞满盆口,不留沿口;沪杭一带,盆土馒头形,边缘稍留沿口;北京地区多不呈馒头状；云南下关一带多用口小肚子大的盆罐栽兰，稍留沿口。填土的深浅，传统认为春兰宜浅，蕙兰宜深，但一般应深浅适宜，以不埋及假鳞茎上的叶基为度。栽植好的兰花苗应稍向内倾斜,这样将来生出的新芽才是直立的,可保持优美的姿态。

用颗粒状的基质盆栽兰花方法，其基本上与腐殖土的栽培法基本相同，只是将较大颗粒的基质放在盆底部，最细粒的放在盆面，盆面稍留沿口。

我国长江流域许多地区盆栽的建兰、墨兰，盆土表面常铺上一层碎石粒。春兰、蕙兰盆栽后，盆面均栽植一层翠云草（卷柏 *Selaginella* sp.)。它们可起到保护盆土不被雨水冲坏，叶面上不会溅到泥土，又可增加兰盆的美感，保持盆土一定湿度，以及避免高温灼伤假鳞茎和根系。

但据我们在北京地区的观察，不可照搬长江流域的这一做法。北方气候干燥，盆土表面加盖碎石子及翠云草对于了解兰花盆土的干湿情况是不方便的，而且在这些地区想要保持喜阴湿环境的翠云草生长良好也是十分困难的。据报道，翠云草和兰花易感染相同的病害，一旦翠云草染病很容易传染给兰花，这是十分不利的。

若用苔藓栽植国兰，其盆栽方法与培养土栽种有较大的差异。通常在盆下部 1/3~1/4 处填充碎砖块、瓦片，下部放大粒的，上部放较小的，以利于排水透气。苔藓先用水浸透，挤干多余的水份，加上少量直径 1~1.5cm 的碎砖块、木炭块等。将兰花的根及 1/3 的假鳞茎用苔藓包好放入准备好的花盆中，四周再用苔藓填紧、压实，用剪刀理平盆面的苔藓即可。目前此法被普遍采用，栽培管理简便，兰花生长好，在室内栽植又比较清洁。

（四）栽培场地和设施

栽培国兰宜选择空气清新且通风好的地方。例如，场地四周多树木、水池，城市的郊区或无工业污染的农村等。严重的空气污染对国兰栽培是十分不利的。

1. 温室

兰花在北方栽种，冬季要在温室越冬。以华北地区为例，实际在温室内栽种的时间是从 9 月底至翌年的 5 月上中旬，长达半年以上。因此，温室条件的好坏对国兰的生长有较大的影响。

栽种国兰的温室最好是全玻璃面或塑料膜的，按温度高低分成两个单元。较低温度的温室用来栽培春兰、蕙兰，冬季夜间的温度应在 5℃左右。春兰和蕙兰越冬需要较低的温度，这样它的花芽才能正常发育，花梗伸长，春天开出正常的花。如果室内温度过高，在 10℃以上，秋季形成的花芽会在土面下枯死，或花梗不伸长，在土面附近，开不出正常的花。这便是在热带地区以及冬季家庭室温比较高的地方栽培春兰和蕙兰不易成功或不能开花的主要原因。春剑和莲瓣兰越冬的温度稍高于春兰和蕙兰，可以将其放在同一个温室中。但栽种建兰、墨兰（报岁兰）和寒兰，夜间温度应在 10℃左右，故需要不同的温室。在修建温室时一定要注意室内地面尽量用泥土，不用水泥。这样可以增加室内的空气湿度，避免过分干燥。温室顶部要设有便于自由调节的遮阴设备，如遮阴网等。冬季在华北地区温室内可以不遮阴或少遮阴，只遮去阳光的 20%~30% 即可。3 月份以后阳光已相当强烈，需遮去阳光的 40%~50%。温室要有良好的顶窗和侧窗，室内温度偏高时，可以开窗通风，降低室内温度。放置兰盆的台架可用木材或钢材制作，使兰盆离开地面，以利盆底通风和防止害虫从盆底侵入，伤害兰根。台架的高度一般为 60~80cm，便于人工管理。温室的加温必须可靠，可以集中用暖气供暖。如果兰花在温室内越夏，则温室需设有水帘或风机降温系统。

在华北地区栽种春兰、蕙兰，可以用半地下式的温床或阳畦越冬。上面覆盖塑料薄膜，最冷时再盖上一层蒲席或草帘，最低温度可保持在 0℃左右。但同时需注意温床的通风，也可以适当遮阴，使白天阳光太强时不造成温度过高。2 月底至 3 月初则可以将塑料膜打开，用竹帘或遮阴网遮阴。

2. 荫棚

荫棚用竹帘、苇帘或遮荫网搭建，其荫蔽度最好能自由调节。荫棚的阴蔽度在 50%~60% 比较好。在北方荫棚应建筑在避西北风、早晨能见到阳光、午后能避烈日的地方。最好空气流通而又稍湿润，可在四周多种植树木和草皮，若能靠近水池和树林则更为理想。

在华南和西南地区，许多兰花荫棚或温室建在楼房的顶部，既保证了充足的光线和良好的通风，又能充分利用空间，还可以防止偷盗，保证兰花的安全。笔者看到不少养国兰的大户均采用

这种作法，并且建起了非常高档的温室，其光照、温度、湿度、浇水和通风均能很好的调控，当然投入也比较高。

3. 阳台

家庭养兰要根据室内阳台的朝向、楼层的高低等客观环境，参照国兰对各种条件的需求，进行合理的改造。

我国有一部分地区为海洋性温暖气候，如广东、海南、台湾、福建、广西及云南等地，这些地区冬季较为暖和，不需要温室，温和的气候可谓得天独厚，适宜栽培大多数兰花。尤其华南地区，空气湿润，四季温暖，可将阳台改造成开放式兰花种植空间，但为了安全考虑，应设置防盗网。阳台顶棚可用透明的遮雨材料，尽量多让阳光进入阳台，南向和西向阳台光照较强，可根据光照情况设置遮阴网。阳台外围栏可种植喜光性的种类，如建兰‘铁骨素’之类，也可种植其他喜阳性花草及攀援植物。

长江中下游地区的冬季，兰花也要进入室内培养。在贵州、湖南和四川的部分地区，冬季还要加以适当的保护，家庭可改造成半封闭式阳台进行栽培管理。冬季低温时将阳台用玻璃、PC板[1]或透明塑料膜将敞开的部分封闭，可起到较好的保温效果。围栏平台放置一些喜光的花草，既增湿又遮光。

阳台风大、干燥，是养好兰花的最大障碍。为了改善阳台干燥的环境，创造较高的空气湿度，可封闭阳台。东北、西北及华北大部分地区阳台养兰花必须封闭阳台。封闭式阳台镶玻璃窗一般采用铝合金、钢、木框结构的阳台，它具有与园艺上玻璃房温室相近的一些特性。与开放式阳台相比较，封闭式阳台具有光照强度低、温差小、风雨干扰少、湿度高、易受人工调控等特点。用玻璃封闭的阳台，在冬季本身就是一个小型的温室，其湿度一般能达到70%以上，变幅较小，更接近兰花喜欢湿润的生理要求。但封闭式阳台内的空气不易流通，应注意适当开窗或使用风扇等设备增加通风。

（五）水和浇水

兰花的浇水是一项经常性的工作，也是兰花栽培成功与否的重要环节。兰花的盆土应经常保持湿润，但忌含水量过多。古人有“干兰湿菊”的说法，主要是指兰盆内基质不宜过湿，同时也说明兰花有一定的耐旱能力，基质在数日内稍干对兰花影响不大。

1. 栽培兰花对水质的要求（EC值）

兰花用水以水质清洁、无污染、微酸性为好。大量种植兰花时，需要请专业机构对浇灌用水进行水质检测。水质检测的主要指标包括PH值、EC值等指标。兰花用水的EC值是用来测量溶液中可溶性盐浓度的，也可以用来测量液体肥料或种植基质中的可溶性离子浓度。长期用矿物质含量高的水进行施肥灌溉，会使兰花栽培基质中的可溶性盐含量加大，而高浓度的可溶性盐类会使植株受到损伤或造成根系的死亡。基质中可溶性盐含量（EC值）过高，可能会形成反渗透压，将根系中的水分置换出来，使根尖变褐或者干枯。一般情况下，将浇灌用水的EC值能控制在200~400μs（微西门子）以下即可，若能更低最好。兰花叶尖变黑，则可能是EC值太高引发的。

2. 各种水质的不同特点及水污染的情况

无污染的河水可以用来浇灌兰花，但不同地区河水的水质差别较大。一般来讲，南方湿润多雨地区河水矿物质含量低，pH值低，水呈微酸性；北方大部分地区雨水稀少，蒸发强，地表盐分累积，河水多呈碱性，pH值偏高。此外，由于季节、

注① PC板是以聚碳酸酯为主要成分。表面覆盖了一层高浓度紫外线吸收剂，可保持长久耐磨，永不褪色。

天气、自然环境、人类活动等原因的影响，河水的水质也可能发生阶段性变化，因此在使用上还需慎重。

我国的地下水质总体良好，可用来浇灌兰花。但北方地区的水中矿物质总体含量偏高，碱性偏大，需经过适当处理后使用。

雨水和雪水是较为理想的兰花用水，但随着环境恶化的加剧，城市周围的雨水和雪水容易受到污染，且需要专门的设施收集方可大量利用，因此利用起来不太普遍。

城市的自来水，多数要经漂白粉或氯消毒处理，必须在浇水前在水盆或水缸中贮存 1~2 日，使水中的氯气散失后再用比较好。

3. 如何改善水质

一般矿物质含量高的水都偏碱性，EC 值较高，大量用于兰花浇灌时应当进行水处理。家庭养兰，若发现钙含量太高，可用草酸简单处理，使其沉淀后取其澄清液作浇灌使用。大量栽植时，须购置水处理设备，反渗透水处理设备能够有效地去除各种矿物质成分，净化水质，达到兰花对水质的要求，是比较理想的水处理方法。

4. 规模化栽培的浇水方法

兰花在原产地各季节土壤中的含水量是有变化的，因此我们在栽培中应尽量地仿效自然。从春季开始，随着温度的上升，兰花转入旺盛生长期，应逐渐增加灌水量，以保持土壤较高的含水量。夏季兰花搬到荫棚内培养，要根据雨水的多少和盆土的潮湿程度用浇水来调节盆土的含水量。多雨的天气注意观察兰盆内有无积水的现象，发现后立即换盆，改变盆土的透水性。秋末，气温开始下降，可以逐步减少浇水量，使兰花生长坚实，有利于安全越冬。在冬季兰花停止生长，进入相对休眠期，浇水量应适当减少。通常以盆土微潮为好，千万不可太潮湿，低温潮湿最容易引起兰花烂根。盆土的含水量，对不同种类的兰花应当有所区别。冬季及早春开花的寒兰和墨兰，即使在冬季温度较低的情况下，也应当比其他种类需要较多的水分。

长势强壮的兰花多浇水，长势不良的少浇。兰花生长期或孕蕾期应多浇水，休眠期应少浇或不浇水。

浇水不能硬性地规定几天浇一次或每天浇一次，更不能规定每天几点钟浇水，最好的浇水时机是盆土出现干而不燥的时候。盆土的干湿程度是浇水的直接依据，可以用手触摸和观察盆土的干湿来决定浇水量。表土已干，下面的土尚微潮，这时就可以浇水。不可等盆土完全干了再浇水，尤其在夏季，这样对兰花的生长会有不良影响。一般表土尚潮湿，则可再迟 1~2 天浇水。

浇水的次数多少与盆栽基质的种类有很大的关系，上面谈的主要是指用腐殖土栽植的兰花。若用颗粒状的盆栽基质，如树皮块、火烧土、风化火山岩等，则浇水的次数可以增多；若用苔藓栽种兰花，则可以多日浇 1 次水，因为苔藓的保水能力十分强。

5. 用浇壶浇水

浇壶是专门加工的盆花灌水工具，应当嘴长、口小。嘴长则壶身不会碰伤兰叶，口小易控制灌水量。浇水时缓慢地向盆边注入，使水逐渐向盆下方和中心浸润。水流不可过猛，以免溅起盆土污染叶片或花茎。绝不能劈头盖脑地将水倾注在叶束中心。每次浇水必须浇透，不可浇半截水，盆土只湿一半，表土湿、底土干。长期这样，盆土内兰根得不到水分，会干枯而死。更不能为了省事，用橡胶管接到自来水龙头上直接向兰盆灌水。自来水没有经过贮存晾晒，水温过低，又不易控制灌水量，可能会产生不该浇区域的浇太多，该浇区域的没有浇透。

6. 喷灌浇水

大量栽培兰花，应当在温室和荫棚内安装喷

灌设备，以喷灌替代人工浇水。效率高，节省劳力。虽然一次投资较大，但从长远来看是合理的。

7. 慎用浸泡法浇水

浸水是把花盆浸在水槽或浅水缸内，水槽的水深度要低于盆土土面，让水从盆底部的排水孔渗入盆土中。但兰花栽培中应慎用这种浇水方法，因为容易传染病虫害，尤其是根际病虫害的传播。

（六）空气湿度的控制

兰花原产于山野之中，生长季节空气湿度很高。空气湿度低，则兰叶粗糙，无光泽；空气湿度适宜，则兰叶润洁而有光泽。一般兰花在生长期所需要的湿度不能低于70%，冬季休眠期约为50%，晚上的空气湿度要比白天高些。

在北方栽培兰花，经常保持温室及荫棚内较高的空气湿度是十分必要的。冬春秋三季，北方气候十分干燥，空气相对湿度常在30%左右，显然不利于兰花的生长。为此，需每日向温室和荫棚地面、道路和台架上喷水，以增加空气湿度。温度适宜的春秋季节，还可用喷壶在兰花叶面喷水，喷水时要使水滴细而匀。每次喷水不要太多，以叶面湿润为度。喷水宜在上午进行，留在叶心中的水最好能在落日之前干掉，以免引发叶心腐烂。寒冷的冬季和傍晚时分应避免叶面喷水，否则易引起叶片黑斑病和花蕾及嫩芽的腐烂。夏季多雨期，空气湿度过高，严禁叶面喷水，且应适当加强通风，以降低湿度，减少叶片黑斑病和腐烂病的发生。

湿度与通风是相互关联的，多通风就会降低湿度。在北京地区，冬、春季吹刮干风，对兰花生长十分不利，这也是北京栽兰的困难因素之一。为了保持空气湿度，应注意保持适度的通风，不要过度。

（七）肥料和施肥

施肥是国兰栽培中的重要环节之一，生长的好坏与施肥有很大关系。兰花与其他植物一样，生长发育需要元素的种类比较多，主要有氮、磷、钾三要素。盆栽基质中的含量不能满足生长的需要时，要通过施肥来补充。钙、镁、硫为中量元素，其它元素需求量更少，为微量元素。多数情况下培养土能供给这些元素，若发现不足时，可以使用必要的肥料。

1. 常用肥料的种类

（1）农家肥　花卉园艺栽培中提倡施用各种农家肥。例如，动物粪便可以消毒发酵后添加到栽培基质中做基肥。各种饼肥，如豆饼、菜籽饼、麻饼渣等可以加水发酵后使用。肥料种类和来源不同，有效成分含量也有较大的差异，但通常都含有植物需要的多种营养元素和丰富的有机质。有些含氮量比较高，如豆饼；有些含氮比较少，如麻饼渣。由于农家肥需要经过发酵分解后才能被植物吸收利用，因此见效比较慢，但肥效稳定持久。多使用有机肥有利于土壤的改良，使土壤疏松透气，防止板结，有利于根系的生长和根部菌类的活动，对兰花的生长有益。

（2）化肥　主要是农业生产中的氮肥（硝酸铵、尿素、氯化铵等）、磷肥（磷酸铵、过磷酸钙、磷酸二氢钾等）和钾肥（氯化钾、磷酸二氢钾、硫酸钾等）。其中养分含量较高的，如硫酸铵，含氮量为20%~21%；硝酸铵含氮32%~35%；碳酸氢铵含氮17.5%；尿素含氮46%；过磷酸钙含五氧化二磷17%~20%；硫酸钾含氧化钾52.8%；氯化钾含氧化钾50%~60%；磷酸二氢钾含氧化钾33.1%，含五氧化二磷51.2%。这些化肥浓度大，肥效快，清洁卫生，施用方便。但由于每种化肥通常只含有一或两种肥料成分，因此长期单纯施用化肥，容易造成盆土板结。化肥的施用浓度一定要严格控制，浓度太大会发生肥害。施用化肥时要根据兰花生长发育的需要，随时调整氮磷钾三要素的比例。应几种化肥配合使用，不可单施某一种，与农家肥混合使用效果更好。

目前我国市场上有多种花肥销售，大多数为复合化肥，氮磷钾及微量元素含量比较全面，可以施用于兰花。在使用前必须认真阅读使用说明书，然后按比例加水稀释后施用。但是多数花肥的说明书中的使用浓度偏高，不适合兰花使用。兰花施用花肥的适宜浓度只相当于普通草本花卉的 1/4~1/2。

缓释肥也常用于兰花施肥中。缓释肥又称控释肥，就是在化肥颗粒表面包上一层很薄的由疏水物质制成包膜化肥。水分可以进入多孔的半透膜，溶解的养分向膜外扩散，不断供给植物，亦即对肥料养分释放速度进行调整，根据植物需求释放养分，达到供肥强度与作物生理需求的动态平衡。市场上的涂层尿素，覆膜尿素，长效碳铵，CA、CR 肥料就是缓释肥。缓释肥具有用肥量少、利用率高、施用方便、省工安全等优点，是较为理想的施肥选择。

2. 施肥的时期和施肥量

国兰在不同的生长时期需肥的数量和质量是不相同的。春季兰花新芽开始生长至夏季生长旺季，这几个月中氮肥的需要量比较多，如能配合适量的钾肥，则可以提高氮肥的利用率，植株也可以生长得更健壮；夏末秋初，植株逐渐成熟，也是花芽的分化形成时期，这时期应增加磷、钾肥的施用量，稍降低氮肥比例，利于花芽的分化和生长；冬季处于休眠状态和开花期的兰花，应完全停止施肥。

不同种类兰花的旺盛生长期稍有不同。对于生长健壮、枝叶高大的种类，如墨兰、建兰，可稍多施肥；而生长较弱，曾经发生过腐烂病的植株则不可施肥，等完全恢复后再施肥。

叶艺类的国兰，应控制氮肥的施用量，氮肥量过多会导致斑纹色彩暗淡，变成浅绿色。

盆栽基质不同，施肥次数和成分比例也不同。保水和持肥力强的基质，如腐殖土，施肥次数可以少些；排水好持肥力差的基质，如碎砖块、火山灰，则需每周施 1 次追肥。另据记载，以树皮块为主的盆栽基质，因本身含氮量少，而且在栽培期间逐渐分解的过程中，又吸收氮素，所以容易产生缺氮的现象，应在栽培中适当提高氮肥的比例。

同常见盆栽花草比较，兰花生长缓慢，对肥料的吸收量也少，所以每次施肥量要少，浓度也要低。据记载，仙客来、花叶芋、龟背竹等，化肥最适的施用浓度为 0.1%~0.4%；一品红、菊花是 0.3%~0.6%；而兰花的最适浓度为 0.025%~0.1%，是普通草本花卉的 1/4~1/2 用量。兰花最忌施肥过量，初学者以施用稀薄的肥为好，以免因偏爱而使兰花受害。

3. 施肥的方法

科学的施肥方法是根据花卉生长的需要、培养土中肥分的不足之处，来决定施用哪种肥料和施用量。

施肥包括基肥和追肥两种。基肥多与培养土混合在一起施用。通常用腐熟的干牛粪按 1：10 加到培养土中，并加入少量磷肥。也可以在培养土中加入少量经过发酵的各种饼肥、马蹄片、牛羊角屑做基肥，也可以在春季将上述有机肥埋在盆边的土中，但不可与根直接接触。也可以在基质中施用一定量的缓释性肥料作基肥。

追肥是植物栽培过程中的重要环节，常施用速效性肥料，如各种化肥和已经发酵好的各种液体农家肥。市场上出售的各种缓释肥均为富含氮磷钾及多种微量元素的固体肥料。使用时可以在盆面远离新芽的栽培材料上放几粒，浇水后肥料可以慢慢地释放出来，供兰花吸收。也可以自己动手制作，用发酵过的豆饼、过磷酸钙或骨粉和 1/3 左右的粘土，加水做成直径 1.5cm 的圆球，晒干备用。每生长季节可施放 2~3 次，

3~4 周 1 次。也可把发酵后的农家肥加水稀释 5~10 倍后，结合灌水时施用。只能施在盆栽基质上，不宜浇灌到叶面和嫩芽上，生长季节约 2 周左右施用1次。用苔藓作基质则不宜施用农家肥，否则会引起苔藓腐烂。化肥按比例稀释后，可以浇灌到盆栽基质中，也可以使用喷雾器直接喷洒到植物的叶面上，这种方式称为根外追肥，效果也比较好。根外追肥可以及时补充植物根部吸收养分的不足，在植株旺盛生长时期和缺乏微量元素时，常使用这种方法追肥。

（八）温度调控

国兰主要产于亚洲的亚热带区，这些地区气候温和湿润，平均气温高，无霜期长，比较适合国兰生长。东北、西北及华北大部分地区，冬季过于寒冷，室外不适于栽培国兰。

1. 不同种类、不同地区的国兰生长需要的温度条件

我国分布最北的兰属植物是春兰和蕙兰，在它们的分布地区，冬季多有霜冻或短时的积雪，夏季气温比较高。但是，兰花一般生长在有树木的地方，林下或灌木林下，既遮挡了夏天的烈日高温，又挡住了冬季的寒风。在积雪覆盖之地，积雪起到保护作用，积雪下的地温一般不会低于 0℃太多。人工栽培春兰、蕙兰最适宜的生长温度为白天 20~25℃，晚上低 15~20℃。冬季休眠期，晚上最低温度可在 5~6℃，降至 0℃或 -2~-3℃也无妨，但要保持适当干燥。

建兰、墨兰、寒兰，冬季喜欢较温暖的环境，越冬温度不能过低，一般要在 10℃以上，过低会影响墨兰、寒兰花芽发育和建兰第二年春天叶芽的萌发。原因是建兰一般在夏秋季开花，要求有合适的自然温度。如果冬春两季温度太低，其叶芽的萌发会变晚，生长期延后。建兰在北方容易栽培和开花。墨兰是热带和亚热带边缘的植物，冬季怕冷，开花时也需要较温暖的气候。

北京地区，从 10 月下旬或 11 月上旬到翌年 4 月下旬，有半年时间兰花都需要搬进室内或温室内栽培。长江中下游地区的冬季，兰花也要入室培养。福建、广东、广西、云南、四川、台湾等省区，国兰在冬季不需在室内越冬；而贵州、湖南和四川的部分海拔高的地区，冬季还是要加以适当保护。栽培兰花的场地与兰花的原产地比起来，冬季较冷，夏季较热；兰花在人工栽培条件下一般生长势较弱，抗逆性较差，抵抗力较弱。因此，在我国长江流域的大部分地区，栽培兰花都应采取冬季防寒的保护措施。

2. 国兰开花的温度条件

国兰花芽分化形成和尔后的开花是不同的两个阶段，这一点许多栽培者往往不太清楚。以春兰和蕙兰为例，其花芽分化形成的时间约在 6~7 月间。如果留意观察，7 月份已经能在植株基部靠近土面处看到有花芽出现。事实上，这时花芽分化形成阶段已经完成。然而，花芽这时不会立即开花，而是要经过漫长的秋冬季低温的洗礼，到春季才能开花。

在春兰和蕙兰分布的原产地，其花芽分化形成的 6~7 月份间，正是高温和阳光充足的时候，所以花芽分化形成期不存在有些人常说的要低温环境。据试验结果显示，花芽形成后尚需要一段时期的低温环境刺激(0~5℃，4~6 周左右)，使其花茎伸长，花方可正常开放。这便是为什么春兰和蕙兰在热带地区栽培或中高温温室栽培不开花的主要原因。兰属中不少种类是秋冬季和春季开花的，其花芽形成后均需要低温刺激后才能使花茎伸长，花朵开放，只是需要低温的程度和低温延续的时间不同。如建兰花芽形成后只需要夏末秋初稍低温度的出现，便完成了低温刺激阶段，使之在秋季开花。

3. 如何调节温度

调节温度的目的是使兰花在适宜温度下，能

正常生长，花繁叶茂。主要手段是冬季防寒，夏季防暑。调节温度还可以催延花期，因为温度对开花期有明显的影响。相比于山区野外条件下的花期，在北京室内的春兰花期可提早 20~35 天。反之，如降低温度则可以延缓开花的日期。调节温度要避免骤升剧降，那样对兰花是有害的。

调节温度的方法，是建立温室和荫棚。温室可通过冬季加盖塑料膜、草簾或棉被等方式防止温度降得太低；东北、西北和华北地区的温室应当有锅炉进行加温。夏季可以通过荫棚或在兰花种植区内种植树木和草坪以调节温度。在北方地区，兰花夏季一般也在温室内栽培。这时应当加强遮阴，启动温室内安装的水帘和风机，开启温室顶窗和侧窗等通风渠道，向地面、台架和四壁洒水或喷雾等以期起到降温的作用。

（九）阳光和遮荫

与典型的附生兰相比较，国兰需要的阳光要少，因为它们均为半阴生植物。一般说来，国兰不同种类和不同的生长季节对光需求是不相同的，应根据不同的种及品种的需求和气候的变化及时调节温室和荫棚的遮阴量。春兰和蕙兰从春末至夏末需要比较强的遮阴，遮阴量约为 60%~80%；秋末至初春需比较强的阳光，在北方地区温室栽培，冬季温室可以不遮阴或少遮。墨兰全年要求遮阴量比较大，约在 70%~90%；建兰需要比较多的阳光，遮阴量约 60%~70%。春剑和莲瓣兰比较接近春兰和蕙兰，寒兰常介于建兰和墨兰之间。这只是大致的区分，事实上不存在绝对的界限，光照强度的调整实际上受许多因素的影响。例如，高温时可增大遮阴量，低温时可减少遮阴；高海拔地区可以适当减少遮阴，低海拔应增大遮阴；为让栽培的植株多开花、开好花，应适当增强光照；若想让叶片浓绿、美观，可适当增加遮阴量。幼苗栽培中应遮阴较多，成苗相对较少；在春夏秋三季，每天上午 10 时之前和下午 4~5 时之后应当不遮阴或少遮。开花期的植株，为延长花期应避免阳光直射。新分盆或换盆的植株，在 2 周左右应避免强阳光的直晒。刚喷洒完农药和肥料的植株，也应避免阳光直射。

在国兰的栽培中，如果阳光不足，往往植株看起来十分繁茂，叶片浓绿色，但形成的花比较少，而且花色不够艳丽；如果阳光太少，则叶片细长，植株纤弱，分蘖很少，严重的生长不良，易染病死亡。若光线偏强则叶片微黄，看起来不如光线偏弱时好看，但对开花有利，花多而且色彩艳丽。这种栽培方法在切花大花蕙兰的栽培中得到普遍的应用。

（十）通风

通风对栽培的兰花十分重要。栽培在温室和荫棚中的兰花，可以通过通风来调节其周围的温度和空气湿度。兰花病虫害的发生常与温室内通风不良及高温高湿有极大的关系。

首先，栽培兰花的温室和荫棚应建在通风良好的地点，避免建在低洼地和四周有高大建筑的地方。温室最好设有开关灵活的顶窗和侧窗；室内要有便于空气循环流通的风扇或轴流风机。湿帘和风机是温室夏季降温和通风的必要设备。

兰花栽培温室在春夏秋三季，应经常开窗通风、换气；尤其在湿热的夏季，如果靠开启顶窗和侧窗自然通风不能排除室内的湿热空气，则应及时启动水帘和风机，既通风又可以降温。北方冬季温室内的通风比较麻烦，若室外气温不是太低，在中午时可以短时间开窗进行室内外空气交流，让新鲜空气进来，排出污浊的室内空气。开窗后必须密切关注室温的变化，及时关窗，不要让室温降得太低。若天气太冷，室外温度太低，不便于开窗，则可以启动室内的风扇（或轴流风机），使室内的空气流动起来。冬季温度低，栽培在温室中的兰花浇水（尤其是喷灌式浇水）或喷水后，一定要及时通风，降低室内的湿度，促

使滞留在叶面，特别是叶心中的水分尽快蒸发掉，以防腐烂病的发生。

（十一）疏芽和修剪养护

1. 疏芽

在国兰类的栽培中，目前尚比较少涉及如何通过疏芽来促进开好花的报道。往往是想让其萌发更多的新苗，通过增殖苗数获得较大的收益。国兰发展的必然方向是商品盆花，如果是以看花为目的的栽培，则应该在栽培中采取疏芽方法，促进更多花芽的形成和开好花。

栽培健壮的兰花，每盆一般保留 2 株以上健壮的苗，其基部是会不断产生侧芽的。一旦这些侧芽得到生长，则在很大程度上分散了营养，健壮苗则停止生长。而新生的侧芽到生长期末也不能长成开花苗，从而导致这些苗全都不能开花。

疏芽工作应随时进行，中苗和大苗都要做，一般来说，侧芽会不断地萌生出来，应出现一批掰掉一批，而且应从芽的基部掰掉。多余的花芽也要清除。应当注意正确的区分花芽、叶芽，切不可弄错。掰芽后会给植株造成伤口，在多雨潮湿的环境中会引发植株基部腐烂而死亡。为避免伤口腐烂，要选择干燥的晴天进行这一工作。且掰芽后至少保持 24 小时不浇水或喷水，使伤口干燥，尽快愈合。每次掰芽的同时，应在伤口处涂抹硫磺粉或其他抗菌剂，防止伤口感染。

一般来说，花芽和叶芽是比较容易区分的。花芽呈炮弹形，尖头、体圆，较叶芽肥大；叶芽较扁平，顶部待芽稍长些便会分叉。建议在进行这一疏芽工作之前比较认真地观察一下那些典型的花芽和叶芽，找出两者之间的区别，这样操作起来就不会错误地将花芽作为叶芽摘除，或将叶芽作为花芽保留下来。

2. 剪除残花和枯叶

春兰花开后约 2 周开始凋谢，此时应将其从花茎基部剪除。蕙兰等多花的种类，到花序的最后一朵花开放 1 周左右时，即将其整个花序剪掉。一般作观赏的兰花植株，开花后都不让其授粉结实，尤其弱势植株和名贵的品种更是如此，否则影响植株的健壮生长和次年的开花。如果作为杂交育种的母本植株，每花序上最多保留 2 个授粉后已发育的果实，过多则应当剪掉。

栽培的兰花应随时清除枯黄的老叶、病叶和盆中杂草，发现有病虫害应及时喷洒农药防治，发现有带病毒的植株尽快搬出温室深埋或焚毁。经常保持兰花栽培温室的清洁卫生。

二、国兰的繁殖

（一）传统繁殖法

传统繁殖法包括分株繁殖和老假鳞茎栽植催芽。

1. 分株繁殖

分株繁殖法在兰花的栽培中应用较多，尤其少量栽培时，主要用分株繁殖法。分株繁殖又称分盆，亦即将生长过于密集的一盆兰花分栽成 2 盆至数盆。这种繁殖方法比较简单，容易掌握，不损伤兰苗，通常也不影响开花，而且能保证品种的固有特性，不会引起变异。

国兰是多年生、具假鳞茎的常绿草本植物，每年从去年老假鳞茎基部长出 1~2 个新芽，生长季节结束时完成生长，基部再形成新假鳞茎。在国兰长期栽培历史中，已形成了一套比较完整的分株和盆栽技术。

（1）分株繁殖的适宜时期

一般来说，只要不是在生长旺盛季节，均可以进行兰花的分株工作。但比较适宜的时间是兰花休眠期末，即 3~4 月份新芽没有出土之前和 9~10 月份兰花停止生长以后比较好。新芽出土以后，操作十分不便，稍有不慎就会碰断、碰伤新芽。长江流域通常存放兰花的房间冬季不加温，十分寒冷，故不主张在严寒的冬天分株。

不同种类的兰花应当不同对待。早春开花的种，如墨兰、春兰、蕙兰和寒兰，应在花开过之后，生长势头相对减弱时分盆，这样可不影响看花。也可以在休眠期花芽尚未伸长之前分盆，但操作时需十分留心，不要损伤花芽。夏秋季开花的种类，如建兰，最好在早春分盆。

（2）分株前的准备工作

分株之前应准备好培养土或其他盆栽基质以及兰盆、剪刀等材料和工具。

为了分株时操作方便，可以在分株前让盆土适当干燥，使本来脆而易断的肉质根发白，产生轻微的凋缩。这样变得绵软，分株和栽盆时不致伤根太多。当然过于干燥对兰花的生长也有不利的影响。

（3）分株的具体操作方法

进行分株的兰花应当生长良好、无病。建兰 2~3 年分 1 次盆；蕙兰有 8~9 筒叶时才能分株；春兰可以稍少一些。不同地区有较大的差异，四川喜欢栽大盆，每盆数十筒叶，有些地区则多用小盆，因此要因地制宜。分株过勤，根伤得太多，分株后不好管理，恢复比较慢，甚至会形不成花芽或开不出正常的花。

分盆时，首先用左手五指靠近盆面伸进兰苗中，用力托住盆土，右手将盆倒置过来，并轻轻叩击盆的四周，使盆土与盆脱离，再用右手抓住盆底孔，轻轻将盆提起，使盆与盆土分离。然后将兰苗及盆土平放，不使土坨突然散裂，导致兰花根系折断。再细心将土坨轻轻拍打松散，逐步将旧盆土抖掉。小心抓住没有嫩芽的假鳞茎，以免伤及叶和嫩芽，剪除已枯黄的叶片、假鳞茎上的腐败鞘叶及已腐烂干空的老根。但有新芽的假鳞茎上的叶片应尽量保留，以供给新芽生长的营养。叶片已完全脱落的假鳞茎也应剪掉，可以作为再繁殖材料使用。如果分盆前盆土未经干燥，过于潮湿，应将苗根用清水洗过、晾干，待根发白变绵软时再进行清理和修剪。

选择已清理好的较大丛植株，找出两假鳞茎相距较宽、用手摇动时又容易松动的地方，俗称“马路”，用利剪剪开。最好能在剪口处涂以炭末或硫磺粉，防止伤口引起腐烂。注意使剪开的两部分的假鳞茎上都有新芽，各自能单独地发展成新的植株。剪开的每一部分最少保留有 3 个假鳞茎，以利于新生芽的生长和开花。

随着栽培技术的改进和兰花优良品种价格的猛增，许多栽兰能手常将生长健壮的兰花分割成单苗盆栽，以促进每个假鳞茎上都能萌发出 1~2 枚新芽。也有将促进新芽萌发的药剂涂在分割后的假鳞茎上，以促进新芽的萌发。

（4）分株后的盆栽

经过清理或分株的兰苗即可盆栽。具体方法参照“国兰的栽培管理”中的“盆栽方法”。

2. 老假鳞茎栽植催芽

在分株繁殖时常常剪下一些多余的老假鳞茎，后者也是宝贵的繁殖材料。国兰通常每个假鳞茎下部有两个芽（上部还有隐芽），一般每年只萌发 1 个，另 1 个处于休眠状态。将这些无根无叶的假鳞茎上面的叶鞘剥除，用清水洗净之后，用苔藓栽植于小花盆中。经常保持湿润和温暖的环境，大约每个老假鳞茎能生出 1~2 枚新芽，然后在新芽基部生根，若细心培养可以成为新的植株。此法在贵重的兰花品种和叶艺兰品种栽培中应用较多。有人将老株的根、叶故意剪掉，将多数假鳞茎栽植在大花盆或木箱中，以促其萌生

新芽，加速繁殖或促其产生叶艺变异。

（二）无菌播种繁殖

1. 兰花播种繁殖简况

在 20 世纪以前，市场的供应主要是靠无性繁殖（分株）和到原产地采集野生资源。为了获得理想的杂交种，许多园艺学家及兰花爱好者都试图用种子培养兰花。为此，他们把种子播种在母本植株下面的土壤里，或利用这种土壤播种。有偶然成功者，但所得幼苗甚少，无实用价值。

经过多年的研究，直到 20 世纪初，伯纳德（Bernard）和布吉夫（Burgeff）才得知兰花种子发芽需要有真菌的存在。某些研究者认为，真菌的存在有利于把兰花种子胚细胞中的淀粉转化为糖，促进了种子的萌发，从而产生了一种较为完善而实用的用种子繁殖兰花的方法，即共生法，在无菌培养基中既播种兰花种子又接种特定的真菌。这一方法很快在兰花杂交育种上得到应用，但远没有达到满意的程度，其缺点在于设备费昂贵，菌种分离、保存和接种的适宜时期难以掌握等，实际做起来并不简单。

克努森（Knudson）在 1922 年、1924 年、1930 年的研究中发现人工无机培养基补充糖类能促进兰花种子发芽，并且证明在没有共生真菌的作用下，这些播种苗也能健康地成长直至开花。克努森的研究工作在实践上意义极其重大，他提出的简便的由种子播种繁殖兰花的方法，为以后数十年间兰花杂交种的大量出现和兰花的大量发展提供了必要的条件。

2. 国兰播种繁殖的重大意义

随着经济的快速发展和国际交往增多，近几年国内花卉事业发展甚快。受台湾、香港、日本和韩国兰花市场的诱惑，国兰的走私出口量猛增。由于没有解决大量繁殖问题，导致农民上山大量采挖野生种，自然资源受到严重破坏。尤其墨兰、建兰、寒兰、春兰、蕙兰、春剑和莲瓣兰，破坏更为严重。在交通稍方便的地区，已很难找到这几种兰花的野生植株了。

自古至今，国兰的优良品种只是从自然变异中选择，十分费时费事。园艺事业发展到今天，现代育种手段已经改变了几乎所有的花卉面貌，唯独在国兰中尚未广泛应用。为了改变这种落后状况，可以借鉴洋兰的发展道路，通过杂交和无菌播种的方法获得大批的杂种实生苗。再从中选择优良单株（品种），并利用现代其他育种技术，如秋水仙碱处理使染色体加倍、辐射诱变、基因转移等方法对兰花种子和幼苗进行处理，培育出优良的单株（品种）。再通过组织培养的方法生产出大量国兰新品种的种苗供应市场，以满足人们不断提高的要求。

国兰果实较大，每蒴果有种子数万至数十万粒。用无菌法播种至少有 1/2~2/3 的种子可以萌发，这样一次播种即可产生大量的种苗。试管苗经 3~4 年栽培可以成苗开花，若种子为种间或品种间的杂交所得，则可能选育出优良的杂交品种。若连续进行这一工作，三四年后每年均可培育出优良的国兰新品种。这对于发展国兰产业，减少对自然资源的压力，保护生态环境，是十分有利的。从长远看经济上也是合算的，可获得较丰厚的利润。

3. 兰花的果实和种子

国兰的果实为蒴果，其形状、大小常因不同种而有较大的差异，小的只有几厘米，大的可长至 10 余厘米。通常蒴果有 3 条纵向的裂缝，成熟时裂开，散出细小的种子。

兰花种子非常细小，呈粉状，据严楚江教授测定，建兰种子长 1.008~1.126mm，直径 0.118~0.185mm。虽然兰花种子十分细小，但许多种类从开花授粉至果实成熟期却很长，如春兰要一年的时间。

兰花种子的胚具有未分化的特点，没有胚乳，也就是说没有贮藏营养物质。所以在自然条件下很难发芽，并且幼苗生长缓慢。

4. 兰花人工授粉

兰科植物多数是异花授粉，在原产地大多有与其相关的昆虫为之传粉。在人工栽培的条件下未必能结实。再者，出于培育良种的目的，需进行人工授粉。兰科植物在种间和属间杂交都比较容易成功。

人工授粉时首先选好亲本。一般情况下开花第一天花粉发芽力最强，开花后 7 日花粉块仍可应用。雌花最好的授粉时间是在开花后 3~4 天。授粉时先将雌花（母本）的花粉块除去（去雄），再将采集的父本花粉块用小镊子夹起，轻轻地放在母本的柱头上。因为柱头有粘液，不必担心花粉块脱落。为防止已授粉的花再被昆虫传粉，可将母本花上的唇瓣除去，一般不用套袋。用铅笔写好标牌，挂在授粉后的花枝上。做好记录，写清楚父母亲本、授粉日期等。此后应经常关心授粉花朵的变化并防止损坏，注意在将近果实成熟时及时将果实和标牌一起采收，立即播种或从果实中取出种子干燥后密封放在冰箱中保存。在授粉父母本花期不一致时，可以采集花粉块，风干后密封放在干燥器中，温度 −8~−21℃。在这种情况下，花粉块可以保存 1 年以上。

5. 果实采收

早期从事兰花胚培养者普遍认为，成熟的兰花种子其种皮较硬化，胚内部会产生抑制发芽的物质，对种胚的萌发有妨碍。1954 年 Tsuchiya Itaru 发表了用兰花未成熟的绿色蒴果中的胚培养成功，并萌发成苗。所以后来在兰花播种中常采用未成熟的绿色果实。

现在看来，当时的播种困难并不一定是上述原因，可能是培养基配方不合适所致。现在由于培养基的不断改进，有许多过去播种困难的种类已经得到解决。

兰花种子以随采收随播种为好，因为兰花种子在高温和高湿的环境中寿命极短。若不立即播种，可先剖开果实取出种子，放在室内干燥 1~3 日后，装在试管中用棉塞塞紧，再将试管放入装有无水氯化钙的干燥器内置于 10℃或更低温的环境中，这样可在 1 年内保持种子的良好发芽率。第二年发芽率会有所下降，第三年完全丧失发芽力。

6. 国兰无菌播种前的种子处理

国兰类种子的无菌播种与一般洋兰相比较，需要先克服种皮障碍，因此有一定的难度。但经过近 20 余年的实验和研究，这些技术问题已基本得到了解决。不论是原生种还是国兰种间或品种间的杂交种的种子，采用一定的播种前处理均可以达到种子萌发的目的。完全成熟的种子不经过处理，其萌发率极低，且萌发的时间很长，有时播种后半年到一年才发现有个别的种子萌发。常见促进国兰种子萌发的方法有：

（1）幼嫩果实种子播种法

多数从事这方面工作的人认为，成熟国兰果实中的种子其种皮不透水，自身形成了种胚吸收水分和养分的障碍。而幼嫩时期国兰果实中种子的种皮尚未发育完善，不存在种皮障碍这一问题，若这一时期取其果实中的种子进行无菌播种（胚培养），则可以大幅度提高种子的萌发率，并可缩短从播种到种子出芽的时间。

据台大园艺系李哖教授报道，经人工授粉后 150 天的墨兰果实和授粉后 190 天建兰的果实在无菌条件下，取其种子放入无菌水中，经超声波震荡处理 30~120 分钟，再经液体培养 2 周左右，而后转入固体培养。这样可以将发芽率提高 10% 左右。通过超声波处理其幼嫩的种皮可完全破损，甚至有些胚已散落出来。此外，液体培养可以将胚本身抑制萌发的物质溶解出来。

用绿色未成熟的蒴果中种胚作为兰花无菌播

种的方法是值得提倡的，其优点是：可以简化成熟兰花种子的消毒程序（成熟兰花种子灭菌十分麻烦），由于种胚提前进行培养，可以缩短杂交种或新品种的培育时间，减少兰花植株营养的消耗；另外，由于缩短了果实在兰花植株上的生长时间，可以减少兰花瘦弱植株的进一步衰弱或死亡。这种方法在名贵国兰品种的保护中很重要。

（2）腐蚀种皮法

国兰类成熟蒴果中的种子和成熟果实开裂后的种子，其种皮常有较强的不透水性。这类种子播种后萌发率极低。我们曾用 0.1mol/L 的氢氧化钾溶液浸泡种子 10 分钟，用以腐蚀种皮。经过处理的种子在显微镜下可以看到种皮已被腐蚀出许多大小不等的孔洞，增大了种皮的透水性。尔后，这些种子再经过灭菌，并用无菌水冲洗后，再接种到已备好的培养基上。接种种子的同时，可以在固体培养基上注入一定量的无菌水，这一做法可促使很大一部分种子很快萌发，基本上达到满意的效果。

7. 国兰无菌播种与播种苗管理

兰花种子接种到培养基之前必须灭菌，可以用 10% 次氯酸钠水溶液浸泡 5~10 分钟，再用无菌水冲洗。种子在消毒液中若不沉淀，可将种子及消毒液装入密封的小瓶中，强烈震动数分钟，使种子和灭菌液密切接触，并排出种子表面的空气，以达到灭菌的目的。尚未开裂的兰花蒴果，可用 10%~15% 的次氯酸钠溶液浸泡 10~15 分钟，在无菌条件下切开，取种子播种。经灭菌的种子用镊子移入培养基上，为使种子在培养基表面分布均匀，可以滴数滴无菌水到接种后的培养瓶中。

种子接种在培养基上的过程，通常在超净工作台上进行，工作人员的手需经过消毒，各种器具也需经过高压蒸汽灭菌。整个接种过程需遵从无菌操作的要求，以避免菌类的污染。

接种后的培养瓶可以放在培养室中或有散射光的地方，温度 20~25℃。在胚明显长大以后，需给予 2000Lx 光照，相当于在 40 瓦日光灯下距离 15~20cm 处，每日照 10~12 小时。

8. 国兰播种繁殖的特点

不同种类的兰花，胚生长快慢有明显的差异。国兰类胚的生长一般较慢，而且萌发后不是直接长成原球茎和幼苗，而是由胚长成根状茎，再由根状茎上产生幼苗。

一般情况下，国兰播种后 3~6 个月可见部分胚芽突破种皮，逐渐由胚长成绿色并有许多根毛状附属物的根状茎（俗称龙根）。这种呈爪状的根状茎可迅速生长，但如果不改变培养基中植物激素的成分配比，不改变培养室的环境条件，就不会或极少形成能发育成幼苗的芽。

实验表明，在每升培养基中添加 150~200ml 椰子水和微量的 NAA（萘乙酸）；或每升培养基中添加 5mg 的 6-BA（6-卞基腺嘌呤）和极少量的 NAA，都可以促进根状茎上芽的分化。另外，培养基中适量添加水解蛋白、酵母提取液、香蕉等也对芽的分化有益。通常将根状茎转移到分化培养基后 4~6 周，可以看到新形成根状茎的节处生出乳白色的芽点。如能适当增强光照至 3000~5000Lx，则对芽的生长有促进作用。这些芽可以生长发育成正常的幼苗。

9. 壮苗的培养

兰花试管苗质量的高低与移栽成活率的高低密切相关，提高幼苗质量能够有效提高移栽成活率。因此，移栽前的壮苗培养阶段是必需的。通常，当兰花苗高约 2~4cm 时，应将其转入壮苗培养基中培养。培养温度提高至 25~30℃左右，并适当延长光照时间和强度，以促进幼苗的正常生长。如春兰的生根壮苗培养基可采用：1/2MS + 6-BA2.0mg/L + NAA 1.0mg/L + 0.5% 活性炭或者仅添加生长素。培养 20 天左右，幼苗茎基部一般可分化出 3~4 条白色的根，形成完整植株。

10. 国兰试管苗的出瓶和栽植

在培养瓶中的兰花幼苗生长到高 5~8cm、有 2~3 条发育较好的根时，可将幼苗移出培养瓶，栽植到盆中。在试管中苗长大些的移栽到盆中，其成活率高，抗逆性强。小苗从培养瓶中取出后，首先要轻轻用水将其根部沾上的培养基洗去，再用切碎的苔藓单独栽培，或添加少量泥炭、碎木炭和砂等配成盆栽基质，将小苗栽在小盆中。每盆 10~20 株，移放在 25℃左右的温室中，保持较高的空气湿度和较强的散射光。每周施 1 次液体肥料，并喷洒抗菌剂，或结合施肥喷药，也可以将它们浇灌根部。化肥的浓度应在 0.05%~0.1%。1 个月后可移植到光线较强的地方。随着植株长大及时换盆，国兰开花较迟，一般要 3 年或更长的时间。

11. 培养基及其配制

（1）国兰播种常用培养基。我们在兰花胚培养中先后使用过 Knudson C（KC）和 Murashige and SKoog（MS）两种培养基，现介绍如下：

① Knudson C 培养基。磷酸二氢钾（KH_2PO_4）250mg、硝酸钙〔$Ca(NO_3)_2 \cdot 4H_2O$〕1000mg、硫酸铵〔$(NH_4)_2SO_4$〕500mg、硫酸镁（$MgSO_4 \cdot 7H_2O$）250mg、硫酸亚铁（$FeSO_4 \cdot 7H_2O$）25mg、硫酸锰（$MnSO_4 \cdot 4H_2O$）7.5mg、蔗糖 20g、琼脂 17.5g、水 1L。

② MS 培养基。硝酸铵（NH_4NO_3）1650mg、硝酸钾（KNO_3）1900mg、氯化钙（$CaCl_2 \cdot 2H_2O$）440mg、硫酸镁（$MgSO_4 \cdot 7H_2O$）370mg、磷酸二氢钾（KH_2PO_4）170mg、硫酸亚铁（$FeSO_4 \cdot 7H_2O$）27.8mg、乙二胺四乙酸二钠（$C_{10}H_{14}N_2Na_2O_8 \cdot 2H_2O$）37.3mg、硫酸锰（$MnSO_4 \cdot 4H_2O$）22.3mg、硫酸锌（$ZnSO_4 \cdot 7H_2O$）8.6mg、氯化钴（$CoCl_2 \cdot 6H_2O$）0.025mg、硫酸铜（$CuSO_4 \cdot 5H_2O$）0.025mg、钼酸钠（$Na_2MoO_4 \cdot 2H_2O$）0.025mg、碘化钾（KI）0.83mg、硼酸（H_3BO_3）6.2mg、烟酸（$C_6H_5NO_2$）0.5mg、维生素 B_6（盐酸吡哆醇）0.5mg、维生素 B_1（盐酸硫胺素）0.1mg、肌醇〔$(CHOH)_6$〕100mg、甘氨酸（$C_2H_5NO_2$）2mg、蔗糖 20~30g、琼脂 7~10g、水 1L（pH5.4）。

在兰花的胚培养和组织培养中，添加一些天然复合物有比较好的效果。如椰乳（椰子汁）添加量为 10%~20%；香蕉用量为 150~200g/L。

由于兰花种类繁多，在胚培养中培养基的配方也很多，并且各有不同。现将 1963 年发表于美国兰花学会月刊上的中国兰花常用简易配方介绍给读者。由于配方是由京都大学研究总结出来的，除国兰的适用配方外，还有适用于卡特兰、大花蕙兰、石斛、兜兰等胚培养的配方，命名为“狩猎”配方。

中国兰适用培养基：

花宝 1 号 3g、蛋白胨 2g、甘氨酸 2mg、肌醇 100mg、卞基腺嘌呤（6-BA）2mg、腺嘌呤 2mg、椰子水 50ml、香蕉 30g、苹果 20g、蔗糖 25g、甘露醇 1g、琼脂 12g、蒸馏水加至 1L（pH5.5）。

（2）母液的配制和保存

MS 培养基母液

经常配制培养基者，为减少工作量及便于低温贮藏，一般配成比所需浓度高 10~100 倍的母液以备用。配制培养基时只要按比例量取即可。配好的各种母液需分别单独装在棕色小口瓶中，存放在 0~4℃冰箱中，可使用半年至 1 年。如发现有沉淀物则不可再用，需重新配制。目前兰花无菌播种用培养基多用 MS 培养基。

MS 培养基母液如下：

母液 1，硝酸铵（NH_4NO_3）82.5g、硝酸钾（KNO_3）95g、硫酸镁（$MgSO_4 \cdot 7H_2O$）18.5g、水 1L。50 倍液。配 1L 培养基时，取 20ml。

母液 2，氯化钙（$CaCl_2 \cdot 2H_2O$）22g、水 500ml。100 倍液。配 1L 培养基，取 10ml。

母液 3，磷酸二氢钾（KH_2PO_4）8.5g、水 500ml。100 倍液。配 1L 培养基，取 10ml。

母液 4，硫酸亚铁（$FeSO_4 \cdot 7H_2O$）2.78g、乙二胺四乙酸二钠（Na_2-EDTA）3.73g、水 1L。100 倍液。配 1L 培养基，取 10ml。

母液 5，硼酸（H_3BO_3）620mg、硫酸锰（$MnSO_4 \cdot 4H_2O$）2230mg、硫酸锌（$ZnSO_4 \cdot 7H_2O$）860mg、碘化钾（KI）83mg、钼酸钠（$Na_2MoO_4 \cdot 2H_2O$）2.5mg、硫酸铜（$CuSO_4 \cdot 5H_2O$）2.5mg、氯化钴（$CoCl_2 \cdot 6H_2O$）2.5mg、水 1L。100 倍液。配 1L 培养基，取 10ml。

母液 6，肌醇 5g、甘氨酸 100mg、烟酸 25mg、盐酸吡哆醇 25mg、盐酸硫胺素 5mg、水 500ml。100 倍液。配 1L 培养基，取 10ml。

（3）培养基的配制

将母液从冰箱中取出，依次排好，按需要定量吸取，放入量筒中。称取琼脂，加少量水后加热，并不断搅拌，直到全部溶化，并加足所需的水。再加入称好的糖和前面所列的备用各种成分，不断搅拌，使之充分混合。测定已配好的培养基酸碱度，用 0.1~1mol/L（0.1~1mol/L）氢氧化钠和盐酸将培养基调至所需的酸碱度。

将配好的培养基分别灌注到培养瓶中（试管或三角瓶），用盖子（棉塞、橡胶塞、铝箔）将瓶盖好，外面再包一层牛皮纸，标明编号。

培养基通常用高压锅灭菌。气压 111.46~121.59KPa（1.1~1.2kg/cm^2 压力），10~20 分钟。冷却，接种。

（三）组织培养繁殖

从兰花的栽培史看，其繁殖技术的进步大致可以分为 3 个时代。即采集、分株时代——实生苗、分株时代——实生苗、分生组织无性系时代。后一个时代的开始是从法国的 Morel（1960 年）观察到兰属植物中大花种类的茎尖在无菌的培养基上能形成扁圆形的小球体，这些小球体与种胚发育成的原球茎非常相似，故称为类原球茎（PLB, Protocorm Like Body）。在一定的条件下，类原球茎增殖较快，若继续培养可形成幼苗。Morel 的这一发现很快被从事兰花研究和生产经营者应用到兰花新品种的快速繁殖中去。使得优良的新品种在短时间内通过组织培养，由几株繁殖成数万个或更多植株，从根本上改变了兰花的生产面貌，极大地促进了兰花及其他花卉生产，形成了现代农林园艺业界重要的生产手段之一的组织培养繁殖法。

1. 国兰组织培养繁殖的重要意义

尽管兰花在我国栽培历史悠久，但由于采用传统的分株繁殖，增殖系数极低，扩繁速度缓慢，每年一般只能增殖 1~3 倍。许多名贵品种由于不能大量繁殖，“养在深闺人未识”，价格高，很难普及到普通爱好者中。不少优良变异单株由于不能有效地保存、扩繁而消失。同时，传统繁殖法容易造成病毒的继代感染，带病植株日益增多，造成品种退化，影响其观赏价值。利用组织培养法繁殖国兰可以保持原品种的优良特性，同时也为改良品种特性创造了可靠的工作平台。由于组培繁殖系数十分高，培育出的国兰新品种可以在短期内繁殖出大量的种苗，使之走进千家万户，为日益扩大的市场需求提供有力的保障。

2. 国兰外植体的采集

国兰类均为地生种，有不少是用腐殖土栽种的。土中的微生物如细菌、真菌等较多，若从栽培在土中的植株上切新芽往往灭菌工作比较麻烦，污染率高。为了降低污染，可在新芽萌发之前将需要进行组织培养的植株用苔藓或火山灰重新栽植。栽植时注意使植株的假鳞茎基部稍露出基质表面。新芽生出后露出基质的外面，浇水、施肥对其影响会比较小，生长在空气中的芽受菌类污染的机会也比较小。采芽前数日，应停止浇水、施肥和防止雨淋。

采芽的母株要生长健壮，无病毒。采芽的时期应当在每年 5 月之前。所采芽段的大小为 2~3cm 较适宜。切取下来的芽，一般包括有数个隐芽（休眠芽）和生长芽。生长芽是细胞分裂活动最旺盛的部分，也是培养成功率最高的部位。休眠芽也可以用来培养，但由于该芽体积比较小，剥离比较困难，生长也较慢，有时还要在培养基中加入植物生长调节剂打破其休眠。

3. 外植体的灭菌、茎尖剥离和接种

切下的芽应充分用流水冲洗。冲洗时间应在 30 分钟左右，然后把最外面的 1~2 片苞片去掉，再放在 10% 次氯酸钠溶液或漂白粉溶液（10g 漂白粉溶解于 140ml 水中，充分搅拌以后，静置约 20 分钟，取上清液）中浸 10~15 分钟，或用 0.1% 的升汞溶液浸 10~15 分钟。灭菌的时间和灭菌液的浓度应根据芽的大小和成熟度以及不同种类进行适当调整，做到既要防止菌类的污染，又要避免因灭菌液的杀伤作用而引起组织坏死。尔后，用无菌水冲洗 2~3 次，将残留的消毒物质去掉。

灭菌后的芽，应在无菌条件下进行剥离和切割。有些容易产生褐变的种类，切割时应将芽放在无菌水中操作，这样会比在空气中褐变的机会少些。剥离出芽的大小要视培养目的而定。以消除病毒为目的时，要尽量小，通常可以到 $0.1mm^3$；若以繁殖为目的的培养物可以在 $2mm^3$ 左右。太大不易分化出根状茎，较大的芽还可能直接萌发出苗，但体积越小，越难成活。大体积的剥离可以用肉眼直接操作，太小则需要在解剖镜下才能看清。剥出的组织可以直接接种在已准备好的培养基上，在瓶上做好标记，而后移到培养场所。

4. 国兰组培常用培养基

在国兰培养中，培养基是极重要的一环。培养基不合适，则不能使培养物成活、生长和繁殖。国兰组织培养所用的培养基，大都用兰花种子无菌播种（胚培养）所用的培养基。其配方中无机盐的成分并没有独特之处。与种子发芽用培养基相比，其不同之处是添加了植物生长素和细胞分裂素。

国兰通过茎尖培养，不能直接形成类原球茎，而是形成根状茎，再由根状茎形成幼苗。因此，国兰的茎尖培养，要求有 4 种培养基：启动培养基、根状茎增殖培养基、根状茎分化幼苗培养基、促进幼苗生长培养基。

（1）启动（诱导）培养基

启动培养基是直接从芽上剥出的生长点接种并形成根状茎的培养基。春兰的诱导培养基以无机盐浓度和铵态氮含量低、生长素含量高的培养基为宜。可采用 W+6-BA1.0mg/L+NAA5.0mg/L + 椰汁 8.5%。建兰的诱导培养基采用 MS+6-BA3~4mg/L+NAA1.5~2.0mg/L。春兰和建兰中一些褐变较严重的品种，可以适量加入一些抗氢化剂如 0.5% 聚乙烯吡咯烷酮等。墨兰的茎尖诱导培养基则采用改良的 MS+6-BA0.5mg/L +NAA0.5mg/L+0.5 活性炭，活性炭对诱导起着显著的促进作用。

国兰的根状茎诱导成功率随品种、培养基、外植体等不同而不同。在诱导阶段，应尽量消除褐变影响，在培养基中添加抗氧化剂和实行暗培养，可有效提高诱导成功率。外植体接种到诱导培养基后，在 23~25℃的温度条件下进行暗培养，通常在 1~4 个月可诱导出根状茎。根状茎形成后可转入 2000Lx 光照下培养，根状茎逐渐伸长转绿，并形成丛生状。

不同种和品种的诱导成功率各不相同。春兰比蕙兰、建兰的启动难度大，建兰的诱导成功率相对较高。

（2）根状茎增殖培养基（国兰类是用根状茎增殖，而不是类原球茎 PLB）

根状茎的形成和增殖培养是国兰组织培养快速繁殖的重要阶段。这个时期，可以利用培养基的成分控制器官分化，达到大量快速繁殖根状茎的目的。

春兰的继代培养可以采用固体培养和液体培养，但二者交替进行可以促进根状茎增殖和生长。增殖培养采用 White、MS 等培养基，长期继代培养宜采用 1/2MS 培养基。中国科学院上海植物生理研究所张菊野等人的研究表明，NAA 有利于春兰根状茎增殖与根的形成，而细胞分裂素 6-BA 有利于促进根状茎分化成芽。两者较好的组合为 NAA1.0mg/L+6-BA1.0~1.5mg/L。建兰的增殖培养基采用 MS 培养基，6-BA 浓度比诱导培养基略低，约为 2~3mg/L，配合使用 1~2mg/L NAA 的培养效果更好，增值倍数提高，生长较好。6-BA 对墨兰根状茎增殖有显著的促进作用，且 IBA 比 NAA 更好。可采用 1/2MS+6-BA2.0mg/L+IBA1.0mg/L，添加 0.5% 的活性炭和 3% 的蔗糖效果较好。此外，添加椰子汁、豆芽汁、香蕉汁等也能促进墨兰根状茎的增殖。

影响国兰根状茎增殖的因素很多，主要有培养基成分、根状茎切割方式、大小和光照条件等。培养基成分中主要影响因素是基本培养基、植物生长调节素和天然添加物的配比。根状茎的切割方式也影响根状茎的增殖。试验表明，国兰继代培养的最佳切割方式应是掰开法，即将大丛的根状茎顺势掰成小丛或单个，这样造成的损害最小，根状茎恢复生长较快，增值倍率更高。根状茎的分割不可太小，培养群体不宜太少，继代时间不可太长，否则根状茎会生长不良，甚至死亡。

（3）根状茎分化幼苗培养基

1/2MS~MS 固体培养基适合于建兰素心类品种根状茎的增殖和芽的分化。在上述培养基中添加椰汁 75ml/L，可加速芽的分化及成长；蔗糖浓度 30~60g/L，则可促进芽和根的形成及干物质的累积，配合添加洋菜浓度至 5~6.5g/L，可使根状茎转换苗株达 100%。

墨兰根状茎在 1/4~1/3MS 的固体培养基中可生长良好。1/2MS 的浓度，可提高芽的分化率，在 1/2MS 的培养基中加蔗糖 30g/L 作为碳源，添加 NAA 1mg/L、BA 1~3mg/L，可诱导芽的分化；4 个月左右能获得 3~4cm 大小的墨兰苗株，并出现根，5~6 个月可以出瓶。在培养基中添加椰汁最有利于芽的分化。

国兰根状茎分化成芽的培养环境，最适温度为 25~30℃，光照强度的提高（100~4000Lx 范围内）与光照时间的增加（8 小时增加至 16 小时）均可促进芽的分化。黑暗处理 2 个月就能有效促进国兰根状茎分化成芽。有些兰花品种不需要经过单独的分化成苗阶段。如某些建兰等可以直接在诱导增殖的同时分化出完整小苗，直接用于移栽。

（4）促进幼苗生长培养基

当兰花苗高 2~4cm 时，应将其转入壮苗培养基中培养。促进幼苗的正常生长的培养基有多种，常用的有：1/2MS+10%-15% 香蕉；White 培养基 +10% 香蕉等。春兰和墨兰的生根壮苗培养基可采用 1/2MS+6-BA2.0mg/L+NAA1.0mg/L+0.5% 活性炭或者仅添加生长素。培养 20 天左右，茎基部一般可分化出 3~4 条白色的根，形成完整植株。再经过 1 个月左右的培养，植株长到 6~8cm 时可以进行移栽。

5. 国兰试管苗出瓶和栽植

当生根的国兰植株长至 6~7 片叶、3~4 条根时，就可以出瓶移栽。移栽和管理方法同播种苗的作法。

6. 在组培中防止变异和保持种苗的一致性

从理论上说，通过组织培养繁殖出的种苗应和母本植株完全相同，绝大多数情况下也确实如此。但在大批量的生产中，长期的组织培养期间，其培养物会受到各种因素的影响而产生变异。组培苗变异的直接后果是种苗的不一致性。原因是几个品种培养物连续生产数年，中间没有更替新的种源。为避免这种现象的发生，这里提出一些建议供参考。

（1）用于组织培养的母株

①不能用没有开花的植株和组培苗作种源（母本植株）进行组培繁殖。此类的植株可能出现许多麻烦。如品种名称是否正确，原母本植株是否带有病毒，该瓶苗在原实验室已培养了多少代，是否产生了变异等。从市场上买来的没有开花的植株，往往没有正确的名称，没有看到花，不知道其价值如何，故不能用作组培的母本植株。

②严格挑选用于组培的母本植株

a. 组培品种必须是长成后能受到消费者喜爱的品种。不论是引进或自己培育的品种，在决定进行大量繁殖前必须认真审定，不只需要组培人员认可，还需要专家和主管的确认。

b. 用作组培繁殖的母本植株必须逐棵挑选，使每一株均具有该品种的典型特征（尤其是花）。

c. 植株生长健壮，绝对无病毒感染，故需经过病毒检测后再使用。

（2）防止组织培养中产生变异

① 在组培中采集的每个茎尖的繁殖量必须控制在一定的范围之内，不可过多。每个茎尖的繁殖数量应在 1000~10000 苗。

② 初代培养时可用 NAA、6-BA、KT，尽量不用或少用 2，4-D。继代培养时，尽量减少生长素和细胞分裂素（NAA、6-BA、KT 等）的用量。可在培养基中添加天然的有机物，如椰汁、香蕉、马铃薯、番茄汁、苹果汁等。国兰根状茎的分殖能力很强，不一定要在培养基中添加人工激素。

（3）剔除变异的根状茎和幼苗

在继代培养的后期，有经验的工作人员应能识别那些在培养瓶中产生变异的根状茎和已分化的幼苗。它们往往颜色、个体的大小、叶片的长宽比等方面有明显的变化。在每次根状茎分割和幼苗的分瓶时，可将这些变异个体全部剔除，只保留那些正常培养物。

试管苗出瓶时应严加挑选，只保留一级的瓶苗用于栽种，二级以下的试管苗全部淘汰，这样可以避免产生变异的种苗出现。

三、国兰新品种培育

要改变我国国兰完全依靠从野生植株中选择新品种的传统观念和作法，必须认真开展国兰的人工新品种培育工作。在我国，这方面的工作一直没能得到应有的重视，很少有相关报导，人工培育出的面市新品种则更少之又少。甚至在某些人中出现了排斥人工杂交国兰新品种的怪论，这实际上是违背科技发展的观点。中国人自己不培育国兰新品种，必然会有国外或境外的国兰杂交新品种大量进入我国国兰市场。建议国家园林科研单位和有实力的养兰大户积极的开展这方面的工作。人工培育新品种是国兰发展的必然趋势。实际上人工培育新品种是一举多得的工作，既可以从新品种的销售和转让方面得到巨大的经济利益，又可以从客观上保护野生种质资源和优良的品种资源，并促进国兰事业向更高的境界发展。

（一）国兰育种概况及前景

1. 国兰育种概况

随着兰花产业在世界范围内的发展，国兰的育种工作也已取得了很大的进展。尤其在日本和韩国，对国兰（他们称为东洋兰）的人工育种工

作开展得比较早，并且发展迅速。

日本的田原望武在 1988 年进行了春兰和寒兰之间的杂交，并已播种、出苗、移栽和开花。据冈山拓郎（1988 年）报导：

春兰中进行的杂交组合：

‘素大富贵’ ×‘天司晃’

‘帝冠’ ×‘宋梅’

‘瑞梅’ ×‘老文团素’

‘龙字’ ×‘福之光’

‘小打梅’×‘簪蝶’

‘大富贵’ ×‘福之光’

‘老文团素’ ×‘天司晃’

‘天司晃’ ×‘福之光’

‘大富贵’ ×‘红阳’

‘红阳’ ×‘翠盖荷’

‘红阳’ ×‘杨子红’

‘大富贵’ ×‘天紫晃’

春兰叶艺类品种杂交组合：

‘日本春兰’ ×‘日本春兰’

‘轮波之花’ ×‘极红’

‘雪山’ ×‘桃山锦’

蕙兰类品种杂交组合：

温州素自交

‘极品’ ×‘端梅’

‘温州素’ ×‘程梅’

‘九花’（蕙兰）×‘九花’

‘极品’ ×‘程梅’

‘极品’ ×‘温州素’

春兰和蕙兰种间的杂交组合：

‘日本春兰’ ×‘一茎九花’（蕙兰）

‘日本春兰’（品种未详）×‘极品’

寒兰类品种间杂交组合：

‘青寒兰’（无品种名）×‘福娘’

‘武陵’（色素桃花）×‘锦旗’（红色花系）

武陵自交

上述杂交组合均已播种、出苗、移栽、开花。开花后出现了不少优良品种，如‘龙字’ ×‘福之光’杂交组合中选出的“富龙之光”，其各方面的特性均优于其父母亲本。

分析冈山拓郎先生 20~30 年前的工作对国兰的育种工作是有指导意义的。冈山先生选择的是当时中国和日本最有代表性的优秀国兰中的春兰和蕙兰品种作为亲本进行杂交，这样便有可能在杂交后代中产生的品种既具有国兰品种优良的瓣型、端庄的姿态和浓郁的芳香，又有日本东洋兰的艳丽色彩或具有叶艺的特点。还可根据中国或日本的国兰爱好者的不同喜好，选出适合的品种来。

近日得知，日本向山兰园以国兰为基础进行了改良。其中有国兰异种间的杂交，国兰与洋兰的杂交。选出了许多优良品种。培育出的这些品种更容易栽培和开花。参与杂交的种包括春兰、墨兰、寒兰、建兰和部分洋兰优良品种。已投入商品生产的品种有：‘初音’、‘月之光’、‘月’、‘小春日和’、‘大和抚子’、‘春色’等。

据不完全统计，有下面的国兰的原生种与同属其他原生种和杂种的交配情况：

***Cymb. ensifolium* 建兰**

×*Cymb.* ‘Alexanderi’= *Cymb.* ‘Ayako Tanaka’

×*Cymb.* ‘Peter Pan’ = *Cymb.* ‘Cutesie’

×*Cymb. pumilum* = *Cymb.* ‘Elma’

×*Cymb.* ‘Enid Haupt’ = *Cymb.* ‘Golden Elf’

×*Cymb. kanran* = *Cymb.* ‘Marvin Manor’

×*Cymb.* ‘Miretta’ = *Cymb.* ‘Peter Pan’

×*Cymb. canaliculatum* = *Cymb.* ‘Ensicanal’

×*Cymb. lowianum* = *Cymb.* ‘Lilliput’

***Cymb. sinense* 墨兰**

×*Cymb.* ‘Stanley Fouraker’= *Cymb.* ‘Buttons & Bows’

×*Cymb. pumilum* = *Cymb.* ‘Hoosailum’

×*Cymb.* 'Swallow' = *Cymb.* 'Koolau'

×*Cymb. tigrinum* = *Cymb.* 'Narihira'

×*Cymb.* 'Salome' = *Cymb.* 'Saho'

×*Cymb.* 'Alexanderi'= *Cymb.* 'Sweet Spring'

×*Cymb.* 'Parsifal' = *Cymb.* 'Benisuzume'

×*Cymb. devonianum* = *Cymb.* 'Minnehaha'

近些年，韩国在这方面的研究工作迅速增加，并且培育出了许多有名品种。对我国国兰界影响比较大的春兰品种‘绿云’在韩国已经培育出花和叶均带艺（覆轮）的变异植株（品种），并且进行了组织培养繁殖。其中叶艺的‘绿云’组培苗早期在北京销售每苗曾售价高达 8 万元。另外，从文献中也可以看出，近些年韩国有关这方面的研究报告远多于日本和中国。

国内对国兰的育种工作也取得一定的进展。四川省农科院的吴汉珠、王续衍等于 1986 年之前进行了兰属植物国产种和品种间的杂交育种工作。1989~1993 年已有 49 个杂交组合的种子萌发。培育出的新品种有十余个在历届中国兰花博览会展出，获得金奖 4 个，这是我国兰花栽培历史上一个新的起点。

培育典型的国兰新品种，要求新品种必须具有国兰的特征和品性，如瓣型、香味、花色、花形和叶片等均应具有国兰的特质。近年来，国内出现的‘霸王荷’（图 1、图 2）（建兰和春兰的‘大富贵’的杂交种中选出的品种）是国兰类新品种人工培育的一个比较成功的典型代表。其花具有荷型品种的特点，虽然花瓣的宽度不如‘大富贵’，但在某些方面已比‘大富贵’有改进，如花葶比较高，每支花序上花朵的数量有所增加，生长势显著增强等。分析该杂交组合能出现较典型的国兰新品种，主要有 2 个原因。首先该组合中选用了国兰中最著名的春兰荷瓣型品种‘大富贵’和建兰（具体品种尚不清楚）作为亲本，其后代出现荷瓣花和每花序上出现多朵花的比率可能较高；再者，各杂种苗开花差异比较大，这时需要进行严格的筛选。根据育种的目标，必须按照国兰观赏标准，如瓣型等，选出其中最优秀的单株作为品种代表；绝不能以选洋兰（大花蕙兰）的标准来挑选，否则必定会走入岐途，这在国兰育种中有可吸取的教训。‘霸王荷’可能只是这个杂交组合选出的优秀单株之一。该单株经过无性繁殖（包括分株和组培）出的后代便可作为‘霸王荷’品种苗推广销售，从而获得较大的经济效益。

从兰属植物育种发展看，国兰和大花蕙兰的优良基因会相互融合、渗透，一定会培育出更加完美、具有两者优良特性的多种多样的品种，以适于各方面的需求。

2. 国兰育种前景

国兰极丰富的种质资源是开展新品种培育

图 1

图 2

图 1、图 2 霸王荷 *Cymbidium* 'Ba Wang He'
（建兰 × 春兰‘大富贵’）（*Cymb. ensifolium* × *Cymb. goeringii* 'Da Fu Gui'）

的有利基础，有着十分广阔的育种空间和发展前景。国兰经过长期的采集、选择和栽培，尤其近二三十年的国兰热潮，已经选择出了大量的自然变异的新品种。这些优良品种所具有的形态特征和生态特性是将来育种工作最宝贵的资源，如果能根据需要把某些优良的特性整合到新的品种中，则可以创造出最为理想的优良品种。

（1）瓣型方面

主要有荷瓣、梅瓣、水仙瓣、蝶瓣、牡丹瓣型、无蕊型、菊瓣型、子母台阁型、重瓣型、树状台阁型、竹叶型等。

（2）花的色彩

主要有浓绿色、淡绿色、乳白色、洁白色、淡黄色、金黄色、橙黄色、橙红色、朱红色、红色、粉红色、紫红色、紫色、栗色、深紫黑色和各种复合色及各种色彩的过渡色。

（3）花序

国兰类的花序均为直立型，较坚硬，有粗有细。大花蕙兰中有非常典型的下垂花序的品种类型，可用国兰品种与大花蕙兰进行杂交，选育下垂型花序的新品种。国兰花序着花量变化较大，春兰和豆瓣兰通常 1~2 朵花；送春、春剑和莲瓣兰大多每花序 3~5 朵花；蕙兰、寒兰、建兰和墨兰每花序上通常着数朵到 10 余朵花，墨兰的花最多可达 20 余朵。

（4）花的大小

国兰类通常花比较小，直径 3~6cm，往往因为花瓣比较窄，看起来显得比较单薄。大花蕙兰在这方面则比较突出，花均较大，花的直径从 5~7cm 到 10~12cm。

（5）花香

国兰类的除豆瓣兰没有香味外，其他种类的花均不同程度地具特有的甜香味，常称为“幽香”，时有时无，漂泊不定，十分奇妙。其中以春兰的香味最为浓重。实践证明，这种香味大多可以通过杂交遗传给后代的，如某些国兰与大花蕙兰的杂交品种具有国兰的香味。大花蕙兰的某些原生种如独占春（*C. eburneum*）具有丁香的香味，而西藏虎头兰（*C. tracyanum*）的味道不受人欢迎，比较难闻。

（6）花期

国兰中的大多数种类开花期多集中在冬春季，如春兰、蕙兰、莲瓣兰、春剑、墨兰、寒兰；建兰、秋墨兰、峨眉春蕙通常在秋季开花，建兰有时可在夏季开花；落叶兰、果香兰、珍珠矮和寒兰的一些种类可在夏季开花。另外，有些国兰在一年中不止一次开花，如秋墨兰可以春秋开花 2 次，建兰的某些类型也有一年开花 2 次以上的记录。

（7）抗逆性

与大花蕙兰相比较，国兰类的一些种有较强的抗高温和更耐寒的特性。某些种抗旱能力更强，如建兰在 30℃以上的高温环境中越夏生长正常，冬季也可以忍受 0~5℃的低温；蕙兰、春兰是国兰中最耐寒的种类，忍受 −5~0℃的低温更无问题；栽培中发现，落叶兰的耐低温和抗干旱的能力可能更强，但缺乏较详实的试验和记录。选择抗逆型强的国兰种或品种作亲本进行杂交，则可能获得预期的抗逆性强新品种。以国兰作为亲本提高栽培品种抗逆性的育种工作比较成功的例子是具有建兰素心血统的‘黄金小神童’（图 3、图 4）（*Cymb.* Golden Elf ‘Sundust’）（*Cymb. ensifolium* ‘Suxin’ × *Cymb.* ‘Enid Haup’）。据观察，‘黄金小神童’出瓶盆栽 10 个月以上的组培苗与相同苗龄或更大苗龄的几个大花蕙兰组培苗相比，有较强的耐高温、抗湿热的能力，且抵抗低温的能力也较强。在 0℃左右同样的环境下，‘黄金小神童’基本没有受害的迹象，而大花蕙兰的几个品种则全部受害，失去继续栽培和观赏的价值。

图 1

图 2

图 3、图 4 黄金小神童
Cymb. Golden Elf 'Sundust'

到目前为止，兰花（包括兰属植物）的育种工作，主要还是通过人工有性杂交这一传统的方法进行，其他的育种方法尚未应用较少。在今后的育种工作中，在给予这一传统的育种方式足够重视的同时，也应当适时开展其他方法的育种工作。

1. 种质资源库的建立

要通过杂交技术培育新品种，首先必须掌握尽可能多的种质资源，这样才有可能选出为培育新品种所需性状的亲本。

（1）原生种优良品种的收集

全世界兰属内共有约 70 个原生种。中国是世界上兰属植物最丰富的国家，已知有 50 种之多，占全世界总数的 2/3 以上。在可能的条件下，我们应尽量收集齐全并栽种在种质资源圃中（也称原始材料圃）。

在收集原生种时，应特别注意收集该原生种的一些具有特殊性状的类型和植株，因为种内是存在多样性的。以春兰为例，应当收集那些花瓣形态好，色彩有可取之处的植株，作为有特色的种质资源栽培在圃中。再如莲瓣兰，要收集其中的'大雪素'、'丽江星蝶'等优秀的个体。前者是取其花色洁白的基因，后者看中的是其花瓣的唇瓣化。这些特点在杂交育种中均可能为改善新品种的特性起到关键作用。

（2）杂交种品种（包括国兰和大花蕙兰）的收集

随着兰花育种工作的进一步发展，国兰也已出现许多的杂交品种。值得注意的是大花蕙兰的某些优良品种也应当是国兰育种中重要的种质资

（8）叶形和株形

国兰类的各个种大多植株矮小，具线形，细而长的叶。但各种之间仍有较大的差异，如墨兰的叶片较宽大，莲瓣兰和豆瓣兰的较窄，珍珠矮叶片较短。大花蕙兰大多植株较大，叶呈带状，长而稍宽，不同种和品种间也有明显的差异。植株和叶形有明显不同的种类是兔耳兰（*C. lancifolium*）、长茎兔耳兰（*C. recurvatum*）和斑舌兰（*C. tigrinum*）。它们的叶片为狭椭圆形至椭圆状倒披针形，基部有明显的叶柄。

国兰的人工新品种培育的道路应当是比较宽广的，除传统的春兰、蕙兰、建兰、墨兰和寒兰的优良品种外，近年在春剑和莲瓣兰中均发现了大量的优秀品种，但尚未见报导有人用作培育新品种的亲本。此外，峨眉春蕙、邱北冬蕙兰、套叶兰、珍珠矮和落叶兰等同属的地生种类也有其特色，也未见报导在杂交育种中作为亲本使用。这些种类若能通过杂交将其优良基因转入到新品种中来，相信一定能培育出非常优秀的国兰新品种。

（二）杂交育种

源。经过百余年的杂交育种，大花蕙兰的杂交组合已相当复杂。有些品种已经含有许多原生种和杂交种的优良特性，而且杂交种的数量十分庞大，其中不乏有特色的品种和个体。

收集品种时需注意如下事项：

①不是收集杂种，而是要收集杂交种品种。

②应当紧密为育种目标服务，亦即品种中所具备的特性与近期和远期的育种目标有关联。

③收集的品种必须有正确的名称。

④收集植株健壮，没有病虫害，尤其不能有病毒病。

⑤应收集开花的植株或从开花植株上采集花粉块，没有开花的植株必须在信誉好的种植场购买。

⑥优良种质资源的收集应当是长期的工作，应不断积累，逐渐扩大种质资源库。这是最宝贵的育种物质基础。

（3）种质资源库的管理

种质资源库是杂交育种和种质保存的基地，应有单独的种植区、温室或荫棚。不可与生产圃混在一起，通常不对外开放。

资源圃保存的品种必须有详细的记录，包括该品种的彩色照片，历年栽培管理情况，生长发育情况，开花期和有关该品种的各种特点等，最好能查清该杂交种的系谱，即每品种要有一份详细的档案。

（4）花粉块的收集和贮存

国兰中种和品种的开花期是不同的，为使不同开花期的种或品种能够进行杂交，最方便的办法是将花粉块贮存起来，待母本植株开花时授粉。花粉块采下并风干后，分品种密封放在干燥器中，再将干燥器放在 -21~-8℃的冰箱中。花粉块活力可保持 1 年以上。在 0~5℃的冰箱中，也可保持活力数月。

2. 国兰杂交育种中的遗传规律

（1）花色遗传

兰花中碧玉兰白花品种、白花美花兰和白花独占春三种的花色遗传为纯白色；绿花的墨兰、建兰和素心建兰在花色遗传上不是纯白色。据报道，很多的杂种白色后代，都是由白花碧玉兰、白花美花兰和白花独占春三者杂交而来。两个有色亲本杂交，一般有色为显性，无色为隐性。另有报道，黄绿色在遗传上与米白色相比，黄绿色为显性；粉红色与白色相比，粉红色为显性；红色与黄色比较，红色为显性。

（2）花期遗传

兰属春花种与秋花种杂交，其后代花序发展倾向于秋花种。但冬末至春天开花的台兰，与别的种或杂种杂交，其后代与别种一样，在秋天或初冬开花。雪兰与青蝉兰交配种的花期有部分出现超亲现象，在 11 月上旬开花，比亲本提前 2~3 个月。

（3）株型和花型的遗传

在兰属种间的杂交后代中，大部分植株在叶片的长宽、片数及叶形上倾向于母本植株，受父本的影响略小；在花葶高度、着生状态上基本倾向母本，但受父本影响略大；在花朵形态及唇瓣斑纹上受父本影响很大；花序上的花朵数，约为父本和母本双方平方根之和。

（4）香味遗传

在兰属的种间杂交中，母本的花幽香，父本不香，其杂交后代大部分有浓淡不等的香味。建兰和大花蕙兰的杂交后代具有国兰的香味，但较淡。芳香的春兰品种与不香的日本春兰的杂交后代往往不具有国兰的香味，或香味甚淡。

3. 育种目标

在进行兰花育种前，应当首先进行市场调查，根据市场情况和发展前景，确定育种目标。随着时代和社会的发展，兰花的育种目标会发生一定的变化，但以下几个方面是需要优先加以考虑的。

（1）提高观赏价值

①花色。传统的国兰品种中蕴藏着极为丰富的优良花色基因，在新品种培育中尚未能得到充分的开发利用。其中大家都很喜欢的红色、洁白色、紫黑色、朱金红色等，在现有的国兰品种中都很容易找到。例如，莲瓣兰中的素冠荷鼎（2010 年获得特金奖），其花洁白色，瓣型也好，是极好的育种亲本，若能与瓣型好的春剑、蕙兰或春兰品种相配，其后代中可能会出现优良瓣型的洁白色花单株（品种）。春兰瓣型好的红色或朱金红色的优良品种，若能与莲瓣兰、春剑或蕙兰素心或白色花品种结合，其后代也必然会有比较好的表现。

②花型。国兰的花型普遍偏小。根据目前市场需求，培育较大的花型也是国兰的育种目标之一。一直以来，国兰的花型标准以荷瓣为上，梅瓣次之，水仙瓣再次。近年来，奇花种类不断涌现，越来越受到育种家的重视。奇花种类主要包括多瓣或少瓣、多舌或多鼻、花瓣鼻化或舌化等。奇花不一定会成为新名贵品种，首先奇花要奇得好看，其次性状要稳定，这样的奇花才有希望成为名贵品种。

③香味。在我国，国兰无香则不可取。国兰的香味贵在清纯、幽远和无异味，不太浓也不可太淡。关于花香的遗传一般认为是显性，而且花香和花色有一定的相关性，花色越淡，香味越浓。在日本、韩国对国兰的香味不如对花色和花型那样看重。

④株型。传统的兰花株型以中等株高、半直立型为佳；近年来矮种兰花也十分受欢迎。

⑤叶。叶历来是国兰观赏的重要目标之一。传统审美认为，叶宜基部收窄，渐向叶尾阔散，以光彩润泽、厚重、短阔、垂软为佳。受日本、韩国和台湾省的影响，近些年叶艺育种颇受重视，主要包括奇形叶类、线形叶艺、斑纹叶艺等。

⑥花葶。国兰中尤其是春兰类，花葶一般较短，育种目标为细长，春兰在 10cm 以上，蕙兰在 20cm 以上，直立性强。

（2）改变或延长花期

注意培育多季开花的品种，提前或延后开花期以及延长花朵开放期等以适应市场需要。

（3）增强品种的抗逆性

①增强品种耐高温的特性。

②增强品种耐低温的特性。

③抗病毒品种的培育。

4. 杂交组合的类型

（1）种内不同优良品种间的杂交。

（2）原生种和原生种之间的杂交

这里指的原生种间的杂交，事实上是原生种优良品种（非杂交品种）间的杂交。这种杂交产生的后代通常称为一代杂种。

（3）原生种优良品种与杂交种优良品种间的杂交。

（4）杂交种与杂交种优良品种间的杂交

在新品种培育中，目前这一杂交组合在大花蕙兰中应用最多，也最容易培育出新的优良品种。国兰中杂交种优良品种尚比较少，以后可以重视这一组合。

5. 杂交授粉操作程序

（1）有目的选择父母亲本

父母本的选配是兰花育种的最重要环节之一。母本植株最好种在自己的园圃内，这样授粉后数个月的保护和管理比较方便。亲本选择的原则要根据育种者对新品种特征的要求来确定。

（2）父本花粉块的准备

花粉块最好现采现用，必要时冷冻贮藏的花粉也可以使用。

（3）母本花的去雄

授粉前将蕊柱顶部的花粉囊盖打开，可以看到 4 枚黄色的花粉块，用镊子轻轻取出即可。

（4）实施授粉

在蕊柱顶部稍向下一点，有一椭圆凹陷区，即是柱头区。柱头区内有一些黏性分泌物，将父本的花粉块轻轻放在柱头内，就完成了授粉工作。

此外，在兰花授粉过程中还应注意：

①防止不同品种花粉混杂，做完一个组合后，必须用酒精棉擦洗用具后方可再用。

②授粉的花粉块应为淡黄色，若花粉块变褐、变黑，应更换花粉块。

（5）母本花朵唇瓣的处理

授粉后的花必须将其唇瓣去掉，这样便可以避免昆虫的再次授粉。

（6）每花箭只授粉 1~2 朵花

建兰、墨兰、蕙兰等的花箭上通常有数朵花，一般情况下，只能授粉 1~2 朵花。其他没有授粉的花朵应全部剪掉。如果授粉后的 2 个果实全部开始膨大，这时可剪掉其中发育较差的果实。

（7）挂牌和认真记录

授粉工作完成后，必须立即在授粉花朵的部位悬挂塑料标牌。用记号笔在牌上写明杂交组合父母亲本名称、授粉日期和操作者。亲本的写法是：前面是母本（♀），× 号为杂交符号，后面为父本（♂）。还需要有专用长期保存的杂交育种记录本，需详细地记录杂交授粉及授粉后各个时期子房的发育变化情况，直到果实接近成熟时为止。如果授粉后很快变黄、坏死和中期败育，也应记录在案，以便查找原因。

6. 杂交种子的无菌播种和幼苗培养

（1）发育正常果实的无菌播种

授粉后要注意观察，若果实一直发育正常，可以在果实接近成熟但尚未开裂时（授粉后 9~11 个月）采下进行无菌播种（具体方法参阅本书第 276 页无菌播种繁殖）。播种瓶上必须写清杂交组合的代号。

（2）要特别关注中途败育的果实

每次播种前，最好先取出部分种子放在显微镜下检查，看种子是否有胚，或有胚的种子所占比例。一般的规律是：亲缘关系越远，其杂交种子可育胚的数量越少。为了得到新的杂种，无论种子中有胚的数目占多小的比例均应当进行播种，并将幼苗培育长大。即使败育果实中存有极少数发育不良的胚，也应当不要放弃，往往是遗传差异大的情况下出现这种败育，但出苗后，可能出现新类型的几率高。

（3）杂种苗的栽培和管理

一般来讲，杂种苗在培养室出瓶后，幼苗及成苗的栽培和管苗方法与播种苗相同。只是每粒种子只需要其长成一株苗，不必经过增殖阶段。在试管苗、幼苗及成苗栽培期间均需注意苗的变化。这期间也可能发现一些产生变异的植株，应及时选出进行单独培养。

（4）每杂交组合保留的开花株数

一个发育好的兰花杂交果实中含有数万至数十万粒种子。如果全部发育成苗数量太大，没有必要让其全部开花。因为杂交种后代分离比较严重，其开花植株一般不作商品花销售。按照惯例，每个杂交组合需最后保留 500 盆左右的开花植株，以便从中选出优良单株，亦即将来的新品种。

（5）杂种苗开花后的选择

杂交苗开花以后可以比较容易观察到多种不同的花型、花色、开花期和株型等的植株。这时应根据育种的目标和未来市场发展的方向，组织专门人员进行挑选。这是一项细致而繁琐的工作。选种的人员应具有较强的洞察力和敏锐的眼光，能在千变万化的花丛中挑选出有潜力的植株。

选择的标准十分重要，如果是培育国兰的新品种，则必须依照国兰的标准，如瓣型等挑选。但若以洋兰品种的要求为标准，情况就会完全不同。如目前市场上的‘黄金小神童’即是例子，以国兰标准不够档次，按洋兰小花型品种，则应是不错的品种。

一个杂交组合可以选出数个至十余个优良单株。将这些单株栽培好，在开花时参加国内或国际上的大型兰展，由更多的行家来评议。在展览会上获得金、银和铜奖的植株（品种），应当是具有发展前途的。获奖的品种可以参加拍卖，或作为自身开发生产的品种。

（三）其他育种方法

1. 多倍体育种

多倍体育种具有较强的实用性，在兰花无菌播种和茎尖培养的基础上，比较容易开展工作，具体操作也比较简单。通过染色体的加倍或改变，可以培育出优良的多倍体新品种。这在农林和园艺育种方面的应用已十分广泛，在洋兰的育种中使用较多，但在国兰的育种中起步较晚。

（1）多倍体植物的特点

①植物器官增大。与二倍体植物相比较，多倍体植物由于染色体数目的增加，植物细胞核及细胞都相应变大，致使植物器官整体变大。例如，萼片和花瓣增宽、变厚；花梗变粗；叶片变宽、变厚等。对于国兰的新品种培育，通过多倍体育种的方法应当是十分适宜的。国兰的梅瓣、荷瓣和水仙瓣型均要求花瓣圆、宽、厚。如果选择优良的二倍体植株进行染色体加倍，极可能培育出非常优秀的品种来。

②通过无性繁殖能固定其多倍体的优良特性。多倍体的兰花具有花大型，花色更艳丽，适应性强等优良特性，可以通过无性繁殖传递给后代。目前，大量生产的多倍体优良品种均是通过组织培养和传统的分株繁殖法繁殖的。

③生长健壮、抗逆性强。多数的多倍体植株生长健壮，有较强的适应能力，栽培较容易，在兰花中这一特性表现较为突出。因为染色体数目的增加，提高了酶的活性，增强了多倍体植株的生活能力。

④兰花育种中充分利用高多倍性。在栽培的兰花品种中，尤其是国兰中的许多矮生、畸形品种，不少是高多倍体。如果需要培育这一类品种，可充分利用多倍体和高多倍体这一特性，以培育出新的高多倍体品种。在国兰品种中，高多倍体通常是十分受欢迎的，价值很高。

⑤结实性下降或不孕。多倍体虽常不孕或结实性下降，但作为观赏花卉，不育品种的花期通常较一般品种要长，在市场上更受欢迎。

（2）多倍体品种的培育方法

①有性杂交。通过有性杂交的方法可以得到不同类型和不同种类的多倍体植株后代。通常二倍体和二倍体植株交配，其后代通常为二倍体；二倍体植株和四倍体植株交配，其后代均为三倍体；二倍体植株和三倍体植株交配，多数情况下可出现四倍体后代，也可能出现不整齐的二倍体后代。另外，在同样的杂交组合中，如果父母本交换一下位置，以母本作父本，父本作母本再行交配，其后代的染色体数常有不同。通过染色体不同倍数的品种间杂交得到的后代往往分离比较大，不同植株间可能有较大的差异，因此，为杂交种后代的选择提供了更大的空间。三倍体通常是不育的，但三倍体当中亦有具有生育能力的植株，如果以其为亲本能得到有生育能力的后代，则可以从中得到十分优秀的品种。三倍体和二倍体交配通常产生的四倍体植株，要比二倍体和四倍体交配产生的植株要更优秀。

②选种。从大量栽培品种和野生植株中选择产生变异的植株，这需要敏锐的目光，并充分掌握多倍体植株的形态特征。国兰的大多数优良品种均是从野生变异中选择出来的，其中许多为多倍体植株。如大多数的矮生种，荷瓣、梅瓣和水仙瓣类型的品种多数为多倍体植株。在这里应特别指出的是，要从栽培和野生植株中选择变异的植株，而绝不是错误的将大量的野生兰花挖回家。

事实上，大多数的普通野生兰花观赏价值不大，千万不可再走从前的错误老路。

③ 组织培养。在国兰组织培养的过程中，如有目的地用添加诱变剂等方法使培养物产生变异，变异机率增高，可能获得多倍体植株。

（3）秋水仙素诱导多倍体植株

人工化学试剂诱变是获得植物多倍体的有效方法之一。诱变剂的种类有多种，其中常用于诱变多倍体的化学药剂为秋水仙素。

秋水仙素的水溶液渗入植物分生组织后，能阻止正在分裂的细胞中纺锤丝的形成，因而使分裂了的染色体停留在赤道板上，不向两极移动，细胞中间也不形成新的初生壁，从而使染色体数目的加倍，形成多倍体细胞。再由这些细胞分裂、发育成多倍体植株。秋水仙素只能影响正在分裂的细胞，阻止纺锤丝的形成，而对染色体的结构无显著影响。

秋水仙素不耐高温、高压，在培养基的配制过程中不能将秋水仙素添加到培养基中，否则，在培养基的高温高压灭菌时，秋水仙素会变质，失去使染色体加倍的作用。进行兰花的染色体加倍时，通常先将秋水仙素直接溶解于少量酒精中，再以无菌水稀释。这一操作方法应在无菌条件下进行，配制出的无菌秋水仙素稀释液在超净工作台上直接添加到需要进行加倍处理的国兰根状茎培养瓶或国兰幼苗的培养瓶中，可以避免菌类的污染。

在处理的过程中，应控制使用的秋水仙素的浓度，不同种胚发育时期，根状茎或幼苗染色体加倍所需的浓度和处理时间稍有不同。已萌发的种子和旺盛生长的根状茎可用 200~500ppm 的秋水仙素水溶液处理 1~10 天，取出后用无菌水冲洗 2~3 次，再转移到固体培养基上培养观察。用秋水仙素处理已出瓶的幼苗，其浓度应高出上述浓度的 1~2 倍。

处理后的种胚、根状茎或幼苗应在培养中观察一段时间，已产生变异的培养物应尽早挑选出来单独培养，并促进分化成幼苗。诱导成功的多倍体植株不等于产生了新品种。它们只能是作为选择优良品种的原始材料，待其开花后，还要经过认真的评选，只有那些最优秀的中选者才能成为新品种。经过染色体加倍的植株产生优良品种的几率会更高一些。

2. 辐射育种

辐射育种是指利用辐射处理花卉，使其发生突变，然后在后代中选择符合人们要求的新类型，从而培育出新品种。目前常用的射线种类有 X 射线、γ 射线、紫外线、α、β 粒子和中子等。

辐射育种是花卉育种的重要方法之一，但在兰花的育种工作中才刚刚起步，目前尚未有育成新品种的报道。林芬、邓国础（1997）以春兰的根状茎为材料，用紫外线进行照射，根状茎所分化出的植株中有部分变矮、叶片增宽、增厚、数目变少，以及出现艺兰的斑块。Mazumder 和 Bhowmik（1997） 用 γ 射线和 EMS 对 *Spathoglottis plicata* 的原球茎进行处理获得了 8 个叶绿素的突变体。付雪琳、张志胜等研究了 Coγ 射线辐射对墨兰根状茎组织培养和辐射效应进行了研究，结果表明小于 0.8krad 辐射剂量可促进根状茎的生长，高于 1krad，则根状茎的生长受到严重抑制，因此，1krad 可作为墨兰根状茎诱变育种的适宜剂量。

3. 分子育种（如基因转移）

分子育种是近年来迅速发展的先进育种技术，主要包括细胞工程、基因工程、分子标记辅助选择等生物育种技术。通过分子育种技术，可以在微观上改变兰花的品种特性。但到目前为止，主要应用在洋兰的育种研究上，如蝴蝶兰、石斛兰、万代兰等，国兰中尚未见报道。

四、国兰病虫害防治

人工栽培条件下的兰花比在自然条件下的更容易产生病虫害。这主要是因为人工栽培改变了兰花与周围自然环境长期形成的协调关系，减弱了其对病虫害的抵抗能力。因此，加强管理，培育生长健壮的兰株，增强对不良环境和病虫害的抵抗能力极为重要。

（一）病虫害防治的基本原则

在兰花的病虫害防治工作中，必须贯彻“预防为主，综合防治”的原则，也就是首先要实行严格检疫制度，杜绝病虫害的来源。也要改善栽培管理技术和栽培环境条件，增强植物的抵抗力。发现病虫害后，应本着“治早、治小、治了”的原则来防治，不能等植物受害严重时再防治。

1. 以防为主

（1）严格检疫

兰花新植株的引进，若不严格检疫，往往会把病害和虫害一起带进来。而一旦把病源物带进来，就会后患无穷，甚至造成巨大的经济损失。特别是病毒，一旦染上是无法根治的。值得指出的是，兰花无病害症状者不等于不带菌。因此，要特别注重产地检疫，不要从有危险病害的兰园购买兰花，对新采集或购入的兰苗，除接受国家和地区检疫机关的检疫外，还应特别留心兰花上特有的各种病毒病、真菌病等。发现有危害性较大的病虫害植株后，立即严格隔离或销毁并上报检疫机关。

如果在种苗的引种过程中，根部不带土，可以减少许多病虫害的传播机会。其次，新引种的植株最好在一定时期内（如半年）单独隔离种植，远离原有栽培的健壮兰花，以便观察其是否易患病虫害。经观察，确认无危害性较大的病虫害时，方可并入兰圃与其他兰花共同栽培。当然，对于要运往外地的种苗，也应经过消毒与检疫方可寄出，以免将本地区的病虫害扩大到其他地区或国家。

（2）注意操作时消毒灭菌，切断传染途径。日常的各种消毒措施常常被兰花栽培者忽视。其实，这是减少病虫害的极其有效的方法。兰花换盆的盆具、基质都应在消毒后再使月，特别是在修剪时要不厌其烦地对剪刀消毒，至少在修剪另一株前一定要消毒。

（3）注意必要的预防性用药，亦即将药用在发病前或发病初期。国兰一般在5~10月份容易发病，此时应半月左右喷洒1次药物。最好数种药交替使用，切忌长期高浓度使用一种药物，使病虫产生抗药性。

2. 改善栽培环境

为兰花创造一个适宜的生长环境，使之生长健壮，减少或减轻发病，这是做好兰花病、虫害“以防为主，综合治理”的基础。许多兰花病害是生理性的，病斑表现在叶子上，但问题却出在根和环境上。国兰虽然是兰科植物中的地生种类，但根的生物学特性与附生兰的气生根有相通之处，需要通气、透水、保湿的根际环境。要选用合适的盆具和盆栽基质，制定配套的管理技术方案，根据季节、天气、苗情做到合理浇水、施肥。随时注意搞好环境卫生，加强通风透光，及时清除有病虫的植株、杂草和残枝落叶等。

3. 合理使用农药

当病虫害大量出现时，最常用的方法是药剂防治。其优点是能在短时间内大量杀死和抑制害虫和病菌，迅速消除病虫害的威胁，而且药剂的防治方法比较简单易行。然而，药剂使用不当会出现药害，使病虫产生抗药性，以及可能出现的

残毒污染等问题。尤其家庭室内栽培兰花，使用农药应特别慎重，能不用尽量不用，非用不可时，也只能选择无毒或低毒农药，将花盆搬至室外，喷完药后数小时再移回室内。绝对禁止在室内喷洒有毒农药。其次，杀虫药要轮换使用，无节制地多次喷洒同一种杀虫药，会使害虫产生抗药性。

（二）兰花主要害虫及有害动物

1. 介壳虫

为兰花最常见的介壳虫，主要寄生于兰花茎和叶上，用刺吸口器插入组织中吸取汁液，影响兰花正常生长，而且其伤口极易感染病害。介壳虫的分泌物还易招致黑霉病的发生。

介壳虫的种类较多，较常危害国兰的有：盾蚧、条斑粉蚧、兰蚧、康片盾蚧、桑白盾蚧等。

介壳虫的繁殖能力很强，在兰花上 1 年可以繁殖多代。卵孵化为若虫，经过短时间的爬行，即形成介壳，营固定生活。介壳虫成虫因有一层蜡质外壳，一般农药难以穿透，不能发挥药效，一旦发生，不易清除干净。

在少量发生时，可进行人工防治。用软刷轻轻刷除，再用水冲洗干净。药剂防治是根据介壳虫的发生情况，在卵孵化盛期喷药。这时若虫孵化不久，尚未形成蜡质壳，用药剂容易杀死。可以喷洒 50% 氧化乐果乳剂、50% 马拉硫磷、25% 亚胺硫磷乳剂或 80% 敌敌畏乳油等药的 1000 倍液，每 5~7 天喷 1 次，连续喷洒 3 次以上。喷药时要求均匀周到，叶的正、背面都要喷到。如果虫害过于严重，人工刷洗后再结合喷药，效果更好。介壳虫用药杀死后，其残留的介壳需及时清除掉，否则影响兰花的观赏价值。

2. 红蜘蛛

红蜘蛛在兰花栽培中发生较少，但在光线强、干燥和温度高的地方也时有发生。红蜘蛛个体比较小，体长小于 1mm，红褐色或橘黄色，有很强的繁殖能力，在温度 30℃以上时，5 天左右可以完成 1 代。通常在兰花叶的背面为害、结网，以刺吸口器刺入叶内吸吮汁液，使被害叶片的叶绿素受到破坏。严重时，叶片呈现灰黄色或产生坏死斑块，完全失去观赏价值。常见的种类有：红叶螨、柑橘红蜘蛛、短须螨等。

在兰花的栽培管理中，注意通风和喷水增加湿度，喷水不要留死角。如果每次都不能喷到水，经常处于干燥状态，则容易发生红蜘蛛，尤其在冬季加温温室中的向阳处，最易出现这种情况。预防红蜘蛛的发生，首先要切断传播虫源，不要引种带虫兰花。若确实需要引种，需彻底杀死兰株上的害虫。其次，要将园中的枯枝败叶、废旧基质等及时清除干净，将有虫的兰花与无虫的分开管理。如果发生数量较少，可人工刷洗。若使用药剂一般要在虫卵孵化后的若虫、成虫期施药，因为农药难以杀死虫卵。可用 40%氧化乐果乳油 1000 倍液，或 20%四氰菊酯乳油 4000 倍液，每隔 5~7 天一次，连续 2~3 次；还可采用 600 倍液的鱼藤精加 1%左右的洗衣粉溶液、73%克螨特乳油 2000~3000 倍液、50%溴螨酯 2000~3000 倍液、40%水胺硫磷乳油 1000~1500 倍液、风雷激（绿旋风）1500~2000 倍液等喷杀。药物交替使用效果较好，以防抗药性种群的产生。值得注意的是：三氯杀螨醇含有致癌物质，已禁止在兰花上使用。

3. 蚜虫

蚜虫主要危害兰花的嫩叶、芽、花蕾等幼嫩器官，危害多发生在 3~5 月份温暖干燥的季节。蚜虫主要以刺吸式口器刺入兰花的组织，吸取大量养分，导致植株营养不良；有的蚜虫的唾液中含某种氨基酸，可引起植物体的生长素积累过多或分解减弱；还有的种类唾液中含有生长素，引起兰花生长发育失衡，出现斑叶、缩叶、卷叶、虫瘿等，引起畸形。此外，蚜虫排泄的大量蜜露覆盖叶的表面，不但影响光合作用，还会诱发黑霉病或传播一些病毒病。

蚜虫每年产生数代或数十代，对兰花危害严重。主要靠喷药进行防治，可用 40% 的乐果乳油 1500 倍液或 50% 的杀螟松乳油 100 倍液或 20% 的杀灭菊酯乳油 2000~3000 倍液进行表面喷洒。

4. 粉虱

粉虱体积小，全身有粉状蜡质物，有翅能飞而不善飞。为害叶片角质层较薄的兰花。成虫及幼虫的刺吸口器从叶背插入，吸取组织汁液，使叶片枯黄，在伤口部位易发生褐腐病，甚至整株死亡。

粉虱繁殖力强，在短时间内就可形成庞大的数量。由于身体上被有白色蜡质粉状物，给防治带来了困难。常见种类有：白粉虱、黑刺粉虱、橘绿粉虱、橘黑粉虱等。

药剂防治，喷洒 2.5% 溴氰菊酯效果最好，10% 二氯苯醚菊酯、20% 速灭杀丁 2000 倍液，防治效果也好。40% 乐果、80% 敌敌畏、50% 马拉松乳剂，对成虫、幼虫有良好的防治效果，但对卵无效。如要杀卵，需连续用药 2~3 次，每次间隔 5~6 天。

5. 蓟马

蓟马食性杂、寄主广泛，已知寄主达 350 多种，近年为害兰花较剧烈。蓟马虫体较小，成虫体长 1.2~1.4mm，体色淡黄至深褐色，活动隐蔽，危害初期不易发现。蓟马的成虫、幼虫均能为害兰花的花、嫩芽及嫩叶。主要发生于兰花正常开花期，成虫与幼虫均集中于花瓣重叠处，刺吸汁液并产卵于其上。孵化后的若虫也会继续危害花朵。花蕾被害后萎缩而黄化脱落；成熟花蕾被害时，在开花后花朵会皱缩扭曲；花瓣组织被刺吸，会形成黄色斑点或条斑，最后导致花瓣褪色、干枯，失去观赏价值。当花期过后，蓟马又会迁移到幼嫩叶片上，使抽出的新叶扭曲，叶片出现密集的褐色条斑。蓟马一年可发生 8~10 代。成虫或若虫在兰花叶腋和土缝中越冬。每年 3 月份开始活动，进人 5 月后为害最重，一直到晚秋。成虫怕光，白天多隐藏，夜晚活动。夏季孤雌生殖，秋冬两性生殖。

防治方法：

（1）3 月上旬蓟马开始活动时开始喷药，5~6 月新芽生长期以及花蕾期，各喷 2 次，每 7~10 天一次。

（2）蓟马生活在花蕾、叶腋内，喷药时要特别注意这些地方。冬季喷药还要注意土缝，以杀死越冬蓟马。

（3）喷施的药剂可选择有内吸、熏蒸作用的药物，如 50%辛硫磷乳剂 1200~1500 倍液，或 40%氧化乐果乳剂 1000~1500 倍液等，一般 1 周 1 次，重复 3~5 次。也可用 10% 的百灭宁乳剂或 50% 马拉松乳剂 1000 倍液等喷杀。喷施杀虫剂时，还可混以酸性杀菌剂和磷酸二氢钾、尿素等叶面肥，这样杀虫、杀菌、追肥同时进行，可谓一举三得。成虫可用浅黄、中黄或柠檬黄色虫纸诱杀。

6. 线虫

线虫主要在高温多雨的潮湿季节为害植物的叶、芽、花和根等部位。为害兰花的线虫有数十种，常见的有剑形线虫、根结线虫、瑞氏滑刃线虫等。

线虫寄生于兰花的叶、花芽、花和根等部位，导致叶片枯萎或坏死，花芽干枯或不能形成花蕾，根部形成根结等症状，使植株不能正常地生长发育，甚至死亡。

有轻微线虫为害的兰株，应人工除去病源（线虫），还应对植株和土壤进行处理。植株可用 50~60℃的温水浸泡 5~10 分钟，土壤可用 40% 氧化乐果 1000 倍液浇灌。若兰株需要重新移栽，培养土用 10% 克线虫磷颗粒剂 1.5~2g/m^2 或敌灭威颗粒剂 1.2~5.6g/m^2 处理 2 周后才能栽培。被

线虫危害严重的兰株，必须烧毁，同时土壤还要进行杀虫处理。许多线虫是通过土壤传播，因此旧基质必须蒸汽消毒后方能再使用。

7. 蜗牛及蛞蝓

蜗牛及蛞蝓属软体动物。蜗牛有一层保护其柔软身体的硬壳，蛞蝓无壳。这两类动物性喜阴湿，怕干燥和强光。白天藏在无光、潮湿的地方，夜间出来活动，啃食兰花幼叶、幼根和花等部分，且其食量很大。一旦大量发生，危害较严重。

当看到叶片、盆边及台架上有光亮的透明粘液线条痕迹时，说明有这类软体动物活动。

防治方法：

①毒饵诱杀。用麸皮拌以砒霜、敌百虫等，撒在它们经常活动的地方；②在兰花周围、台架及花盆上喷洒乙酰甲胺磷 500~800 倍液或敌百虫、溴氰菊酯等农药，或撒生石灰、饱和食盐水；③注意室内清洁卫生，及时清除枯枝败叶，经常通风透光，降低湿度。

8. 其他有害动物

其他有害动物如蚯蚓、蚂蚁、潜叶蝇等害虫，少量发生时，可人工清除。大量发生时，可用拌以敌百虫、砒霜等药物的诱饵进行诱杀，也可以用 50% 辛硫磷、80% 敌敌畏、40% 氧化乐果等 1000~1500 倍液进行喷杀。要注意使用消毒后的盆栽基质栽培兰花。

（三）国兰主要病害

1. 几种真菌和细菌性病害

（1）炭疽病

在国兰中较常见，严重影响国兰的叶片观赏价值。炭疽病病原菌为兰刺盘孢，发病初期，在叶片中部出现圆形、椭圆形和叶片边缘出现半圆形的红褐色斑点。后期病斑边缘深褐色，中心颜色变浅，成淡褐色或灰白色，上面轮生小黑点。病斑大小不等，有时病斑呈纵向破裂。病斑严重时可使整叶枯死。炭疽病主要为害蕙兰、墨兰、建兰、春兰等兰花。

适宜病菌生长的温度为 22~28℃，空气相对湿度在 95% 以上。病原菌萌发的孢子通过伤口侵染。叶面喷水和浇水容易加重病害；兰株放置过密，叶片相互交错也易传染。种和品种间感病性有差异，如建兰中的‘大头素’、春兰中的‘大富贵’感病重；台兰和建兰中的‘铁梗素’较抗病。

防治方法：

剪除病叶，及时烧毁。尽量避免叶面喷水，加强通风透光。发病初期喷洒 50% 多菌灵或 50% 托布津 500~600 倍液。

（2）兰花腐烂病

此病多在气候湿润的盛夏多雨季节发生，常见的有黑腐病、软腐病等。黑腐病由疫霉属真菌引起，多发生在叶片、根部和生长点。病部最初出现半透明的斑点，继而斑点扩大，组织发黑腐烂。软腐病主要发生在兰花蘖芽上，也发生在叶片上。发病初期，在芽基部或叶片上出现微小的褐色水浸状斑，2~3 天后迅速向上、下扩展，成为暗色、潮湿的斑块，稍一触压表皮就会破裂，并流出带有恶臭味的菌脓。严重时，叶迅速变黄，接着腐烂处的内含物流失，呈干枯状。防止腐烂病首先要保持植株通风，降低湿度。发病初期可用波尔多液混合剂或用大蒜水（将大蒜捣碎浸水、取其滤液）喷洒叶面或涂抹病斑。全株可在 0.1% 高锰酸钾溶液中浸泡 5 分钟。发病较重时可选喷 77% 可杀得可湿性粉剂 800 倍液、50%克菌丹 500 倍液、50%退菌特 1000 倍液喷洒。

（3）白绢病

此病是兰花常见病害。病株基部（幼嫩根和假鳞茎等）表面长出白色的绢丝状物，即菌丝体，呈辐射生出，可以蔓延至根际周围的基质中。后期在病株受感染部位表面或基质内形成似油菜籽的褐色（或黑色）菌核，病株逐渐枯衰而死。一旦出现病症，应立即换盆，剪去病茎，并将兰花全株浸于 1% 的硫酸铜溶液中消毒；受污染的花盆、培养土、花架等可喷洒 50% 代森锌 500~1000 倍液消毒；或用 50% 多菌灵可湿性粉剂 1000 倍液喷洒。在发病季节，可选用 75% 甲基托布津 800~1000 倍液、50% 多菌灵 500 倍液、36% 甲基硫菌灵 500 倍液、40% 百菌清 500 倍液、20% 三唑酮 800 倍液等喷洒到盆面和叶基内，每月 2 次作为预防。

（4）锈病

锈病常引起国兰生长衰竭，但不死亡。其症状是在叶背面出现凸起小疱，内含锈色粉状孢子。

防治方法：

剪除病叶，以免影响全株。冬季防御冷寒侵袭，在早春叶面喷水后加强通风。花盆不宜摆放过密，尽量避免磨擦叶片，以免造成伤口。对严重发病兰株，应整株喷药保护，一般 1~2 次即可控制。危害轻的只需在病斑处涂抹药剂 2~3 次也可控制。防治药剂可选：15% 粉锈宁可湿性粉剂 1000~2000 倍液，20% 萎锈宁 400 倍液，80% 代森锌 500 倍液等。

（5）烧尖病

烧尖病初期在叶尖出现褐色斑点，随着病情扩展、病斑连片，使整个叶尖枯死。枯死部位灰黄色，可见叶面散生许多黑色粉状孢子团（与肥害或管理不当引起的烧尖有区别）。病斑边缘有黑褐色斑纹，随着病斑扩大，黑褐色斑纹向前推进，不留带状痕迹（与炭疽病的区别）。

防治方法：

控制侵染源是关键，要及时剪除患病叶尖并将其烧毁；淋雨或喷水后应及时通风，吹干叶面，尽量不要引起叶尖积水。早春喷保护性药剂 50% 扑海因 1000~1500 倍液。发病时可选用 70% 甲基托布津 800~1000 倍液、75% 百菌清 800 倍液或 50% 多菌灵 500 倍液，每 10~15 天喷洒 1 次。

（6）镰刀枯萎病

此病的症状是在兰株表皮（包括维管束）出现环状的紫红色，最后根状茎也被侵害而变为紫红色病变，由于输导组织堵塞使叶变为灰色。病情严重时，假鳞茎发生深度腐烂，几个星期后植株即枯萎而死亡。外观表现为叶基部由内向外逐渐腐烂。此病发展较慢，开始时不易引起注意。一般的病株可生存一年或更长些时间。患病的兰株病症与立枯病引起的根腐病相类似，即叶变黄而萎蔫，假鳞茎变细而扭曲，最后导致根系腐烂。

防治方法：

发现病株应及时换盆和清洗兰根，并用多菌灵或克菌丹等药剂反复泡根。预防可用 65% 代森锌 800 倍液或 75% 百菌清 800 倍液喷洒。

（7）立枯病

又称兰花根腐病，主要为害根部。病原菌属立枯丝核菌，主要生存于栽培基质中，在多湿、通气性差，特别是使用过期的老介质中发生最严重。有时整株根系全部腐烂，引起整个植株死亡，对幼苗危害尤其严重。

防治方法：

①不使用旧基质盆栽，改善基质排水透气条件；

②加强温室内通风透光，降低湿度；

③减少浇水次数，使盆栽基质稍干；

④药物预防，用 80% 代森锌 500 倍液、50% 退菌特 800~1000 倍液、50% 福美双 800~1000 倍液、20% 甲基立枯磷 1500 倍液等淋浇或喷洒，可起到较好的防治效果。

（8）灰霉病

此病常感染花朵。花朵被感染后 24 小时，花瓣和花蕾即散生半透明的斑点，呈水渍状，以后斑点转褐色，边缘粉红色。随着花朵受害加深，斑点数目亦随之增加。平时预防选用 25% 粉锈宁乳剂 1500 倍液、50% 代锰锌可湿性粉

剂 500 倍液、50% 多菌灵粉剂 500 倍液或甲基托布津 1500 倍液等定期喷施。

（9）煤烟病

又叫煤污病。叶片上初生灰黑色至炭黑色霉菌落，分布在叶面局部或叶脉附近，严重的覆满叶面。发病时，及时选喷 40% 大富丹可湿性粉剂 500 倍液、50% 苯菌灵可湿性粉剂 1500 倍液、40% 多菌灵胶悬剂 600 倍液。隔 15 天左右喷 1 次，视病情 1~2 次即可。

2. 病毒病

病毒病是由病毒侵染引起的一种植物病害，在兰花中相当普遍而严重。病毒主要通过分株、修剪工具，重复使用旧盆及盆栽基质、昆虫、从盆底溢出带有病毒的水分、叶面受伤等途径传播。其症状常表现为植株矮化、萎缩；叶面斑驳、褪绿斑或褪绿变色；叶脉明亮、沿脉变色、坏死、条纹、条点；单线圆纹和同心纹的环、全环、半环、连续屈曲状环、楔形状的山水画样环斑环纹；坏死斑、坏死环纹、坏死条纹、坏死叶脉及蚀纹等等。目前世界上还未有彻底治好病毒病的药物及方法。但通过多年的研究，基本上掌握了病毒的特性和病毒病的发生和发展规律。在此基础上，采取一些综合的预防措施加以控制也相当有效。

（1）国兰病毒病的种类

①齿舌兰环斑病。病原为齿舌兰环斑病毒（Odontoglossum Ring Spot Virus）简称 ORSV，在我国的福州、成都、上海均有其踪迹。可以感染齿舌兰环斑病毒的兰花种类超过 20 个属以上。不同的种、属所产生的病征会有所差异。蝴蝶兰、文心兰、卡特兰、报岁兰、四季兰及素心兰等兰种经常容易被齿舌兰环斑病毒感染，尤其是蝴蝶兰。齿舌兰环斑病毒最早在文献上记载的病征是环斑，此外，嵌纹、斑纹、黄化条纹、花色条斑，甚至坏疽病征也有记载。在这些病征中以嵌纹与斑纹最为常见。该病毒传播的主要途径是汁液、园艺操作工艺、工具。

②蕙兰嵌纹病。病原为蕙兰嵌纹病毒（Cymbidium Mosaic Virus）简称 CyMV。受病毒感染的兰花植株经常有产生坏疽病症的倾向，如黑色坏疽斑点、坏疽条纹等。染病植株除叶部、茎部产生坏疽外，花部也会产生坏疽。这是蕙兰嵌纹病特有的病征。容易感染此病的兰花有报岁兰、嘉得利亚兰、文心兰、虎头兰、万代兰及蝴蝶兰等。坏疽斑有时只出现于叶片下表面而不发生于上表面，此种现象在文心兰、石斛兰、万代兰及蝴蝶兰上均有发生，因此常被栽培者误认为真菌感染所致。部分感染蕙兰嵌纹病毒的植物如大花蕙兰、国兰、文心兰及蝴蝶兰也会产生黄绿斑驳的嵌纹或黄化条斑形病征。另外也有部分兰花种类感染后并不表现任何可辨认的病征。

蕙兰嵌纹病毒是已知病毒中性质极为稳定的一种。其颗粒体稍可弯曲，长度约为 450mm，耐热温度为 60~70℃，在室温条件下可存活 25 天。目前尚未发现可以传播蕙兰嵌纹病毒的媒介昆虫，其传播途径与齿舌兰环斑病毒完全相同，病毒均由根系机械性伤口入侵及感染。

（2）防治方法：

①加强植物检疫，控制病害的传播。

②严格选用和栽种无病毒苗及播种苗。

③注意园艺卫生，及时清除园内杂草，防治害虫。

④发现病株立即拔除销毁。

⑤接触病株的工具用 5% 磷酸三钠（Na_3PO_4）水溶液浸泡 1~3 分钟。这种消毒液呈强碱性，对金属无损伤，对兰花病毒有较强的杀灭作用。操作时，手亦应及时消毒。栽种过病株的盆及盆栽材料不能再用。

文献引证

卜金震．1991. 中国兰花艺集锦．台北：中国兰杂志社
卜金震．1994. 中国兰线艺学．台北：中国兰杂志社
卜金震．2001. 中国兰谱．台北：中国兰美术出版社
曹孜义，刘国民．1996. 实用植物组织培养技术教程．兰州：甘肃科学技术出版社
陈阿勋．1988. 国兰艺道．台北：沅立彩色印刷股份有限公司
陈大成，胡桂兵，林明宝．2001. 园艺植物育种学．广州：华南理工大学出版社
陈岱开．1994. 中国兰花春剑图谱．成都：四川美术出版社
陈岱开（主编）．2005. 精品兰花荟萃展．成都温江：第六届中国花卉博览会精品兰花展会刊
陈岱开，徐公明，熊宗义．1998. 中国水晶兰．成都：四川科学技术出版社
陈心启．1988. 中国兰史考辨——自春秋至宋朝．武汉植物学研究，6: 79-83
陈心启．1999. 中国植物志 18: 191-227. 北京：科学出版社
陈心启，吉占和．1997. 中国兰花全书．北京：中国林业出版社
陈心启，吉占和，罗毅波．1999. 中国野生兰科植物彩色图鉴．北京：科学出版社
陈心启，刘仲健．2003. 兰属中若干分类群的订正．植物分类学报，41:79-84
陈心启，刘仲健，罗毅波，金效华，吉占和．2009. 中国兰科植物鉴别手册．北京：中国林业出版社
陈璋，蔡幼华．2001. 中国兰花．福州：福建科学技术出版社
邓承康．1993. 兰花．成都：四川科学技术出版社
第十三届中国（大理）兰花博览会组委会、大理白族自治州兰友俱乐部合编．2003. 苍洱兰韵．昆明：云南美术出版社
董新堂．1980. 新养兰学（第二册）．台北：三民书局
顾开顺（主编）．2004. 曲靖兰花．云南：曲靖兰协印
关文昌．2004. 夏兰．杭州：杭州出版社
关文昌．2006. 新编中国兰蕙．北京：中国林业出版社
关文昌，朱和兴．2002. 兰蕙宝鉴．杭州：杭州出版社
广东南海兰花协会．2004. 南海芳兰．广州：岭南美术出版社
郭方明，张发明，潘光华等．1996. 云南兰谱．昆明：云南美术出版社
郭希仪．1993. 中国滇兰集锦（1）．云南：云南人民出版社
郭希仪．1996. 中国滇兰集锦（2）．云南：云南人民出版社
何清正，陈心启（主编）．1990. 中国兰花．成都：四川美术出版社
黑卫平．2003. 贵阳兰花谱．贵阳：贵阳人民出版社
胡铁卿．1994. 中国兰花．春剑图谱．成都：四川美术出版社
黄兴明．2005. 兰花栽培鉴赏手册（一）．成都：四川出版社
黄泽华．1996. 兰花新谱．广州：广东科学技术出版社
黄泽华．2001. 兰花新谱续册．汕头：汕头大学出版社
江洪（主编）．2005. 名人名兰（第 15 届中国兰花博览会会刊）．成都：成都时代出版社
蒋剑（主编）．1993. 云南兰花．昆明：云南民族出版社
靳书伦（主编）．2000. 中国春兰新品．宁波：宁波出版社

李白刚，陈岱开（主编）. 1990. 巴蜀建兰 . 成都：四川美术出版社

李炳彦，李勇毅，石庆丰（主编）. 2001. 千禧兰香 . 台北：橘子整合行销有限公司

李红鉴（主编）. 2003. 苍洱兰韵 . 昆明：云南美术出版社

李建华 . 2006. 豆瓣兰初品 . 玉溪：玉溪兰花

李哖 . 1997. 国兰类无菌繁殖技术 . 台北：《李哖教授著作论丛——兰花类》. p.361-372

李哖 . 1997. 素心兰、四季兰和报岁兰之无菌发芽 . 台北：《李哖教授著作论丛——兰花类》. p.405-415

李仁韵 . 1999. 兰韵，兰花赏析及栽培技艺 . 合肥：安徽科学技术出版社

李少峰，杨昆红，孙朝辉 . 2007. 资源丰富的云南线叶春兰 . 广州：兰花宝典

李少球，胡松华，鲁景 . 1995. 中国兰花（品种欣赏栽培）. 广州：广东科学技术出版社

李子红，贾燕 . 2006. 珍品兰花快速繁殖与养护 . 上海：上海科学技术出版社

梁健，王靖 . 1995. 中国四川兰花 . 成都：四川文艺出版社

林楚卿 . 1990. 艺兰专辑 . 台北：丰田文化出版社

林晃，程美仁 . 1983. 庭园花卉病虫害及其防治 . 北京：中国林业出版社

林清德，沐薇（主编）. 1999. 兰花栽培与鉴赏 . 成都：四川科学技术出版社

刘金，潘光华 . 1999. 兰花 . 北京：中国农业出版社

刘清涌（主编）. 1999. 江浙兰蕙 . 香港：香港百川文化出版社

刘清涌（主编）. 2001. 中国兰花四季竺铭品档案 . 广州：岭南美术出版社

刘清涌 . 2006. 中国兰花名品珍品鉴赏图典 . 福州：福建科学技术出版社

刘清涌 . 2008. 兰花品鉴宝典 . 福州：福建科学技术出版社

刘清涌，吴森源 . 2002. 春兰 . 北京：中国林业出版社

刘清涌，吴森源 . 2005. 建兰 . 北京：中国林业出版社

刘兴邦（主编）. 2003. 兰国幽香录 . 香港：香港天马图书出版社

刘振龙，沈志坚 . 2001. 兰花名品鉴赏与栽培 . 福州：福建科学技术出版社

刘正文（主编）. 1998. 中山兰花集 . 第八届中国兰花博览会专刊

刘仲健 . 1998. 中国兰花·观赏与培育及病虫害防治 . 北京：中国林业出版社

刘仲健 . 1999. 中国兰花·水晶艺研究及水晶名品鉴赏. 北京：中国林业出版社

刘仲健 . 2003. 中国兰花·色叶艺研究及色叶复合艺名品鉴赏 . 北京：中国林业出版社

刘仲健，陈心启，茹正忠，陈利君 . 2006. 中国兰属植物 . 北京：科学出版社

刘仲健，徐公明. 2000. 中国兰花·奇花艺研究及奇花名品鉴赏 . 北京：中国林业出版社

卢思聪 . 1982. 建兰与多花兰杂交胚培养中植物激素的应用 . 种子，2: 27-29

卢思聪 . 1982. 用种子繁殖兰花 . 植物杂志，1: 32-33

卢思聪 . 1982. 在春兰胚培养中克服种皮障碍的实验 . 种子，4: 53

卢思聪 . 1990. 兰花栽培入门 . 北京：金盾出版社

卢思聪 . 1991. 室内盆栽花卉（第二版）. 北京：金盾出版社

卢思聪 . 1994. 中国兰与洋兰 . 北京：金盾出版社

卢思聪 . 2004. 提倡人工培育国兰新品种 . 兰花世界，1: 62-63

卢思聪，石雷 . 2005. 大花蕙兰 . 北京：中国农业出版社

马性远 . 2000. 春兰谱 . 杭州：西泠印社

毛华文（主编）. 1998. 兰艺新章 . 第七届中国（北海）兰花博览会编印

莫磊，陈德初 . 2001. 兰蕙趣闻 . 香港：香港百川文化出版社
莫磊，金振刚，关黎明 . 2005. 新编江浙兰蕙 . 福州：福建科学技术出版社
潘光华 . 1988. 云南的兰属植物 . 园艺学报，15: 64-68
潘光华 . 1995. 云南兰花的识别、鉴赏与收藏 . 昆明：云南科学技术出版社
潘光华 . 1998. 兰花 . 北京：中国农业出版社
潘光华，潘蕾 . 2003. 云南名兰宝鉴 . 海口：海南出版社
潘光华，杨继宗 . 1984. 云南野生兰花的初步调查 . 园艺学报 11(4): 259-264
潘兆清（编辑组长）等 . 2001. 成都兰花. 成都：成都兰协编印
彭长荣 . 2002. 兰花新品精品 . 福州：福建科学技术出版社
彭双松 . 1988. 台湾兰蕙新辑 . 苗栗：富蕙图书出版社
平见和士 . 1985. 春兰名品集 . 高松：株式公社寿乐园
裘文达 . 1986. 园艺植物组织培养 . 上海：上海科学技术出版社
区金策（鲁子青译）. 1995. 岭海兰言 . 广州：广东人民出版社
阮庆祥（主编）. 1993. 绍兴兰文化 . 上海：中国大百科全书出版社上海分社
绍兴市兰协 . 2000. 越兰新谱 . 杭州：西泠印社
绍兴市政协文史委等 . 1993. 绍兴文化 . 上海：中国大百科全书出版社
神谷高树 . 1999. 王者香 . 东京：(株) 东京印书馆
沈渊如，沈荫椿 . 1984. 兰花 . 北京：中国建筑工业出版社
孙安慈，任玲，王伏雄 . 1989. 建兰根状茎增殖条件的研究 . 植物学通报，6：147-150
孙智勇，吴丽琼 . 2002. 兰花名品鉴赏及病虫害防治图谱 . 昆明：云南科学技术出版社
王熊，张菊野，连宏坤，龚颂福 . 1988. 素心建兰无性繁殖的建立及其开花 . 园艺学报，15: 205-208
邬秉左 . 2008. 兰花鉴赏 . 上海：上海科学技术出版社
吴恩元 . 1923. 兰蕙小史 . 上海：中华书局
吴汉珠，王续衍等 . 1987. 中国兰茎顶组织培养研究 . 园艺学报，14: 3
吴厚炎 . 1996. 芳菲袭予为说兰 . 兰（杂志），1996(1): 16-18
吴厚炎 . 2005. 兰文化探微 . 贵阳：贵州人民出版社
吴森源 . 1992. 台湾兰展全集 . 科乐印刷事业股份有限公司
吴应祥 . 1980. 兰花 . 北京：中国林业出版社
吴应祥 . 1993. 中国兰花（第 2 版）. 北京：中国林业出版社
吴应祥 . 1997. 国兰拾粹 . 昆明：云南科学技术出版社
吴应祥，陈心启 . 1980. 国产兰属分类研究 . 植物分类学报，18 (3)：292-307
吴应祥，吴汉珠 . 1998. 兰花 . 上海：上海科学技术出版社
奚丽彦（主编）. 2002. 丽江兰花 . 昆明：云南民族出版社
小原荣次郎 . 1937. 兰华谱 . 东京：小原京华堂
新农园图书事业有限公司 . 1976. 新养兰学 1. 国兰 . 台北：台北雷鼓出版社
徐公明 . 2004. 国兰珍品宝鉴 . 成都：四川美术出版社
徐文成（主编）. 2001. 越兰新谱 . 杭州：西泠印社
许东生 . 2000. 中国建兰名品赏培 . 北京：中国林业出版社
许东生 . 2002. 中国墨兰名品赏培 . 北京：中国林业出版社

严楚江 . 1964. 厦门兰谱 . 厦门 : 厦门大学出版社

颜东敏 . 1989. 兰花繁殖技术 . 台北 : 东港镇农会出版社

颜学亮 , 何清正 , 刘清涌 (主编) . 2001. 中国墨兰 . 广州 : 广东科学技术出版社

杨涤清 . 2004. 兰苑漫笔 . 香港 : 香港天马图书有限公司

杨际信 . 2001. 中国武夷山兰花 . 香港 : 香港百川文化出版社

杨际信 . 2004. 中国寒兰 . 福州 : 海风出版社

杨融和 (主编) . 2002. 保山兰花 . 昆明 : 云南美术出版社

杨雄泽 . 2002. 中国莲瓣名兰之乡 : 云龙名兰集 . 昆明 : 云南科学技术出版社

杨义华 (主编) . 2002. 滇兰宝典 . 昆明 : 云南民族出版社

杨云 . 1992. 滇兰初鉴 . 云南 : 云南科学技术出版社

杨云 . 1999. 大理古今名兰 . 昆明 : 云南科学技术出版社

杨增宏 , 张启泰 , 冯志舟等 . 1992. 中国野生兰花 . 香港 : 海峰出版社

姚毓谬 , 诸友仁 . 1956. 兰花 . 上海 : 上海科学技术出版社

姚毓平 , 徐碧玉 . 2000. 兰花 . 杭州 : 浙江人民美术出版社

叶军然 . 2006. 江浙春蕙兰与鉴别 . 福州 : 福建科学技术出版社

尹锡山 , 杨光复 (主编) . 2001. 大理名兰 . 昆明 : 云南民族出版社

於凤安 , 胡惠露 . 1999. 中国兰花栽培 . 合肥 : 安徽科学技术出版社

袁玉芳 . 2004. 豆瓣兰的栽培、管理和鉴赏 . 第 14 届中国 (玉溪) 兰花博览会会刊

云南省保山市兰花协会 . 2003. 保山兰花 . 云南 : 云南美术出版社

曾楚云 . 1998. 国兰水晶专辑 . 台北 : 中华兰学杂志社

张丰荣 . 1990. 台湾兰蕙集锦 . 台北 : 舜恕编辑社

张添全 , 陈阿勋 . 1987. 台湾养兰全集 . 台北 : 妇幼出版社

郑亮 . 2003. 毕节兰 . 贵阳 : 贵州民族出版社

中国花协兰花分会、云南科技出版社合编 . 2003. 中国兰花名品榜 . 昆明 : 云南科学技术出版社

中科院上海植物生理研究所 . 1978. 植物组织和细胞培养 . 上海 : 上海科学技术出版社

Chen S. C. 1984. A survey of orchid cultivation and appreciation in ancient China. Proceedings of the First Asia Pacific Orchid Conference. Tokyo: All Japan Orchid Society Publishing. 18-22

Chen S. C., Tang T. 1982. A general review of the orchid flora of China. In J. Arditti (ed.), Orchid Biology, Rev. & Prespect. 2. Ithaca & London: Cornell Univ. Press. 39-81

Du Puy D. J. & Cribb G. J. 1988. The Genus Cymbidium. London & Portland (Oregan): Christopher Helm & Timber Press

Liu Z. J., Chen S. C. & Cribb P. J. 2009. Cymbidium. In Wu C. Y., Raven P. H. & Hong D. Y. (eds.), Flora of China 25: 260-280. Beijing: Science Press & St. Louis: Missouri Bot. Gard. Press

Su H. J. 2000. Orchidaceae. In Huang T.S., Flora of Taiwan (ed. 2) 5: 729-1086. Taipei: Taiwan Univ. Press

Zee S. Y., Ye X. L. 1994. In vitro propagation and studies on the changes of the immature seed of *Cymbidium* sinense. Loh C. S. Proceedings of the International Conference on Agrotechnology in the Commonwealth: Focus for the 21st Century. Singapore: Singapore Institute of Biology. 103-107

Zhang M. Y., Sun C. Y., Hao G., Ye X. L., Liang C. Y., Zhu G. 2002. A preliminary analysis of phylogenetic relationships in *Cymbidium* (Orchidaceae) based on nrITS sequence data. Acta Bot. Sinica 44: 588-592

中文索引

Index of Chinese Names

（按汉语拼音顺序排列）

E

F

G

H

学名索引

Index of Scientific Names

（按字母顺序排列）